# 化学融雪剂
## 对城市生态环境的影响与污染防控

李法云　张营　任飞荣　著

化学工业出版社

·北京·

## 内容简介

本书共 9 章,针对化学融雪剂在城市生态环境中的主要影响及污染防控展开系统性介绍,具体包括融雪剂概述、融雪剂在城市环境中的空间分布特征、融雪剂对城市绿化植物生长的影响、融雪剂对唐棣和复叶槭生长及其离子运输分配的影响、融雪剂胁迫下外源钾和水杨酸对油松幼苗的缓解效应、融雪剂对城市土壤中微生物代谢和氮素转化的影响、融雪剂对土壤重金属迁移的影响、融雪剂对水生生物的毒性效应、城市环境中融雪剂的污染防控。

本书具有较强的学术性、实用性,可供从事生态环境、融雪剂技术研究的工程技术人员、科研人员和管理人员参考,也可供高等学校环境科学与工程、生态学、化学工程及相关专业师生参阅。

**图书在版编目(CIP)数据**

化学融雪剂对城市生态环境的影响与污染防控 / 李法云,张营,任飞荣著. -- 北京 : 化学工业出版社,2025. 1. -- ISBN 978-7-122-46582-5

Ⅰ. TQ421;X21;X5

中国国家版本馆 CIP 数据核字第 2024BS5839 号

---

责任编辑: 董 琳
责任校对: 李 爽
装帧设计: 韩 飞

---

出版发行: 化学工业出版社
　　　　　(北京市东城区青年湖南街 13 号　邮政编码 100011)
印　　装: 涿州市般润文化传播有限公司
787mm×1092mm　1/16　印张 13½　字数 297 千字
2025 年 3 月北京第 1 版第 1 次印刷

---

购书咨询: 010-64518888　　　　　售后服务: 010-64518899
网　　址: http://www.cip.com.cn
凡购买本书,如有缺损质量问题,本社销售中心负责调换。

---

定　价: 128.00 元　　　　　　　　版权所有　违者必究

道路是城市生态系统人与货物流动极为重要的基础设施,在促进社会经济高质量发展方面发挥着极为重要的作用。一方面,道路交通的快捷安全是维系国民经济持续增长的重要基础;另一方面,路域生态系统结构、功能及其环境质量又是生态文明建设的重要内容。在全世界高纬度寒冷地区,冬季积雪对城市道路交通安全与居民生活的影响一直备受政府管理部门与公众的高度关注。为了确保冬季冰雪期道路交通安全,自20世纪30年代开始,融雪剂被应用于清除道路积雪。20世纪60年代,融雪剂在加拿大、美国等北美洲一些国家的寒冷地区得到了较为广泛的应用。

融雪剂又称为化学融雪剂、除雪剂、除雪盐和融雪化冰盐等,是一种能够促使冰雪快速融化的化学试剂。使用融雪剂除雪操作简便、价格低廉、融雪效果优良,其最早被应用于寒冷地区飞机场的融雪化冰,之后被较多地应用于高速公路除雪。据报道,加拿大每年氯化钠型融雪剂的使用量为 $(0.9 \sim 1.0) \times 10^7 t$,氯化钙型融雪剂的使用量为 $3.0 \times 10^5 t$。美国每年化学融雪剂的使用量甚至超过千万吨。

我国约有3/4的陆地属于冬季降雪冰冻区,道路在结冰积雪的环境下经车辆碾压后,路面的附着系数会降低为无雪路面的1/4以下,从而对交通安全造成巨大的影响。据统计,冬季冰雪道路导致的交通事故较平时高3～4倍,人员伤亡率约增加75%。在我国高纬度寒冷地区,采取科学合理的措施及时化雪融冰,不但对促进社会经济可持续发展意义重大,而且更是事关人民生命安全保障之大计。以东北地区中心城市沈阳市为例,2001年市政府发布的第9号令规定:"主要街路和一、二级街路、广场、桥梁应在雪停后24小时除净",市环境卫生管理部门主要采用融雪剂与机械除雪相结合的方式实现道路积雪的快速清除。自2003年冬季开始,沈阳市区年使用融雪剂6000t之多,2004年超过8000t,2005～2006年达到9000t以上,2007年后每年使用融雪剂超过10000t。

融雪剂被大量使用于道路融雪化冰后,其对生态环境的不良影响也逐渐凸显。在北欧地区的瑞典和芬兰、北美洲的加拿大和美国以及亚洲的日本等发达国家,长年使用融雪剂已引发了土壤钠离子、氯离子浓度急剧增加,导致城市土壤板结和绿化植物枯死。

含有融雪剂的融雪水经地表径流排入水体后，盐离子积聚在水生生态系统中，极易引发地表水和地下水污染。融雪剂引发生态系统生物群落结构改变，可直接导致路域生态系统动植物栖息地质量恶化。此外，氯盐型融雪剂还直接对城市公共基础设施造成严重损害。为有效降低融雪剂对生态环境与城市公共基础设施的危害，自20世纪70年代起，发达国家开始改进氯盐型融雪剂，研究开发氯盐融雪剂的替代品，并于20世纪90年代初期投入使用，以期减轻融雪剂使用后产生的环境污染和生态破坏问题。

为了阐明融雪剂对我国城市生态环境的影响及可能产生的环境风险，"城市生态与人居环境"研究团队开展了城市道路残雪中主要盐分离子含量和空间分布特征分析；模拟并定量评价融雪剂对城市土壤环境中重金属迁移转化行为的影响；系统分析融雪剂对我国北方城市典型绿化植物的生理生态影响过程；融雪剂对小球藻和斑马鱼等水生生物的毒性效应。以上研究内容完成已多有时日，一直计划能总结成书，但因各种主客观原因而未能实现著作的出版，实感惭愧。

2020年2月，经上海市科学技术委员会批准，上海城投集团旗下上海市市政规划设计研究院有限公司与上海应用技术大学联合组建"上海市城市路域生态工程技术研究中心"。上海作为全世界具有重要影响力的滨海城市，盐碱胁迫一直是城市路域生态环境面临的重要现实问题，这与融雪剂盐分离子对城市生态环境的影响存在一定相似之处。为此，工程技术研究中心领导多次鼓励，在团队成员共同努力下，方得以将研究的部分工作内容编撰成书。

本书第1章由李法云、张营、严霞、王玮撰写；第2章由张营、李法云、宋丽撰写；第3章由张营、任飞荣、李法云撰写；第4章、第5章由张营、严霞、李法云撰写；第6章由孙婷婷、李法云、张营撰写；第7章由张营、李法云撰写；第8章由胡水、高群、李法云、张营撰写；第9章由李法云、于威宇、王玮、吉崇喆、张营、任飞荣、郭琴、何涛、董岚昊、马佚铭、李书蝶、蒋镕鞠撰写。全书最后由李法云、张营统稿并定稿。

本书在撰写过程中，得到上海应用技术大学、辽宁大学、沈阳市环境卫生工程设计研究院、上海市绿化管理指导站、美丽中国与生态文明研究院（上海高校智库）、上海城市路域生态工程技术研究中心、上海市市政规划设计研究院有限公司、河南大学等单位有关领导和专家的指导和帮助。上海应用技术大学研究生王贤赟、何涛、李书蝶、郭琴、马佚铭、蒋镕鞠、董岚昊帮助绘制了书中的部分图表。本书得到国家自然科学基金（41071317）、上海城市树木生态应用工程技术研究中心项目（17DZ2252000）、国家水体污染控制与治理科技重大专项（2008ZX07526、2012ZX07505）、沈阳市科技局计划项目（F10-205-1-64）、辽宁省百千万人才工程资助项目（2008921082）、哈尔滨工业大学城市水资源与水环境国家重点实验室开放基金（HC200902）项目资助。在写作过程中，引用了研究团队以前在国内外学术期刊上发表的相关研究内容、研究课题资助完成的部分硕士和博士学位论文，以及沈阳市环境卫生工程设计研究院有关融雪剂检测和环境监测的一些资料。沈阳市环境卫生工程设计研究院原院长刘桐武、总工程师吉崇喆，上海市绿化管理指导站站长奉树成给予了诸多的指导和帮助，在此一并谨表谢意。

由于著者水平和时间有限，书中欠缺和不妥之处在所难免，殷切希望广大读者和有关专家批评指正，在此表示诚挚的谢意。

著者

2024 年 8 月

# 目录

# 第 1 章

# 融雪剂概述

从世界范围来看，城市规模不断扩大，城市人口持续增加，城市功能日渐繁复，城市交通对社会经济的影响日益增大。2020年末我国公路总里程突破了500万千米，其中高速公路达到15万千米，已经遥遥领先高速公路总量程排名第二的美国。公路交通网的快捷安全是保障国民经济持续增长的重要基础，同时也对交通的安全性提出了更高的要求。高纬度寒冷地区冬季常有大雪，积雪对城市道路交通安全与居民生活的影响越来越受到当地政府部门的重视和公众的关注。

我国约有75%的陆地在冬季为降雪冰冻区，道路在结冰积雪的环境下经车辆碾压，路面的附着系数降低至0.15以下，仅为无雪沥青路面或水泥混凝土路面附着系数的 $1/8 \sim 1/4$。如果城市道路积雪清除不当或不及时，就会造成交通事故频发。据统计，由于道路冰雪的原因而导致发生的交通事故为平时的 $3 \sim 4$ 倍，人员伤亡率约增加75%，严重时甚至会导致局部交通"瘫痪"。在所有不利气候条件中，因降雪而引发的交通事故和产生的经济损失位居第二位。因此，寒冷地区冬季降雪时，采取科学合理的除雪措施及时化雪融冰极为重要。

以我国东北地区中心城市——辽宁省沈阳市为例，以前多采用的融雪除冰措施主要是传统的人工除雪与机械除雪相结合的方式。为了及时清除城市道路积雪，保证道路交通安全，2001年，沈阳市人民政府颁布的市政府第9号令明确规定："主要街路和一、二级街路、广场、桥梁应在雪停后24小时除净"。自2003年以后，沈阳市环境卫生管理部门主要采用融雪剂与机械除雪相结合的方式清除道路积雪。据统计，2003年，沈阳市区融雪剂的使用量达到6000t，2004年超过8000t，$2005 \sim 2006$ 年达到9000t以上，2007年后每年使用融雪剂超过10000t，融雪剂的使用量逐年增加。在所有的除雪措施中，融雪剂除雪以其简便的操作方式、低廉的价格及优良的融雪效果，成了我国北方城市冬季除雪的主要方法。

在目前使用的各种融雪剂中，氯盐型融雪剂具有价格低廉和融雪效果好的优点，但其长期使用引发的土壤、植物、地下水和流域等一系列生态环境问题受到了生态和环境科学者的广泛关注。在北欧的瑞典和芬兰、北美的加拿大和美国，以及地跨亚欧的俄罗斯和亚洲的日本等国家，长年使用融雪剂已引发了土壤 $Na^+$、$Cl^-$ 浓度急剧增加。目前，虽然环保型融雪剂越来越受到人们的重视，但因其价格或除雪效果等原因，该类融雪剂一般仅使用于机场、桥梁等局部范围，大规模使用尚未普及。

融雪剂的大量使用会改变土壤的理化性质，降低土壤中有机质的含量，从而对土壤动物的种类、数量、群落结构以及对它们的生理过程和生态功能等产生影响，进而导致土壤退化和环境变化。融雪剂随融化的雪水进入土壤，$Na^+$ 可以置换土壤中的 $Ca^{2+}$、$K^+$ 和 $Mg^{2+}$，使土壤的金属离子浓度的负对数（pM）值升高，导致土壤板结，土壤透水性降低。融雪剂的大量使用还可引起土壤中重金属的化学形态和迁移行为发生改变，对地下水存在潜在的污染风险。高盐浓度也会对土壤中的微生物活性和种群结构产生重要的影响。此外，含有融雪剂的残雪经地表径流排入水体后会对水体造成污染。

2003年4月份，北京市曾发现道路旁约万棵乔木和灌木枯死。调查发现，2002年冬季，北京市遭遇近50年来持续时间最长的降雪，植物枯死与除雪过程中使用7000余吨化学融雪剂密切相关。采样分析结果表明，使用化学融雪剂后，道路土壤中过高的盐分含量是导致绿化乔木和灌木死亡的主要原因。2005年春天，北京市8个城区又一次出现了大批草木枯死的状况。据北京市园林绿化局不完全统计，8个城区共有11000余株行道树、149余万绿篱、近20万平方米草坪遭受盐害或死亡，直接经济损失3000万元以上。中国农业大学及科研院所调查分析，发现死伤植物的土壤中和周边残雪里的含盐量严重超标，其全盐量与融雪剂成分具有一致性。2008年春季，我国南方发生的历史上罕见的暴风雪，高速公路大量使用化学融雪剂后，广东省饮用水源受到严重污染，并导致绿化植物大量死亡。自2006年冬季开始，李法云等对辽宁省沈阳市区主要街道残雪中主要阴阳离子进行分析测试的结果表明，30个残雪样品中 $Na^+$、$Ca^{2+}$ 的浓度基本上都在1000mg/L以上，$Cl^-$ 的平均含量甚至高达6079.93mg/L。

一方面，随着融雪剂使用量的逐年增加，其对城市生态环境和流域水体造成了严重不良影响。另一方面，随着融雪剂成分在城市土壤环境中的逐渐累积，其与老工业基地城市重金属污染相复合，可直接导致土壤中重金属的环境行为发生改变，污染地下水体，进而引发地下水的环境污染风险。据我国北京、沈阳、长春、哈尔滨、合肥、南京和广东等地报道，大量使用融雪剂造成了水体污染和植被破坏等严重事件。因此，对区域环境中融雪剂的污染行为及其潜在环境风险开展系统研究十分迫切。

## 1.1 融雪剂分类与应用现状

### 1.1.1 融雪剂分类

融雪剂又称为化学融雪剂、除雪剂、除雪盐和融雪化冰盐等，是一种能够促使冰雪快速融化的化学试剂。融雪剂最早被用于寒冷地区机场的融雪化冰，后被应用至高速公路，之后应用逐渐广泛，包括港口、城市道路、桥梁和滑雪场等诸多设施。融雪剂具有使用简单实用和融雪化冰效率高的优点。以NaCl为例，10%的NaCl溶液可将冰点降低至−6℃左右，20%的融冰盐溶液可将冰点降至−16℃左右，向100g冰或雪中加入33g NaCl，冰点可降至−21℃以下。为保证城市的交通安全，使用融雪剂成了寒冷地区城市道路冬季清除积雪的主要措施之一。

根据所含化学成分的不同，融雪剂可分为无机融雪剂、有机融雪剂和混合型融雪剂三大类。

**（1）无机融雪剂**

无机融雪剂主要为氯盐，由一种或多种K、Na、Ca、Mg的氯化物组成，例如氯化钠（NaCl）、氯化钙（$CaCl_2$）、氯化镁（$MgCl_2$）和氯化钾（KCl）等，也被称为传统氯盐类融雪剂。这类融雪剂来源广泛，成本低廉，融雪效果好，使用方法简单、高效、快捷，广泛应用于公路融雪，应用比例高达90%以上。目前，即使在一些发达国家仍常使用氯盐型融雪剂清除道路冰雪。

氯盐型无机融雪剂对区域生态环境具有较大的危害，且严重腐蚀钢筋混凝土、柏油路面和地下管网等公共基础设施以及交通车辆。其中，氯化镁降低冰点性能最好，但毒性大，不宜大量使用。氯化钠价格低廉、无毒且效果较好，所以目前使用最多。氯化钙在溶解时会释放大量的热量，当其浓度达到32%时，最低冰点可达−49.7℃，主要应用于道路融冰作业。

日本学者曾研发了一种将磷酸盐及可溶性钾盐添加入粗制氯化钙和硫酸镁混合物的融雪剂。Aoki发明了一种以$CaCl_2$为主要成分的双层结构融雪剂，并添加石头、砾石等材料作为蓄热材料吸收太阳能用以融雪，减少$CaCl_2$用量也可以达到同样的融雪化冰效果，在一定程度上降低了其对环境的不良影响。

**（2）有机融雪剂**

有机融雪剂以醋酸盐为主要成分，如醋酸钾（KAc, $KCH_3COO$）、醋酸钙［CaAc, $Ca（CH_3COO）_2$］、醋酸镁［MgAc, $Mg（CH_3COO）_2$］、醋酸钙镁［CMA, $Ca_3Mg_7（CH_3COO）_{20}$］等，以及甲酸钾（KFo, KHCOO）、醇和胺（如酒精、乙二醇和尿素）等一些更为环保的有机化学物质。这些融雪剂均不含氯离子，因而也被称为非氯盐型环保融雪剂。

有机融雪剂对公共设施腐蚀损害小，融雪效果较好。测试分析表明，CMA的融冰效果可以达到氯化钠的90%以上，但其成本较高，价格是氯盐型融雪剂的近十倍。非氯盐型环保融雪剂在贮存、处理、环保、安全等方面也存在各种问题，因而常常只被用于机场、桥梁、高级停车场和别墅等小范围区域。当前，低成本的非氯盐型环保融雪剂的研发受到重视。一些研究人员利用煤化工、造纸糖渣等废料调配，在确保融雪剂具有良好融雪化冰性能的同时，进一步降低生产成本。但由于有机融雪剂价格为氯盐型融雪剂的数倍，短期内仍难以大范围使用。

**（3）混合型融雪剂**

混合型融雪剂通常分为两种，即氯盐＋非氯盐和氯盐＋非氯盐＋阻锈剂/抗结剂。将氯盐和非氯盐两种融雪剂混合可在一定程度上克服二者的缺点，既可减轻对环境的危害，又能使投入成本减低到可以接受的范围内。

融雪剂添加复配的特殊物质，如普鲁士蓝、钠铁氰化物、铬酸盐、磷酸盐等，可以达到防止钢筋生锈又能达到降低冰点的目的。His和Gustafson研制出一种对路面、市政设施的腐蚀性比NaCl低，但溶解度低于NaCl的环保融雪剂。苏志俊等通过优化NaCl和$CaCl_2 \cdot 2H_2O$两种氯盐的配方组成，筛选添加比为（1:1）:（1:1）的硅酸钠（$Na_2O \cdot nSiO_2$）、磷酸二氢锌［$Zn(H_2PO_4)_2$］、三聚磷酸钠（$Na_5P_3O_{10}$）和柠檬酸钠（$C_6H_5Na_3O_7$）缓蚀剂，研制了适用于$-20\,℃$环境下使用的融雪剂产品。张景亚研发了一种作物营养-环境友好型融雪剂$KCl$-$MgCl_2$-$Lu_x$。其中，$Lu_x$为由硝酸铵钙、尿素、硝酸铵和亲水型表面活性剂组成的复合物。融雪剂加入$Lu_x$后，对植物具有一定的营养增肥功效，可在一定程度上降低环境污染和氯离子的伤害。

王小光将氯化镁、氯化钙和氯化钾等氯盐作为融雪剂的主要成分，以融雪化冰能力为参数进行融雪剂配方的优化，将葡萄糖酸钠、硫酸锌、磷酸盐、硫脲、钼酸钠、硅酸钠和钨酸钠7种缓蚀剂与融雪剂复配，碳钢腐蚀性检测结果表明，研发的PSA系列融雪剂具有融冰速率快和良好的防腐蚀性能。王国强等将氯化钙和尿素、亚硝酸钠、硫酸钾混合复配制备性能良好的融雪剂。韩春兰等以氯化钙、尿素以及重过磷酸钙为原料，研制出复合型融雪剂。陈艳鑫等将缓蚀剂苯甲酸钠与氯化钙、氯化镁复配出一种低腐蚀性能的复合融雪剂。韩永萍等将黄腐酸、硝酸铵、醋酸钙和氯盐混配制备了一种绿色环境型融雪剂。

在各种类化学融雪剂中，钠盐融雪剂价格低廉、融雪效果好，因此，当前所使用的融雪剂以氯化钠为主要成分。目前，我国各地使用的融雪剂主要成分基本都是无机融雪剂，即氯盐型无机融雪剂，包括$Na^+$、$Mg^{2+}$、$K^+$和$Ca^{2+}$的氯盐，其中NaCl和$CaCl_2$使用量占比例较大。在美国、俄罗斯和瑞典等国家，醋酸钙镁盐和乙酸钾等类型的融雪剂已有一定的应用。

混合型融雪剂价格优势明显，在融雪剂市场中具有较好的竞争优势。

非氯型环保融雪剂是融雪剂行业未来的发展趋势。目前，生物炭在环境污染治理、水质净化、土壤质量改良、水土保持修复等领域应用发展迅速。生物质热解生产生物炭过程中产生的木醋液、生物质发酵所产生的腐植酸经干燥，均可作为融雪剂的复配原料。我国将于2035年全面实现"碳达峰碳中和"双碳转型，以环保型融雪剂国家标准为研发依据，进一步发展新型非氯盐型环保融雪剂的研制和开发刻不容缓。基于醋酸类物质研发高效经济无污染的非氯盐型环保融雪剂替代传统氯盐融雪剂具有较为广阔的前景。在融雪剂使用中，加强降雪前的科学预报和实施即时除雪，合理使用融雪剂，也是减少融雪剂用量、有效提升融雪剂除雪化冰效果的重要措施。

## 1.1.2  融雪剂应用现状

从世界范围来看，融雪剂应用于清除道路积雪始于20世纪30年代。20世纪40～50年代，以美国为代表的发达国家的经济与交通取得了长足发展，保证城市高速公路交通畅达就成了特别重要的任务。自20世纪60年代开始，融雪剂在国外一些位于高纬度寒冷地区的国家得到了较为广泛的应用。

北美从20世纪60年代开始撒氯化钠盐粉或盐水化雪。其中，加拿大每年氯化钠型融雪剂的使用量为（900～1000）×10⁴t，氯化钙型融雪剂的使用量为30×10⁴t，估计一年中高速公路融雪剂的使用量超过50t/mile（1mile＝1609.344m）。美国每年化学融雪剂的使用量高达千万吨。然而，随着世界各国对氯盐型融雪剂所导致的环境污染和交通公共基础设施严重危害认识的逐渐深入，自20世纪70年代起，西方各发达国家开始改进氯盐型融雪剂，并着手研发氯盐融雪剂的替代品（如CMA，KAc等）。

从20世纪80年代开始，美国使用醋酸钙镁融雪剂，加拿大和欧盟使用氯化镁、氯化钠和尿素的混合物作为融雪剂，俄罗斯也开始在机场使用硝酸钙、硝酸镁与尿素的混合物——NKMM制剂。研究结果表明，不同成分的融雪剂对生态环境的影响差别迥异。由于钙镁醋酸盐、尿素等有机型融雪剂的成本较高，未能被广泛应用，因而加入阻锈剂和氯化钙、氯化镁等改进型氯盐类融雪剂成为目前最为广泛使用的融雪剂。

据统计，20世纪80年代末90年代初，改进型氯盐类融雪剂每年的使用量约占全美国融雪剂总用量的4%。同期，德意志联邦共和国融雪剂年使用量1.0×10⁶t，英国年使用量8.7×10⁵t，法国年使用量3.3×10⁵t，日本北部和韩国首尔地区至今还使用氯化钙和氯化钠的复合型融雪剂。1998～1999年，瑞典公路平均使用融雪剂14t/km。美国每年氯化钠型融雪剂的使用量为（0.8～12）×10⁷t，每年约耗资24亿～36亿美元。2002～2006年，美国纽约州公路平均使用融雪剂19.6t/km，相当于年均使用量为1.1×10⁶t。在此期间，荷兰公路平均使用融雪剂约为12.2t/km。

20世纪70年代，我国在北京首先使用了氯盐型融雪剂。近年来，在北方地区，氯盐型融雪剂除雪因其操作方式简便、价格低廉和融雪效果良好而得到广泛应用，且有逐年增加的趋势。2002年冬季至2003年春季期间，北京冬季发生强降雪，9d内市内道路融雪剂使用量高达7000t，2004～2005年超过8000t，2009～2010年由于强降雪的极端天气融雪剂使用量甚至高达30000t。长春市2010年共计撒布5000t融雪剂，施用量是往年的1倍左右。

2003～2004年，我国东北地区沈阳市化学融雪剂（含融雪剂与沙的混合物）的使用量在为6000t，2004～2005年超过8000t，2005～2006年达9000t以上，2007～2008年超过10000t，2009～2010年融雪剂使用量高达24000t。

为了减轻常年使用融雪剂进行道路除雪导致的城市生态环境破坏，沈阳市政府于2010年开始限制城市范围内融雪剂的施用量，市内桥梁也从2010年冬季开始使用有机融雪剂，2010～2011年融雪剂使用量下降至11000t，2011～2012年为9000t。从2011年开始，北京市市政主管部门投入3.9亿元购置清雪除冰机械，实施机械工具为主和融雪剂为辅的除雪应急方案。为了实现融雪剂生产使用的统一监管，我国2009年出台融雪剂标准，并于2017年进行修订，即《融雪剂》（GB/T 23851—2017）。此期间北京市出台了融雪剂的生产标准，并于2012年进行了修订，出台了《融雪剂》（DB11/T 161—2012）。基于本研究团队有关融雪剂的研究结果，辽宁省于2007年出台了《融雪剂质量与使用技术规程》（DB21/T 1558—2007）。

20世纪90年代末，我国开始重视非氯盐型融雪剂的研发。赵音延和夏伟等采用化学萃取回收醋酸稀溶液，利用钙镁氧化物为原料制得CMA，提出了醋酸稀溶液生产CMA

的最佳加工参数。张良伦等以冰醋酸和白云石为原料反应制得CMA，考察了工艺条件对融雪剂性能的影响，提出了CMA适宜的工艺条件和应用环境。然而，CMA与氯盐型融雪剂价格相差悬殊，相对高昂的成本是其难以被普遍应用的主要原因。

醋酸成本是影响CMA价格的主要因素，生产低成本的醋酸是降低成本的关键。为此，一些学者开展了各类废醋酸制备CMA的研究，并开发简单的生产工艺。许英梅等利用醋酸废液（木醋液）和白云石粉反应制得CMA，生产成本低，工艺相对简单，对金属腐蚀小，对植物伤害低，融冰能力可达到氯化钠的91%。韩爱霞研发了一种新的厌氧发酵方法，利用乳酪和乳酪素的副产品乳清发酵成醋酸，再与Ca/MgO反应制备CMA。张巨功等以电石渣为原料，探讨了制备醋酸钙融雪剂的工艺参数。吴易川将造纸生产过程中钙基废物和低碳有机酸混合，研制出融雪性能好且腐蚀性低的融雪剂。栾国颜等以木醋液和秸秆灰为原料，制备出的融雪剂具有低成本和环保的特点。高子亭等提出了一种采用二次蒸馏法生产木醋液用以制备醋酸盐环保型融雪剂的方法，即用一次蒸馏的粗制木醋液与碳酸钙反应制备醋酸钙，然后将反应液二次蒸馏使醋酸钙析出制得融雪剂，这是一种能实现大规模生产醋酸盐融雪剂的新方法。

## 1.2　融雪剂在生态环境中的迁移

融雪剂的环境影响研究广泛涉及土壤、植被、地表水和地下水、水生生态系统以及野生动物等环境介质或生态系统。研究表明，盐离子积聚在生态系统中，直接导致陆地植被和植物群落结构的破坏。在北欧地区的瑞典和芬兰、北美洲的加拿大和美国、亚洲的日本等国家，由于常年使用融雪剂已引发了土壤$Na^+$、$Cl^-$浓度急剧增加，导致城市绿化植物枯死、土壤板结。还会对地表水和地下水造成污染。严霞等曾结合近年来国内外有关融雪剂对生态环境影响的研究进展，阐述了化学融雪剂对土壤环境、地表水、地下水、植物和动物等的影响。

近年来，越来越多的国内外学者开始关注融雪剂对城市环境的影响。Cunningham等对纽约州西部城市波基普西（Poughkeepsie）的城区土壤中融雪剂积累和分布进行了研究。Galuszka等调查了波兰凯尔采（Kielce）市的行道树欧梣（*Fraxinus excelsior* L.）、欧亚槭（*Acer pseudoplatanus* L.）和长白松（*Pinus sylvestris* L.）等植物各器官中$Na^+$和$Cl^-$的积累和萎黄病的情况。我国学者研究了融雪剂对城市绿化树种如大叶黄杨、油松和翠竹生长的影响。陈晓冬等采用层次分析（analytic hierarchy process，AHP）和模糊综合评价方法，开展了氯盐类融雪剂对公路交通基础设施、土壤、水体和植被的评价影响，并提出了临界值的确定方法。李雪以长春市主要市政排水管道的排污口为主要研究对象，通过动态监测，分析了融雪剂使用对城市水体中离子含量的影响。以上研究大多集中于城市生态系统中融雪剂的单一迁移途径，关于其在城市生态环境中污染行为特征的研究仍不够系统深入。

融雪剂进入环境后，其盐分离子在城市生态环境中的迁移途径主要包括如下5个方面（图1-1）。

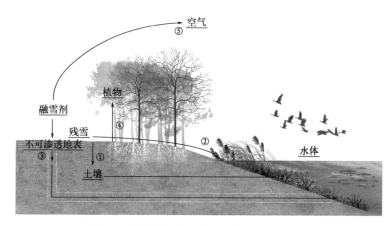

图1-1　融雪剂在城市生态环境中的迁移途径

① 融雪剂长期滞留在土壤中对土壤环境造成危害，或通过土壤进入地下水或者地表水，进一步造成水生态系统的危害；

② 盐离子通过融雪水或雨水形成的地表径流直接进入环境；

③ 暴雨后，融雪剂通过下水道从陆地系统进入排水沟；

④ 融雪剂被植物吸收，临时或长期地停留在植物组织中，对植物造成盐害胁迫；

⑤ 融雪剂被灰尘颗粒物或者液态水滴所吸附并发生转移。

## 1.3　融雪剂对土壤环境的影响

土壤环境具有典型的多介质、多界面、多组分、非均一性和复杂多变的特性，以上特性又决定了土壤环境污染具有隐蔽性、积累性及治理难、周期长和成本高等特点。融雪剂对土壤的危害具有直接性、长期性、线状或面状辐射分布的特点。研究表明，路面撒布的融雪剂通过机器喷洒或降雨过程，其75% ～ 90%的使用量以径流、飞溅和悬浮沉降等方式直接进入路域环境。目前，国内外研究主要集中在氯化钠型融雪剂对土壤理化性质、$K^+$和$Na^+$等主要离子含量分布及土壤中重金属的迁移转化等方面，尤其是对土壤中主要离子积累和分布的影响研究较多，但对有机型融雪剂如CMA和其他混合型融雪剂的研究则相对较少。以上融雪剂对土壤环的影响研究主要集中在公路附近土壤，对城市绿化土壤和城市近郊土壤的研究则相对更少。在土壤环境中，融雪剂的迁移、淋溶和作用效果取决于多种因素的影响，如路坡、土壤类型和植被覆盖度等因素。

### 1.3.1　土壤理化性质

瑞典学者Lundmark和Olofsson对斯德哥尔摩（Stockholm）市北部E4号高速公路的研究表明，经抛洒、飞溅和悬浮沉降的$Cl^-$大部分积累在公路路缘10m内。对加拿大萨斯喀彻温省（Saskatchewan）46号公路路边两种不同类型土壤盐度变化的研究发现，融雪剂中的大部分离子主要蓄积在公路路肩和相邻表面的沟渠底部。

### （1）无机氯盐型融雪剂对土壤理化性质的影响

融雪剂进入土壤后，盐类物质长时间滞留土体引起土壤物理、化学和生物学性质的改变。研究表明，融雪剂的使用破坏了土壤的层次性，使土壤结构变差，形成片状或块状结构，造成土壤板结，土壤透水性降低。

王艳春等对北京市45个路边绿化土壤进行分析，发现45%的土壤样品已重度盐化，土壤板结导致土壤透水性下降。融雪剂对土壤化学性质也产生一定影响，造成土壤pH值升高、阳离子交换量显著下降、有机质含量降低，但对土壤N、P含量的影响并不明显。余海英等对我国吉林省多条常年使用融雪剂的高速公路开展调查，发现氯盐型融雪剂的使用导致距路基3m范围内的表层土壤（$0 \sim 20cm$）电导率增加，$Na^+$和$Cl^-$明显积累，引发土壤盐化、钠质化以及土壤结构的破坏，其中以道路隔离带土壤的盐化趋势最为显著。此外，$Na^+$浓度的提高也可能增加其他养分离子流失，成为影响植物正常生长、降低土壤肥力和增加环境风险的重要因素。

氯盐型融雪剂融化后，其离子成分在土壤中均具有较高的溶解度。其中$Cl^-$由于和土壤胶体一样带负电荷且离子半径很小，不易被土壤胶体吸附，易通过淋溶作用迁移至地下水环境中，融雪剂的使用加重了地下水中氯的污染。加拿大学者Howard和Beck通过质量平衡计算表明，通过融雪剂使用进入环境中的氯，每年只有45%可通过地表集水区移除，而余下55%均进入地下浅水层。

$Na^+$参与土壤的化学反应，易被带负电的土壤颗粒所吸附而不易发生迁移。富含NaCl的冰雪融化后渗入土壤，土壤溶液中过高的可溶性$Na^+$可通过阳离子交换作用置换土壤中的$Ca^{2+}$、$K^+$和$Mg^{2+}$等养分离子，从而影响路域土壤的营养元素水平。土壤中高浓度的$Na^+$导致土壤pM值升高而引起土壤黏土颗粒的弥散，从而影响土壤团聚体的稳定性和土壤渗透性，包括土壤水力传导度、入渗率和透气性等。土壤结构、营养元素水平和渗透性能的改变加速了水土流失和土壤质量的恶化，同时土壤溶液中过高的可溶性钠也会对植物的生长产生不良的盐胁迫影响。在高纬度寒冷地区，融雪剂的使用已引发了土壤$Na^+$、$Cl^-$浓度急剧增加，导致城市绿化植物枯死、土壤板结，含有融雪剂的残雪经地表径流排入水体后对地表水和地下水造成污染。

### （2）有机融雪剂对土壤理化性质的影响

为降低氯盐型化学融雪剂使用后产生的环境污染和生态破坏，自20世纪70年代开始，氯盐融雪剂的替代品（如CMA，KAc和KFo等）研发受到重视，并于20世纪90年代初期投入使用。事实上，非氯盐型融雪剂中新的组分同样也会带来新的环境影响。

醋酸钙镁融雪剂是由石灰石或白云石与醋酸反应制得的粉状混合物，由于醋酸成本较高，CMA的价格可以达到NaCl融雪剂的$5 \sim 8$倍，价格高是导致其应用受到局限的主要原因。田间试验研究表明，CMA融雪化冰能力与氯盐型融雪剂基本相当。CMA与沙土混合使用时，沙能增加融雪剂在路面的附着力，除雪化冰效果更好。虽然CMA与沙土的附着性要优于氯盐型融雪剂，但其与氯盐型融雪剂相比，融雪过程相对缓慢，在处理冻雨、雪灾和车流量低的条件下，氯盐型融雪剂则更有优势。

CMA具有低毒、低腐蚀及易被生物降解等优势。Horner研究表明，CMA对鱼类、浮游动物、浮游植物和木本植物等的毒性均低于NaCl，且腐蚀性仅相当于NaCl的十分之一，因而CMA被认为是较为理想的无污染型融雪剂。CMA融化后进入土壤后，$Ca^{2+}$和$Mg^{2+}$更有利于保持土壤肥力和土壤结构的稳定性。与NaCl相比，CMA对植物的伤害作用更小。然而，也有研究表明，CMA融雪剂的醋酸有机成分降解过程中，导致氧气消耗，干扰土壤氧化还原条件，从而改变土壤的理化性质。Rasa等研究认为，甲酸钾（KFo）因为其较低的碳含量及环境降解中较低的耗氧量，与醋酸盐融雪剂相比，KFo对环境的影响更小。Hellstén和Nystén的实验研究证实，与醋酸盐融雪剂相比，KFo更不容易迁移至地下水层。然而，目前有关替代型有机融雪剂环境效应的研究多集中于CMA，而对KFo的环境影响研究甚少。

## 1.3.2　土壤生物学性质

土壤是一个包含许多复杂生物化学反应的生态实体，有关融雪剂对微生物功能、氮循环及其潜在的干扰性影响研究较少。土壤生物化学性质主要包括土壤微生物量、土壤呼吸、土壤酶活性、微生物多样性和土壤生物功能菌群。土壤微生物及其活性直接影响生态系统的稳定性与生产力，在土壤有机质的分解、温室气体释放过程和土壤碳氮转化过程中发挥重要作用。因此，与土壤理化性质不同，土壤生物和生物化学性质能够灵敏地反映土壤质量的变化。

土壤微生物生物量（soil microbial biomass）是指土壤中微生物活体的总量，主要由细菌、真菌、放线菌等组成。土壤微生物量反映土壤微生物的总体活性，既可以作为动力降解和转化有机质，也可以同化土壤有机质、固定无机营养、参与养分循环和能量流动。微生物量是土壤重要的营养库，反应土壤肥力水平，也是指示土壤质量变化的敏感生物指标。陆海玲研究表明，棉田土壤中的细菌、真菌、放线菌、氨化细菌数量随盐浓度的升高呈指数降低，土壤盐胁迫程度增加，直接导致土壤中微生物量C、微生物量N和微生物量C/N值的显著下降。

土壤呼吸（soil respiration）是指未扰动土壤中产生$CO_2$的所有代谢作用，包括土壤微生物呼吸、根系呼吸和土壤动物呼吸三个生物学过程。土壤呼吸是促进土壤有机C矿化分解，释放无机养分的重要生物化学过程。土壤基础呼吸和土壤微生物量的比值，即代谢熵是指示环境因素对微生物群落胁迫作用的敏感指标。元炳成研究表明，土壤微生物群落的逆境生存条件将导致代谢熵的升高。捷克学者Černohlávková研究了融雪剂对路旁森林土壤质量的影响，结果表明微生物量和呼吸活性显著下降，盐化土壤中的代谢熵结果也表明微生物群落明显处于胁迫作用中。McCormick和Wolf的研究表明，0.25mg/g的NaCl即可显著降低土壤$CO_2$释放量的16%。随着NaCl浓度的增加，土壤$CO_2$释放率逐渐下降，当NaCl浓度达到100mg/g时，土壤$CO_2$释放量为零。Azam和Muller的研究也表明，随着NaCl浓度的增加，土壤$O_2$的消耗量和$CO_2$的释放量显著下降。

土壤酶是土壤生物活性的一个重要指标，其参与土壤中各种元素的生物循环、有机物质分解转化和腐殖质的形成。土壤酶活性是土壤代谢作用强度的标志，土壤酶与微生物的丰度与活性呈密切相关。土壤酶活性的高低可以反映土壤氮、磷养分转化的强弱程度。土壤酶活性随电导率的升高而降低，其抑制程度与土壤酶的种类和盐分组成不同有关。Guntner 和 Wilke 采用田间试验方法，开展融雪剂对不同熟化程度土壤中的脱氢酶、脲酶、碱性磷酸酶和过氧化氢酶的活性研究，结果表明，在中度腐殖质土壤中，酶活性降低明显，认为酶活性的降低是由于微生物量的降低，而非土壤酶失活的原因。土壤次生盐渍化导致土壤中脲酶活性和磷酸酶活性产生不同程度下降，其中对脲酶的抑制程度更为明显。

融雪剂影响土壤 N 循环。土壤中钠浓度增加，会导致其与铵离子竞争或阻止铵的气体交换输入，可以造成盐渍道路的斜坡带土壤中速效氮短缺。融雪剂中的 $Na^+$、$Ca^{2+}$ 或 $Mg^{2+}$ 取代 $H^+$ 的阳离子交换作用，引起 pH 值的变化会改变土壤的氨化和硝化速率。此外，融雪剂中高浓度的 $Cl^-$ 可以通过移动的负离子效应酸化土壤溶液。Batra 和 Manna 研究认为，土壤中过量的盐分对土壤中的微生物种群及其活性有不利影响。酸性土壤条件可以限制微生物活性、减缓氮矿化以及其硝化作用。当土壤 pH 从酸性变为近中性（pH 值最佳范围为 6～8）时，可能会提高有机质矿化和硝化速率，最终通过挥发损失氨或通过反硝化作用损失硝酸盐。Pierzynski 等研究表明，虽然土壤 pH 值不直接控制 N 本身的有效性，但它影响土壤微生物的活性。McCormick 和 Wolf 的研究表明，NaCl 浓度高于 0.25mg/g 时，土壤氨化作用开始下降，0.25mg/g 的 NaCl 即可显著降低土壤的硝化作用。Laura 的研究结果也表明，由于土壤的硝化细菌比氨化细菌对盐胁迫更为敏感，土壤盐化会严重减慢甚至完全抑制土壤的硝化作用。

### 1.3.3　土壤重金属化学行为

重金属进入土壤环境后，会与土壤中不同的固相组分相结合，形成不同的结合形态，使重金属具有不同的生物可利用性、毒性和迁移性。当外界环境发生改变时，土壤中各组分的组成和含量亦会随之发生改变，进而影响土壤重金属与土壤组分的结合形态，使土壤中重金属的生物可利用性、毒性和迁移性发生改变，影响重金属对环境的危害程度。

融雪剂影响土壤中重金属的迁移和转化。融雪剂中的正负离子进入土壤溶液后，破坏土壤对重金属原有的吸附/解吸平衡，从而导致了重金属被活化解吸，表现为土壤溶液中重金属的浓度、形态转化、垂直迁移和毒性发生改变。Norrström 采用室内模拟淋溶实验，研究使用化学融雪剂对高速公路旁土壤中重金属迁移的影响，发现融雪剂对土壤中 Pb、Cd、Zn、Fe 和 TOC（total organic carbon）的影响中，$Cl^-$ 的络合作用是影响 Cd、Zn 迁移的重要原因，且 Pb、Fe 和 TOC 的浓度之间具有显著的相关性。

Bäckström 等采集公路旁土壤，测定土壤溶液中 Cd、Cu、Pb、Zn 及主要离子含量的季节性变化，发现融雪剂使土壤溶液中可溶性 NaCl 含量急剧增加。由于离子交换作用，土壤溶液的 pH 值下降，离子态重金属的浓度明显升高。影响土壤中重金属的迁移主要取决于土壤密度、黏土含量、离子交换能力、土壤 pH 值、$Cl^-$ 络合物的形成、胶体扩散和重金属的化学形态等主要因素。

#### （1）无机氯盐型融雪剂对土壤中重金属迁移转化的影响机理

融雪剂中 NaCl、$CaCl_2$ 和 $MgCl_2$ 等主要成分可通过如下机制影响重金属在土壤中的迁移行为。

土壤环境中的 $Cl^-$ 和金属形成可溶性氯化络合物而降低金属在土壤中的滞留。Lumsdon 等的研究表明，在 0.1mol/L LiCl 溶液中，60% 的 Cd 以 $CdCl^+$ 的形态存在，而与之相比，只有 10% 的 Zn 以 $ZnCl^+$ 的形态存在，80% 的 Zn 均呈 $Zn^{2+}$ 形态。Bäckström 等的研究结果显示，土壤溶液中 Cd 和 Zn 含量的增加，其原因可能是氯化络合物形成比例的增加。Doner 研究高浓度 NaCl（0.1mol/L 和 0.5mol/L）作用下，淋溶液中 Ni、Cu 和 Cd 的含量比同浓度的 $NaClO_4$ 高 1.1～4 倍，认为 NaCl 作用下土壤中金属迁移性的增加主要来自金属氯化络合物。

$Na^+$、$Ca^{2+}$ 和 $Mg^{2+}$ 可通过离子交换作用置换土壤中的金属。融雪剂融化后，其中的阳离子可活化并取代土壤中金属离子，尤其是取代土壤中重金属 Cd，可能是 Cd 迁移非常重要的原因之一。Amrhein 等研究认为，NaCl 能够释放土壤中的 Cr、Pb、Ni、Fe、Cu 等重金属，而且 $Na^+$ 浓度越高，释放土壤中重金属的量就越大。尽管 $Mg^{2+}$、$Ca^{2+}$ 对环境的危害比 $Na^+$ 小，但在土壤中易发生各种反应，影响土壤中金属的活性和存在状况。

金属氯化络合物的形成和离子交换作用可增加液相中金属的迁移，然而这个过程对土壤中 Pb 的迁移可能不明显，因为 Pb 对土壤有机质的吸附性较强。Harrison 等研究发现，在 1.0mol/L $MgCl_2$ 的交换作用下，土壤和灰尘中 Pb 的迁移量低于 1.5%。Norrström 研究发现，在高浓度 NaCl 和低 pH 值条件下，淋出液中 Pb 的浓度分别达到 27μg/L 和 77μg/L，分别为瑞典地下水水质标准的 3 倍和 8 倍。由此可见，尽管 Pb 在土壤中的迁移转化能力较低，但融雪剂对土壤中 Pb 的活化作用对地下水质量仍可造成严重威胁。

此外，以胶体为载体的运移方式可能是重金属迁移的另一重要途径。融雪剂对金属在土壤颗粒上的吸附性有着很大的影响。由于融雪剂的使用，土壤溶液中的离子强度升高，导致土壤中吸附和絮凝沉淀作用减弱。在土壤环境中较高的 $Na^+$ 含量和低电解质水条件下，土壤有机质和胶体的扩散会造成与有机质和胶体吸附的重金属发生迁移。Amrhein 和 Strong 的研究表明，在高浓度 $Na^+$ 和低离子强度条件下，NaCl 能显著释放土壤中与有机质和胶体吸附的重金属 Cr、Pb、Ni、Fe 和 Cu。在中国北方地区的早春，由于融雪剂使用后，可产生非常典型的土壤高浓度 $Na^+$ 和降水导致的低离子强度环境。Norrström 和 Jacks 的研究表明，Pb 和 Zn 多呈氧化物形态而 Cu 多以胶体吸附形态存在。Howard 和 Sova 研究发现，临近高速公路两侧的土壤中，Pb 多以碳酸盐和铁氧化物的形态存在，而远离高速公路土壤中，有机质结合态 Pb 则占优势。可见，随着融雪剂的使用，其与重金属的复合污染将会对城市环境产生新的污染，并引发潜在环境风险，进而威胁人体健康。

**（2）有机融雪剂对土壤中重金属迁移转化的影响机理**

CMA 被认为是比较理想的低污染型的融雪剂。Horner 在《CMA 的环境监测和评估》一书中，通过对 CMA 的实验室模拟和地区分析测试结果发现，CMA 能够从土壤中转移并释放痕量重金属，但其释放量导致的环境污染并不显著，对重金属高污染土壤而言，由于淋溶作用所释放的重金属的环境风险有待于进一步量化评估。

CMA 影响土壤中重金属迁移转化的机理与氯盐型融雪剂不同。有学者研究认为，CMA随雪融化后进入土壤，导致土壤环境中醋酸根含量增加，与$Cl^-$相比，醋酸根是更强的配位体，可与重金属形成醋酸-金属离子对，增加土壤液相中重金属的浓度。Amrhein和Strong研究认为，CMA中的$Ca^{2+}$和$Mg^{2+}$容易置换土壤中的重金属Cd。Defourny研究发现，土壤中20%～26%的Cd呈可交换态，$Ca^{2+}$和$Mg^{2+}$更易与Cd发生交换。美国联邦公路管理局Winters等的研究报告也显示短期淋溶条件下，CMA中的$Ca^{2+}$和$Mg^{2+}$可通过离子交换作用置换土壤中的其他金属离子。

一些研究认为，与氯盐型融雪剂相比，有机融雪剂对重金属的迁移性影响更小。CMA融化后形成的大量醋酸根离子能够提高土壤酸碱度的缓冲性能，且易被土壤微生物降解形成碳酸氢盐和碳酸盐，碳酸氢盐又能够提高土壤pH值，导致重金属与氧化物、超氧化物和碳酸盐发生共沉淀作用，进而降低重金属的迁移性。Amrhein和Strong研究表明，土壤中的重金属Cd可通过与$CaCO_3$的协同沉降作用而降低其迁移性。Ostendorf等研究也指出，CMA可与土壤中的Zn和Pb形成碳酸盐沉淀，从而降低了Zn和Pb的迁移性。

Elliot和Linn的试验结果证明在试验初期，当土壤pH值为4时，CMA增加了重金属Cu和Zn的迁移性，随着时间的延长，由于醋酸对pH值的缓冲平衡作用，重金属的迁移性受到抑制。Rasa等的室内培养实验结果表明，与NaCl相比，KFo能有效降低土壤中Cd的溶解性，使用KFo为替代型融雪剂能有效降低Cd向其他环境介质迁移的环境风险。

## 1.4 融雪剂对水环境的影响

### 1.4.1 地表水环境

地表水是个复杂的生态系统，水陆之间不断地进行着各种物质交换。道路喷洒的融雪剂被雨水冲刷后，其与路面排水一起流入河流或湖泊水域，导致水环境盐离子和氯离子含量升高。在寒冷地区的冬季，渗入道路裂缝中的水在冻融作用下，不但会直接加速路面老化，而且覆盖路面的冰雪还会直接影响交通安全。近年来，针对寒冷地区为保障道路交通安全而广泛使用化学融雪剂的实际问题，化学融雪对路域水环境的影响研究正受到关注。当环境中施入大量的盐类物质时，生态系统需要很长时间适应这种环境变化。研究表明，融雪剂的大量使用可导致地表水中盐含量升高。

化学融雪剂进入水体后，主要通过以下几个方面影响水环境质量。

① 水体密度梯度的变化。正常情况下湖泊各层要不断地流动以使水体中的溶解氧和营养物质均匀分布。化学融雪剂进入水体后，可改变水体密度，消耗溶解氧，改变湖泊水环境的物理和生态特征。地表径流中大量的盐分进入水环境，可引起水体密度上升，使得流入水长期滞留在湖泊的底层，从而抑制春季湖水对流运动。

② $Cl^-$浓度上升。国外有关融雪剂使用对水体中氯含量的影响研究较多。影响水体中$Cl^-$浓度分布的主要是时间和空间两个因素。由于稀释作用，较大流域中的$Cl^-$浓度要明显低于较小流域。因此，较小流域的地表水受到危害更大。Maxe研究表明，使用氯盐融雪剂的公路附近100m范围内，约67%的井水中含有高浓度的$Cl^-$。Godwin等调查分析

美国纽约州莫华克河（Mohawk River）流域的水环境离子组成变化，发现在 1952 ～ 1998 年近 50 年期间，河流水体中 $Na^+$ 和 $Cl^-$ 浓度分别增加了 130% 和 243%，而其他化学成分却下降或者保持不变。加拿大环境部（Environment Canada）报道，地表径流中的 $Cl^-$ 浓度已经超过 18000mg/L，城市湖泊 $Cl^-$ 浓度达到 5000mg/L，沟渠和湿地 $Cl^-$ 浓度达到 4000mg/L。

③ 刺激藻类生长。Briggins 和 Walsh 认为，Na 能促进蓝绿藻的生长，当 Na 浓度超过 40mg/L 时会引起蓝藻的过度生长。湖泊沉积物中氯化物含量的升高对底栖生物群落的生物多样性有不利影响。国内研究表明，高浓度 NaCl 作用下，发状念珠藻的光合作用和呼吸作用等正常生理活性受到抑制。与氯盐融雪剂相比，使用 CMA 或甲酸钾等有机融雪剂能降低这些环境危害。可见，虽然有机融雪剂的安全系数相对较高，但若过度使用此类融雪剂，也会对水生态系统健康造成严重影响。

为了保证较好的融雪化冰效果，融雪剂中常会含有较低含量的防腐剂、阻锈剂或表面活性剂等添加剂，这些添加剂也会对水环境造成污染。由于存储融雪剂的仓库经常没有保护措施，融雪剂一旦融化也会造成地表水污染，而有关这方面的研究却经常被忽视。有研究表明融雪剂存储地附近的地表水中的 $Na^+$、$Cl^-$ 和氰化物浓度呈现不断上升的趋势，总氰化物的浓度变化范围在 10 ～ 200μg/L。氰化物在光照下发生光降解，能释放出有毒的氰化物。

CMA 中的醋酸盐易生物降解，可导致水体中溶解氧的消耗。CMA 大量使用后，其有机成分醋酸可提高水体中的 BOD 含量，机场附近的地表径流中的 $BOD_5$ 可达到 245000mg/L。目前，机场使用的融雪剂主要成分是乙二醇、丙二醇和尿素的混合物。乙二醇和丙二醇的生物耗氧量大，能够消耗水体中的溶解氧。大量使用尿素可导致水体富营养化，导致藻类繁殖过快，破坏水生态环境。尿素在环境中发生如下反应：

$$（NH_2）_2CO+H_2O \longrightarrow 2NH_3+CO_2$$

$$NH_3+H_2O \rightleftharpoons NH_3 \cdot H_2O \rightleftharpoons NH_4^+ + OH^-$$

使用尿素导致河流水体中 $NH_4^+$ 大量增加，进而污染水体。此外，机场含有融雪剂的冰雪融化后，通过地表径流进入水体环境，可导致机场附近的水流中无脊椎动物减少，充分利用尿素的细菌种类增多，对水环境造成污染。

## 1.4.2　地下水环境

地下水是由大气降水、冰雪融化、河川径流、沼泽湖泊、灌溉回归、冻土冻融等多源性途径渗入补给而形成。随着社会经济的快速发展和人类活动的加剧，地表水的各种化学成分正在发生变化。目前，国外关于融雪剂对水环境的影响研究多集中于地表水，对地下水的研究相对较少。

影响地下水盐浓度的因素主要包括土壤性质、土壤渗透性能、离子交换能力、植被覆盖率、离子类型、土壤湿度和地下水位高度等。融雪剂融化后渗透入土壤，对地下水的影响主要是污染饮用水水质，使水的咸度变大，水的口感发生改变，进而对人体健康造成危害，如诱发高血压等疾病。Gijs等研究发现，在废弃机场附近的土壤和地下水中，当融雪剂添加剂苯并三唑（benzotriazole，BT）浓度为0.33mg/kg时，雪样中BT的浓度为0.66mg/kg，沟渠沉积物中BT的浓度达到13mg/kg，井水中BT的浓度范围是1.2～1100μg/L，虽然没有造成明显的急性毒性反应，但由于BT不易被土壤基质吸附和生物降解，其长期蓄积在土壤和地下水中，引发人们对地下水污染的担心。

美国交通研究协会（American Society of Traffic and Transportation，ASTT）的研究表明，在过去的30多年中，美国东北部大量使用氯化钠融雪剂的地区都发生过有关饮用水中盐分增加的事例。

2008年1月，中国南方地区发生大范围低温、雨雪、冰冻等自然灾害，为保证交通运输安全，融雪剂的高剂量不合理使用已造成广东韶关春季发生了饮用水源污染事件，人们饮用被融雪剂污染的水源后，出现了发烧、喉咙痛、恶心等症状。目前，国内外有关融雪剂对地下水的影响研究还不深入，对融雪剂使用对地下水影响的长时间追踪研究尚鲜有报道。

## 1.5 融雪剂对城市绿化植物生长的影响

### 1.5.1 绿化植物生长

随着化学融雪剂施用量的逐年增加，其对城市土壤环境、植物、动物、地表水和地下水等的危害被广泛关注，其中融雪剂对城市绿化植物的危害尤其受到重视。融雪剂使用对植物生长、生理生化特性甚至植物群落结构均会产生影响，国内外诸多学者都很关注融雪剂对植物生长的负面影响。

Norrström和Bergstedt研究表明，75%～90%的融雪剂以径流和飞溅的方式进入沿道路的草坪和绿化带。含盐雪水在土壤中不断积累，被植物吸收滞留在植物组织中，对植物造成盐害胁迫。研究发现，在盐害附近几米范围内的植被都受到融雪剂的影响。融雪剂对植物的负面影响因植物种类而异，一般表现为生物量的减少，很多情况下会导致植物出现萎黄病。Fostad和Pedersen的实验室研究结果表明，NaCl会影响不同树种幼苗感染萎黄病，其主要因素包括植物的耐盐性、植物生长期间的灌溉水量和土壤类型。

已有研究表明，拉脱维亚里加市（Riga）的欧椴树（*Tilia x vulgaris* H.）、芬兰的雪松（*Pinus sylvestris*）和波兰凯尔采市（Kielce）的行道树欧梣等（*Fraxinus excelsior* L.）均出现了过量Na$^+$和Cl$^-$在植物各器官中积累，导致植物顶端枯死、枝叶变色等盐害症状。

日本学者研究发现，由于融雪剂在路域土壤中的大量积累的原因，日本公路边的云杉（*Picea abies* Karst 和 *Picea glehnii* Masters）光合作用能力降低和针叶脱落。Forczek等采用盆栽实验和$^{36}$Cl放射示踪法相结合的方法，探究氯盐型融雪剂的施用方式对挪威云杉林（*Picea abies*）的影响。结果表明，融雪剂以根浇灌方式对云杉的影响比叶面喷洒方式更大，其原是因为根系为Cl$^-$主要吸收途径，Cl$^-$通过根系吸收更快，并最终导致植株体内高Cl⁻的积累。

融雪剂可以直接导致植物种子萌发受阻，植物生长受到抑制。不同融雪剂对我国东北地区典型农作物品种小麦和玉米种子发芽的影响结果表明，随着融雪剂处理浓度的增加，其对农作物种子发芽的抑制效应呈显著上升趋势，且不同融雪剂品种对同种农作物品种发芽的影响呈现较为明显的差异，不同农作物种子对同一种融雪剂的反应呈现明显差异。李雪的研究也表明，融雪剂对各种农作物种子发芽的抑制程度不同，玉米、黄瓜、水稻、白菜和大豆的$LC_{50}$分别为24.71g/L、20.22g/L、16.25g/L、11.99g/L和10.64g/L。随着融雪剂溶液浓度的增加，各种农作物的种子活力发生明显下降，二者之间存在明显的负相关关系。

2003年春季，北京市曾发生万株绿化乔木和灌木死亡。2005年冬末春初，由于融雪剂的大量使用，北京市8个城区近20万平方米的草坪遭受严重盐害。现场调查和实验室分析表明，融雪剂的大量使用是导致道路土壤中过高的盐分含量是植物死亡的主要原因。研究表明，冬季撒布融雪剂后，高溶解性盐离子聚集于城市土壤，造成绿化带土壤盐碱化和绿化带植物叶片干枯或枯死（图1-2和图1-3）。

图1-2　融雪剂对城市绿化带土壤危害　　　　　图1-3　氯盐胁迫下银中杨叶片干枯

## 1.5.2　绿化植物生理生态特征

草坪是城市园林绿化中不可替代的重要组成部分。我国东北地区草坪草以黑麦草和早熟禾为主。黑麦草和早熟禾的种子发芽快，易成活，耐寒性强，且一次种植多年利用。随着道路融雪过量施用，发现道路绿化草坪草光合生理（光合速率、蒸腾速率、细胞间隙$CO_2$浓度、气孔导度和水分利用效率等）和非光合生理（含水量、相对电导率、丙二醛、可溶性糖、可溶性蛋白和过氧化氢酶活性等）均发现显著变化。

盐胁迫与植物细胞冻融交互影响，可进一步加剧对草坪草的危害。何访淋研究表明，氯盐融雪剂和冻融协同胁迫下，黑麦草幼苗叶片气孔和叶绿体受损，细胞内水分不平衡，导致用于光合作用的二氧化碳和水减少，光合作用能力明显降低。同时，氯盐融雪剂和冻融双重胁迫下，黑麦草的非光合生理指标丙二醛和可溶性糖等指标呈现先升高后降低趋势，而电导率呈现先降低后逐渐升高趋势，揭示了初春或深秋施用融雪剂对草本植物的伤害较冬季大的作用机理。

研究发现，在融雪剂胁迫下，草坪草种子胚根生长受抑，进而影响胚芽生长，且不同融雪剂产品对草坪草种子萌发的危害不同。张营等研究发现不同融雪剂对三种草坪草种子萌发和幼苗和根生长的抑制作用存在差异。由于融雪剂对种子的危害特征较易观察，便于检测。

目前，我国融雪剂市场准入标准中植物种子相对受害率是以融雪剂胁迫下草坪种子14d萌发率为指标。然而，氯盐类融雪剂中$Ca^{2+}$和$Mg^{2+}$是植物有益元素，低浓度融雪剂撒布表现出促进早熟禾萌发，且不同草坪草种子对融雪剂的敏感性不同。张玉霞等研究发现，早熟禾中"午夜"较其他品种早熟禾对融雪剂更为耐受。因此，仅以早熟禾种子萌发率难以准确表征融雪剂对草坪草的伤害。融雪剂产品在市场准入前，如何准确检测融雪剂对植物的安全性还有待于进一步探讨和修正。

初冬时节，宿根草本植物的地上部分凋落后进入"冬眠"，但其根系在地下仍然具有活力，待到春季又可长出新芽。冬季融雪剂胁迫城市生态环境中宿根植物，抑制其地下根系的活力，诱发植物生理盐害，将延迟其在春季的萌发，严重造成致死伤害。

萱草（*Asphodelaceae*）和马莲（*Irisensata Thunb*）较耐低温，是我国东北地区道路绿化常见的宿根草本植物。用不同浓度氯化钠（NaCl）、氯化钙（$CaCl_2$）、氯化镁（$MgCl_2$）和三者复合的融雪剂产品（NaCl∶$CaCl_2$∶$MgCl_2$为3∶3∶2的混合型融雪剂产品）处理沈阳市道路绿化带的萱草和马莲，发现$MgCl_2$和复合盐（融雪剂产品）胁迫显著增大两种宿根植物细胞膜透性，降低叶绿素含量，提高丙二醛（malondialdehyde，MDA）含量。萱草较马莲对氯盐敏感，9.0%氯盐及氯盐类融雪剂胁迫下，萱草全部枯死。因此，萱草在指示融雪剂对城市道路绿化植物胁迫影响方面具有应用价值。

施用融雪剂后，绿化带土壤中$Na^+$、$Ca^{2+}$和$Cl^-$等盐离子浓度增加，抑制草坪草幼苗水分吸收。已有研究发现，草坪草幼苗相对含水量随融雪剂质量浓度的增加而呈明显的下降趋势。随着融雪剂胁迫时间延长，草坪草幼苗的电解质外渗率、丙二醛含量显著增加，过氧化物酶（peroxidase，POD）活性呈现先升高后降低的趋势。同时，过剩自由基的积累加剧膜脂过氧化作用，导致了细胞膜系统损伤，严重时植株呈现枯萎和死亡。

诸多研究表明，土壤中的$Na^+$和$Cl^-$含量与植物的伤害程度存在直接关系。$Na^+$和$Cl^-$在土壤中浓度越高，在植物中的积累越多，对植物的伤害越大。波兰奥欧波来市（Opole）的城市行道树出现失绿和叶缘坏死的盐害症状，土壤$Na^+$和$Cl^-$浓度分别达到260mg/kg（烘干土）和120mg/kg（烘干土）。此外，长期大量使用融雪剂甚至还能改变区域内植物群落的组成和结构，耐盐植物将逐步取代抗盐型植物，并逐渐发展成为群落优势种。

氯盐型融雪剂对植物具有直接影响和间接不利影响。其中，直接影响是指植物大量吸收并积累盐离子后，对植物造成离子毒害效应。研究表明，植物组织中高浓度的$Na^+$和$Cl^-$积累会破坏细胞膜结构，造成质膜透性增大。这种渗透胁迫作用还会进一步导致细胞的质壁分离、胞内电解质外渗、叶绿素含量下降，抑制各种酶的活性，以及干扰光合作用和蛋白质代谢等各种生理代谢过程。

崔虎亮等对红翠菊（*Callistephus chinensis* Nees cv. Jinongdahong）生理指标在融雪

剂胁迫下的变化研究结果显示，高浓度融雪剂处理下红翠菊体内 MDA 和可溶性糖的含量均增大，超氧化物歧化酶（superoxide dismutase，SOD）和 POD 活性受到抑制。高浓度氯盐型融雪剂处理下，大叶黄杨的叶绿素 a、叶绿素 b 的含量和可溶性蛋白含量显著下降。Kayama 等对公路边两种云杉（*Picea abies* Karst 和 *Picea glehnii* Masters）的研究结果表明，$Cl^-$ 的毒性大于 $Na^+$，云杉针叶中 $Cl^-$ 浓度达到 $50\mu mol/g$ 时，云杉的光合能力开始下降，$Cl^-$ 浓度达到 $125\mu mol/g$ 时，云杉的针叶脱落 1/2。徐佳佳等的研究表明，随融雪剂处理浓度的增加，大叶黄杨叶片的光合速率（$P_n$）、水分利用效率（water use efficiency，WUE）、蒸腾速率（$T_r$）和气孔导度（$G_s$）受到抑制。低浓度融雪剂短期胁迫作用下，$P_n$ 的下降是由于植物叶片的气孔关闭，而高浓度长期胁迫作用下 $P_n$ 的下降是由于叶肉同化能力的降低。

融雪剂对植物造成的间接影响是指盐分的渗透胁迫作用及其对植物养分有效性的影响。植物主要通过根部的渗透作用从环境中吸收生长所必需的水分和养分。研究表明，土壤盐分含量 >0.2% 时，会造成植物吸收水分困难；当土壤盐分含量 >0.4% 时，植物会出现水分外渗，从而导致植物生长缓慢，甚至死亡。融雪剂的使用造成含盐雪水在土壤中不断积累，土壤盐离子浓度升高，导致土壤溶液渗透压增大，植物吸收水分困难，导致植物细胞膨压下降以及水分胁迫，即生理干旱和渗透胁迫，造成生理性缺水而抑制植株正常生长。

土壤中高浓度的盐基离子（$Na^+$、$Mg^{2+}$ 和 $Ca^{2+}$）会置换土壤中的 Zn、Cu、K 和 Mn 等植物营养元素。植物细胞内 $Na^+$ 和 $Cl^-$ 含量的增加将引起 $K^+$、$Mg^{2+}$ 和 $Ca^{2+}$ 等养分离子含量的亏缺，造成植物营养失调，抑制其生长。Kayama 等的研究表明，城市含盐量较高的土壤中，植物组织中 $Na^+$、$Cl^-$ 含量较高而 $K^+$、$Mg^{2+}$ 和 $Ca^{2+}$ 含量较低。

Galuszka 等采用融雪剂淋溶试验，对波兰凯尔采（Kielce）市的行道树营养元素吸收的影响进行研究。结果表明，使用融雪剂能增加硼元素（B）的植物有效性，而降低植物对 Zn 的吸收。目前，国内外有关融雪剂对植物生长的影响研究多集中于植物表观特征方面，而对胁迫下植株体内离子区域化分布特征，以及幼苗植株光合特性的影响研究相对较少。

## 1.6　融雪剂对动物的影响

融雪剂对动物的影响主要包括对两栖动物、水生无脊椎动物和水生脊椎动物（如火蜥蜴幼体）的影响。如前所述，使用融雪剂导致水体环境中盐分和 $Cl^-$ 含量升高。诸多研究表明，融雪剂的盐分能够蓄积在水生生态系统中。融雪剂的大量使用，导致湿地盐浓度不断升高，进而会对湿地生态系统的动物种群结构产生影响。

盐分离子对两栖动物的生理功能影响主要表现为干扰渗透调节、抑制呼吸作用、造成发育不正常等。Sanzo 和 Hecnar 研究化学融雪剂对林蛙毒性效应的结果表明，96h 慢性毒性实验半致死浓度（$LC_{50}$）值是 2636mg/L，并出现活力下降、体重减少、体形不正常等现象；90d 慢性毒性实验发现蝌蚪的存活率下降，变态时间缩短，体重下降，随着盐浓度增加，蝌蚪体形不正常现象也逐渐增加。Cancilla等研究机场附近的水域，在鱼的组织里检测到高浓度的4-甲基苯并三唑和5-甲基苯并三唑，最大浓度高达0.9mg/L，苯并三唑就是融雪剂中重要的添加剂，可见融雪剂可对水生生物产生严重的不利影响。

## 1.7 融雪剂对大气环境质量的影响

融雪剂中的盐类物质附着在粉尘颗粒中，被人类吸入到呼吸道中，会对人体造成损伤。臭氧层对人类的生存是至关重要的，融雪剂中的氯元素会破坏大气中的臭氧层。美国印第安纳州珀杜大学的科学研究发现，城市喷洒盐水化雪会损耗臭氧层。喷洒融雪剂的盐水水滴中含有的溴和氯与雪混合，当气温升高积雪融化后，这两种物质以自由基形式被释放出来，上升到对流层，对大气中的臭氧层造成损耗。根据大气环境化学反应原理，氯和溴对臭氧层的协同作用机理为：

$$Cl \cdot + O_3 \longrightarrow ClO \cdot + O_2$$
$$Br \cdot + O_3 \longrightarrow BrO \cdot + O_2$$
$$ClO \cdot + BrO \cdot \longrightarrow Cl \cdot + Br \cdot + O_2$$

总反应
$$2O_3 \longrightarrow 3O_2$$

Denby等研究斯德哥尔摩降雪后的扬尘排放特征时指出，残留的融雪剂增加了10%的扬尘排放量。崔浩然等采用车载移动监测法，探究了北京市密云区内平原区路面残留的融雪剂对道路尘负荷和扬尘排放的影响。通过对比平原区和山区道路尘负荷和扬尘排放特征发现，1～11月山区道路尘负荷均高于平原区，而12月平原区因有融雪剂残留导致平原区道路尘负荷高于山区，且12月扬尘排放因子、排放强度和排放量均较冬季的1、2月高。

融雪剂增加道路尘负荷和扬尘排放的原因主要有两点。

① 路面残留的融雪剂直接造成了道路尘负荷。

② 融雪剂中的氯盐成分可能延长地面湿润时间，使路面积攒更多道路尘负荷，进而增加扬尘排放。

适量使用融雪剂，降雪停止后及时对路面残留的融雪剂进行清扫，以及洒水冲刷是降低含融雪剂路尘对大气环境污染的有效措施。

综上所述，化学融雪剂对生态环境的影响是个复杂的生态学过程，研究其环境影响有着十分重要的意义。近几十年来，国内外学者对融雪剂的环境影响有大量的研究报道，取得了重要的研究成果。化学融雪剂对环境的影响研究主要集中在土壤、水体、植物和动物等，其中对土壤和地表水地下水的研究更为深入，而对植物特别是城市绿化植物生理生化特征的研究较少，对动物的研究也主要集中在少数水生动物。因此，今后应注重学科的交叉融合，并在以下几个方面加强化学融雪剂对生态环境的影响研究。

① 加强新型融雪剂对生态环境的影响研究。融雪剂成分不同，其对生态环境的影响不同，因而不同类型的融雪剂对生态环境的影响研究是今后融雪剂研究的主要方向之一。

氯盐型融雪剂对环境的污染大，其含有的 Cl⁻ 活性高，在水中几乎处于离解状态，腐蚀性强。非氯盐型融雪剂如 CMA 被认为是比较环保的融雪剂，但醋酸盐易生物降解，易造成水体中溶解氧的消耗。目前研制的复合型融雪剂对环境的危害相对较小，但是其含有微量添加剂也可能会造成环境污染与生态破坏。因此，系统研究新型融雪剂对生态环境的影响十分必要。

② 注重化学融雪剂对水生生态系统的影响研究。从种群水平、群落水平上综合研究融雪剂对两栖动物、脊椎动物和无脊椎动物的毒理学与生长发育的影响。

③ 系统研究化学融雪剂对城市生态环境的影响。主要内容包括抗盐绿化树种的筛选，以及城市环城水系、景观水体、绿化土壤、地下水等环境介质，确定融雪剂使用的安全浓度阈值。

④ 加强化学融雪剂的合理使用技术（如施用数量、时间和方法等）的研究。根据气象资料、路面结构、除雪量、积雪深度和气温等条件，制定融雪剂合理使用的相关技术规范，减少其不合理使用所导致的环境风险。

⑤ 注重研究化学融雪剂对生态环境影响的区域分异性机理。目前国内外有关区域分异性机理很少被重视和研究，仅有的研究也主要集中水体或者土壤方面。研究分析融雪剂在不同区域的生态环境影响机理，尤其是注意化学融雪剂对生态环境影响的长期累积效应，将为科学评价化学融雪剂对生态环境的影响提供科学依据。

第 2 章

# 融雪剂在城市环境中的空间分布特征

随着城市化不断推进和城市规模的扩大，寒冷地区城市融雪剂的施用量面积也不断增加。有关融雪剂对土壤环境影响的研究，关注于高速公路路域土壤环境的研究较多。高速公路车流量大，对交通安全要求高，撒施融雪剂是除雪化冰的主要措施。与未使用融雪剂的路域环境相比较，研究发现使用融雪剂对高速公路周边的环境效应十分明显，盐分离子浓度随公路距离的增大而迅速降低。在城市环境中，城市道路网密度高，不渗透地表面积大，使用融雪剂种类复杂，积雪融化后盐分离子的迁移途径更加复杂。融雪剂溶于冰雪水，直接在城市的不可渗透地表形成地表径流进入城市排水管网，或被车流飞溅进入相邻的路域土壤中，向下渗透至土壤内部被绿化植物根系吸收，最终积累在植物组织中，甚至还可进一步淋溶至地下蓄水层。此外，积雪也常被人工清理运送后集中进行处理。

本书以我国东北中心城市——辽宁省沈阳市为主要研究对象，为系统研究融雪剂的主要盐分离子在城市环境中的主要迁移行为和空间分布特征，我们首先对该城市冬季使用的典型融雪剂的主要成分进行分析。在此基础上，通过在城市冬季使用融雪剂的交通主要干道采用 GPS 每隔 5km 均匀布点，采集城市冬季残雪、绿化土壤、典型绿化植物、雨水地表径流和环城水系样品，测定 $Na^+$、$Ca^{2+}$、$Mg^{2+}$、$K^+$ 和 $Cl^-$ 等主要离子的含量，与对照样品进行对比研究，分析化学融雪剂主要成分的时空分布特征，以期为深入了解主要盐分离子在城市环境土壤、植物、雨水地表径流和环城水系中的积累和分布特征，为全面评价融雪剂使用对城市环境的影响提供科学依据。

## 2.1 融雪剂的离子组成

融雪剂样品由沈阳市环境卫生工程设计研究院提供，主要选用了 2008～2010 年沈阳市冬季除雪使用量较大的 20 种典型融雪剂。融雪剂样品用研钵磨碎，去离子水溶解过滤后，测定$K^+$、$Ca^{2+}$、$Na^+$、$Mg^{2+}$、$Cl^-$、$F^-$、$Br^-$、$SO_4^{2-}$等主要离子的组分含量。其中，$Ca^{2+}$和$Mg^{2+}$采用Spectr-AA220（Varian）原子吸收光谱法测定；$Na^+$和$K^+$采用原子发射光谱法测定；$F^-$、$Br^-$、$Cl^-$和$SO_4^{2-}$采用离子色谱法（ICS-90, Dionex）测定，洗脱液为$Na_2CO_3$/$NaHCO_3$混合液。试验中使用的玻璃器皿均用14%的$HNO_3$浸泡过后用去离子水冲洗。

20种主要融雪剂的$K^+$、$Ca^{2+}$、$Na^+$、$Mg^{2+}$、$Cl^-$、$F^-$、$Br^-$、$SO_4^{2-}$等主要离子含量分析如表2-1所列，$Br^-$未检出。

表2-1的研究结果表明，沈阳市所使用的融雪剂为以NaCl和$CaCl_2$为主要成分的氯盐型融雪剂。各样品中$Cl^-$的含量高，达到324.8～899.8g/kg，$F^-$含量低。随着融雪剂的环境效应逐渐被人们认知，加入$CaCl_2$、$MgCl_2$等改进型的氯盐类融雪剂正被生产和使用。研究结果也显示，沈阳市所使用的融雪剂中$Ca^{2+}$组分的含量呈现逐渐增加的趋势。

表2-1　沈阳市使用融雪剂的主要离子含量分析　　　　单位：g/kg

| 编号 | $K^+$ | $Ca^{2+}$ | $Na^+$ | $Mg^{2+}$ | $Cl^-$ | $F^-$ | $SO_4^{2-}$ |
|---|---|---|---|---|---|---|---|
| 1 | 26.6±2.1 | 77.4±11.5 | 75.8±2.4 | 34.6±0.2 | 368.8±1.3 | 9.5±0.1 | 62.0±1.0 |
| 2 | 5.6±1.3 | 5.4±0.1 | 66.5±2.5 | 45.9±0.1 | 411.2±0.6 | 0.9±0.1 | 57.9±6.2 |
| 3 | 2.6±0.7 | 8.4±1.9 | 75.9±2.2 | 37.4±0.1 | 427.9±9.0 | 13.4±6.3 | 61.4±6.6 |
| 4 | 15.5±5.7 | 81.9±7.4 | 76.8±3.1 | 32.5±0.8 | 493.3±8.5 | 13.8±3.1 | 75.5±2.2 |
| 5 | 50.6±2.2 | 67.9±6.5 | 70.9±2.2 | 43.2±0.1 | 369.0±2.6 | 10.0±0.04 | 85.4±1.3 |
| 6 | 11.2±2.9 | 67.8±4.3 | 68.3±2.2 | 41.3±0.2 | 395.9±2.5 | 10.3±0.8 | 69.3±2.9 |
| 7 | 46.9±2.9 | 56.8±3.8 | 65.6±1.9 | 43.2±0.1 | 324.8±2.6 | 0.9±0.1 | 105.2±3.4 |
| 8 | 86.9±1.9 | 74.1±5.3 | 72.2±1.6 | 42.8±0.2 | 375.7±3.8 | ND | 84.1±1.5 |
| 9 | 12.5±3.1 | 25.4±7.3 | 79.8±3.3 | 28.7±0.3 | 510.3±0.1 | 1.0±0.1 | 69.2±0.8 |
| 10 | 5.2±2.8 | 21.6±2.1 | 80.0±2.1 | 15.4±0.1 | 458.2±6.1 | ND | ND |
| 11 | 4.1±3.0 | 19.4±2.3 | 76.8±3.1 | 38.5±0.1 | 375.7±1.6 | 1.1±0.1 | 74.5±2.2 |
| 12 | 42.4±2.7 | 229.3±12.9 | 54.3±1.6 | 42.2±0.1 | 397.4±0.9 | 12.5±0.8 | 108.6±14.7 |
| 13 | 25.3±3.0 | 131.8±10.0 | 72.4±2.1 | 39.6±0.1 | 430.4±11.4 | ND | 56.7±1.2 |
| 14 | 5.6±0.8 | 91.3±7.8 | 78.7±2.8 | 10.2±0.1 | 899.8±23.2 | 9.6±0.6 | 66.6±7.0 |
| 15 | 18.3±8.4 | 54.1±10.8 | 76.6±2.0 | 33.6±0.1 | 345.7±16.6 | ND | ND |
| 16 | 24.9±5.8 | 33.1±9.8 | 79.3±1.8 | 31.7±0.1 | 473.4±3.7 | 9.7±0.1 | 68.4±3.1 |
| 17 | 11.6±3.2 | 40.7±3.0 | 79.3±1.2 | 13.5±0.1 | 464.2±5.5 | ND | 5.7±1.4 |
| 18 | 25.4±2.5 | 12.0±1.4 | 78.4±1.0 | 31.9±0.1 | 467.6±8.7 | ND | ND |
| 19 | 23.9±2.6 | 16.8±1.2 | 77.9±1.3 | 34.1±0.1 | 410.6±3.7 | 9.7±0.1 | 64.5±2.8 |
| 20 | 14.2±2.8 | 66.5±3.2 | 74.8±2.7 | 26.9±0.1 | 508.8±9.9 | ND | 60.3±3.7 |

注：表中数值为平均值±标准差；ND为未检出。

研究表明，国外融雪剂组分总量的4%～13%为NaCl和$CaCl_2$，我国使用的融雪剂氯化盐所占的比例更高。高浓度的$Na^+$和$Cl^-$会影响土壤结构（土壤分散性、渗透性和渗透势），并导致土壤稳定性的丧失，也会影响植物对其他营养元素的吸收，造成营养失调，发生渗透胁迫作用，严重抑制植物生长。研究表明，沈阳市作为我国东北老工业基地城市，城市许多老工业区土壤环境中Cd、Pb、Cu、Zn等重金属污染广泛而严重。其中，铁西工业区表层土壤中Cu、Zn、Pb和Cd全量平均浓度分别达到209.06mg/kg、599.92mg/kg、470.19mg/kg和8.59mg/kg，远高于国家标准。Fe、Mn氧化态和有机质结合态重金属占90%左右，碳酸盐结合态和交换态占10%左右。污染指数和综合污染指数值表明，Cd、Cu、Zn处于重污染水平。冬季除雪使用融雪剂，可提高土壤胶体的移动性，其含有的Cl⁻还可与重金属络合，导致路域土壤中重金属的迁移性增大，造成地表水和地下水的复合污染，影响城市绿化植物的正常生长，并对城市居民身体健康造成威胁。

## 2.2　道路残雪中盐离子含量与空间分布

2008～2009年冬季残雪样品采集与测定。30个采样点布设在沈阳市一环主要街道，在均匀布点的前提下，突出融雪剂使用的重点区域（图2-1、图2-2）。

图2-1　中国东北地区城市沈阳市冬季路面使用融雪剂与除雪

图2-2　中国东北地区城市沈阳市冬季使用融雪剂后采集残雪、植物和水样品

样品采集尽可能选取代表性地段，避免人工填充物，详细调查采样点附近的污染源分布情况。每个采样点采集3个平行残雪样品，记录GPS定位经纬度信息。在未使用融雪剂的辽宁大学校园内采集对照样品。采集后的样品置于冰箱4℃保存。残雪样品的pH值采用PHS-3CW离子活度计法测定。

### 2.2.1　酸碱度

采集样品的pH值分布在6.68～8.66之间（图2-3）。样品中pH<7的平均值为6.70，pH>7的平均值为7.66，对照样品pH值为6.82。城市残雪的pH值与对照样品相比，pH偏碱性，碱性明显增强。可见，含有融雪剂的城市冰雪融化后，渗入城市土壤环境，在一定程度上会造成土壤的盐碱化，进而对植物的生长产生不良影响。

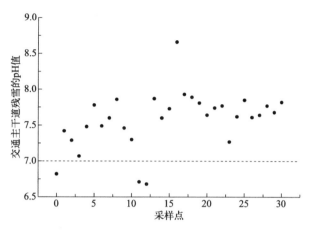

图2-3　沈阳市交通主干道残雪样品的pH值

### 2.2.2　主要阳离子含量

根据沈阳市除雪化冰所使用的主要融雪剂类型，主要测定了残雪中$K^+$、$Ca^{2+}$、$Na^+$和$Mg^{2+}$的含量。研究结果表明，所采集残雪样品中$K^+$含量为49.73～253.07mg/L，平均值为124.45mg/L；$Ca^{2+}$含量为838.23～1422.16mg/L，平均值为1224.66mg/L；$Na^+$含量为183.87～3916.4mg/L，平均值为1521.02mg/L；$Mg^{2+}$含量为163.87～1008.67mg/L，平均值为540.44mg/L（图2-4）。

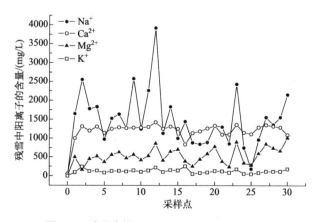

图2-4　残雪中的$K^+$、$Ca^{2+}$、$Na^+$和$Mg^{2+}$含量

采自辽宁大学校园内路边的残雪对照样品中，$K^+$、$Ca^{2+}$、$Na^+$和$Mg^{2+}$含量分别为

1.64mg/L、52.22mg/L、0.6mg/L和1.05mg/L。两者相比较，城市交通道路残雪样品中的$K^+$、$Ca^{2+}$、$Na^+$和$Mg^{2+}$平均含量分别为对照样品的76倍、23倍、2535倍和515倍。

可见，沈阳市冬季除雪使用融雪剂后，城市交通主干道残雪中的$K^+$、$Ca^{2+}$、$Na^+$和$Mg^{2+}$含量明显增加，各主要阳离子浓度高低顺序为$Na^+>Ca^{2+}>Mg^{2+}>K^+$，尤其是$Na^+$、$Ca^{2+}$的浓度均已高于1000mg/L，所采样点残雪中$Na^+$的含量变化具有明显的空间异质性，符合融雪剂在环境中积累扩散的特点。

### 2.2.3　氯和硫酸根阴离子含量

本研究主要分析测试了沈阳市采集的残雪样品中$Cl^-$、$SO_4^{2-}$两种阴离子的含量（图2-5）。

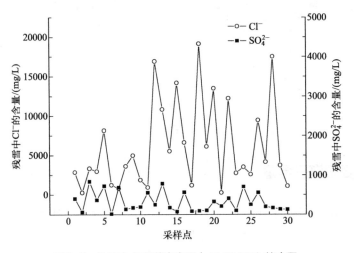

图2-5　沈阳市交通道路残雪中$Cl^-$和$SO_4^{2-}$的含量

残雪中$Cl^-$含量为252.56～19161.14mg/L，平均值为6079.93mg/L；$SO_4^{2-}$含量为57.91～835.89mg/L，平均值为314.93mg/L。辽宁大学校园路边残雪对照样品中，$Cl^-$和$SO_4^{2-}$含量分别为108.50mg/L和23.48mg/L。两者相比较，交通干道残雪中$Cl^-$和$SO_4^{2-}$的平均含量分别为对照样品的56倍和13倍。结果表明，沈阳市在冬季使用融雪剂后，交通道路残雪中$Cl^-$和$SO_4^{2-}$的含量明显增加，且$Cl^-$的浓度已接近20000mg/L，与残雪中$Na^+$含量空间分布特征相似。与$Na^+$一样，采样点残雪中$Cl^-$也具有明显的空间异质性，符合融雪剂在环境中积累扩散的特点。

综上所述，沈阳市冬季除雪使用融雪剂后，城市交通主干道30个采样点残雪中的主要阳离子$K^+$、$Ca^{2+}$、$Na^+$和$Mg^{2+}$含量均明显增加，$Na^+$、$Ca^{2+}$的浓度均已高于1000mg/L。残雪中阴离子$Cl^-$和$SO_4^{2-}$平均含量分别为6079.93mg/L和314.93mg/L，分别为对照样品的56倍和13倍。Reinosdotter和Viklander对瑞典松兹瓦尔（Sundsvall）城市残雪的研究结果表明，$Cl^-$的平均含量超过1000mg/L。美国俄亥俄州西南部城市辛辛那提（Cincinnati）城市残雪中$Cl^-$含量也高达1000mg/L。与以上研究结果相比较，沈阳市残雪中$Cl^-$的平均含量是瑞典松兹瓦尔残雪样品的6倍，是美国辛辛那提市残雪样品的近20倍。余海英等研究认为，融雪剂对区域水土环境影响具有人为影响大、时段性明显和空间分布不均等特点。在本研究中，30个采样点残雪中$Na^+$和$Cl^-$具有明显的空间异质性，与余海英等的研究结论相吻合。

## 2.3 地表径流中主要阴阳离子的时间变化

在冬春季，沈阳市城区地表径流主要包括从道路和屋顶等不透水表面排出的雨水和融水，通常含有各种无机和无机物质，主要包括各种营养物质、油脂、重金属以及易溶性的盐类。含盐的水流入小溪、湖泊或雨水管道，或渗入土壤，最终到达地下水，将极大地改变土壤和水环境中的化学物质组成，可能导致生物群落退化。

2009～2010年，对沈阳市城区4场降雨的雨水径流进行采集分析（表2-2）。

表2-2 2009～2010年的4场降雨和样品采集

| 降雨事件 | 日期 | 降雨量/mm | 降雨特征 |
|---|---|---|---|
| 1 | 2009年7月11日 | 28.5 | 2009年的一场典型降雨 |
| 2 | 2010年5月4日 | 24 | 2010年冬季过后的第一场降雨 |
| 3 | 2010年5月17日 | 16 | 2010年冬季过后的第二场降雨 |
| 4 | 2010年6月28日 | 19 | 2010年冬季过后的第三场降雨 |

采样时间分别为2009年7月11日、2010年5月4日、2010年5月17日和2010年6月28日的降雨期间或降雨后进行。样品采集于路边雨水排水井周围的地表径流，每个采样点的水样采集3个平行样品，收集于2L塑料瓶中，存放于4℃冰箱备用。水样品经过滤后，测定其中金属阳离子$K^+$、$Ca^{2+}$、$Na^+$、$Mg^{2+}$及阴离子$Cl^-$和$SO_4^{2-}$的含量。

2009～2010年4场降雨的地表径流中主要阴阳离子的平均含量如图2-6所示。误差线代表不同采样点间离子含量的变异系数。

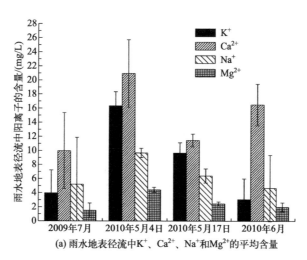

(a) 雨水地表径流中$K^+$、$Ca^{2+}$、$Na^+$和$Mg^{2+}$的平均含量

图2-6

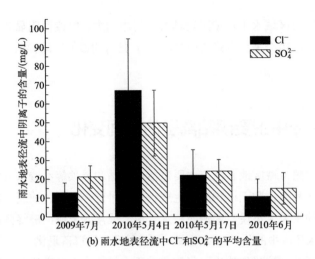

(b) 雨水地表径流中Cl⁻和SO₄²⁻的平均含量

图2-6  2009～2010年4场降雨的地表径流中主要阴阳离子的平均含量

地表径流水样的测试结果表明，2009年7月第一场雨的径流样品中$K^+$的平均含量为3.96mg/L（1.65～6.26mg/L），$Ca^{2+}$的平均含量为9.97mg/L（6.15～13.78mg/L），$Na^+$的平均含量为5.21mg/L（0.5～9.91mg/L），$Mg^{2+}$的平均含量为1.51mg/L（0.77～2.24mg/L），$Cl^-$的平均含量为12.79mg/L（9.11～23.95mg/L），$SO_4^{2-}$的平均含量为21.15mg/L（16.96～41.66mg/L）。

2010年5月4日，发生该年度春季后第一场降雨。地表径流中主要阴阳离子的平均含量如图2-7所示。图上CK为采样点，下同。

径流样品中$K^+$的平均含量为13.91mg/L（8.92～18.83mg/L），$Ca^{2+}$的平均含量为18.14mg/L（9.18～34.19mg/L），$Na^+$的平均含量为8.82mg/L（7.05～10.28mg/L），$Mg^{2+}$的平均含量为3.79mg/L（1.94～4.85mg/L），$Cl^-$的平均含量为40.86mg/L（16.51～119.76mg/L），$SO_4^{2-}$的平均含量为41.64mg/L（21.45～93.01mg/L）。辽宁大学校园内地表径流对照样品中$K^+$、$Ca^{2+}$、$Na^+$、$Mg^{2+}$及$Cl^-$和$SO_4^{2-}$的含量分别为12.50mg/L、11.97mg/L、3.21mg/L、2.60mg/L、4.17mg/L和25.24mg/L，道路采样点地表径流中$K^+$、$Ca^{2+}$、$Na^+$、$Mg^{2+}$及$Cl^-$和$SO_4^{2-}$的含量分别是对照样品的1.11倍、1.15倍、2.74倍、1.45倍、9.80倍和1.64倍。

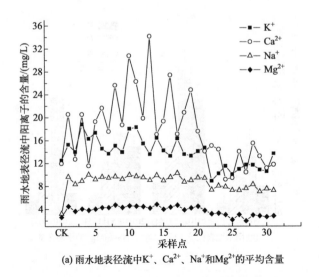

(a) 雨水地表径流中$K^+$、$Ca^{2+}$、$Na^+$和$Mg^{2+}$的平均含量

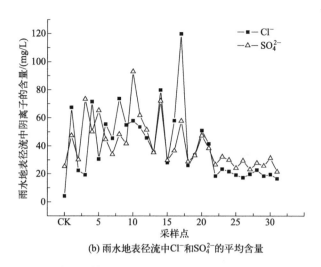

(b) 雨水地表径流中Cl⁻和SO₄²⁻的平均含量

图2-7　2010年初春第一场降雨的地表径流中主要阴阳离子的平均含量

2010年5月17日发生的第二场降雨形成的地表径流中，$K^+$的平均含量为9.65mg/L（8.51～11.29mg/L），$Ca^{2+}$的平均含量为11.44mg/L（10.43～12.16mg/L），$Na^+$的平均含量为6.40mg/L（5.43～7.42mg/L），$Mg^{2+}$的平均含量为2.44mg/L（2.20～2.75mg/L），$Cl^-$的平均含量为21.86mg/L（12.79～37.59mg/L），$SO_4^{2-}$的平均含量为24.05mg/L（17.52～29.97mg/L）。

2010年6月28日发生的第三场降雨形成的地表径流中，$K^+$的平均含量为3.05mg/L（0.34～6.17mg/L），$Ca^{2+}$的平均含量为16.49mg/L（13.18～18.83mg/L），$Na^+$的平均含量为4.64mg/L（0.58～9.8mg/L），$Mg^{2+}$的平均含量为1.98mg/L（1.32～2.57mg/L），$Cl^-$的平均含量为10.57mg/L（4.54～21.18mg/L），$SO_4^{2-}$的平均含量为14.84mg/L（7.31～23.8mg/L）。

以上结果表明，雨水径流样品中的阴阳离子含量均明显增加，尤其是$Na^+$和$Cl^-$含量更加显著。在测定的4次雨水径流中，可溶盐含量在冬季过后的第一场降雨中最高，这说明融雪剂的使用直接导致了城市降雨径流中$K^+$、$Ca^{2+}$、$Na^+$、$Mg^{2+}$及$Cl^-$和$SO_4^{2-}$的含量明显增加。

冬季城市除雪使用融雪剂，高浓度的可溶盐离子随着雨水径流进入城市河流和湖泊等地表水系，直接导致地表水体中融雪剂主要阴阳离子化学成分含量增加。研究表明，形成于城市区域内非渗透表面的雨水径流中常含有可溶盐，含盐雨水径流进入水体后，将加剧水生生态系统退化和破坏。可见，寒冷地区道路除雪使用融雪剂，其化学成分通过降雨径流将导致水环境化学成分的改变，应重视由此可能引发对水生生态系统造成的不利影响。

## 2.4　地表水系中主要阴阳离子的空间分布

为分析沈阳市冬季使用融雪剂对环城水系中主要离子含量变化的影响，冬季过后，在沈阳市浑河上游大伙房水库（水源地）放水之前，于2010年3月23日采集环城水系的水样，测定样品中主要离子的含量。在选择采样点中，注意采样点的代表性，同时考虑采样安全性。在对沈阳市行政区域水系分析的基础上，共在环城水系布设40个采样点。其中，卫工明渠布设7个采样点，南运河8个，北运河11个，每公里设置1个采集断面。由于北陵公园、南湖公园、鲁迅公园等处有人工湖，且湖区面积较大，湖中水体为沈阳市环城水系的重要组成部分，但公园中未使用过融雪剂，因此将公园中人工湖的水体作为对照样点。在北陵公园、南湖公园、鲁迅公园三处随机布设10个采样点。在浑河南京南街立交桥桥头河段至沈环高速东陵收费口桥下的浑河河段布设4个采样点。每个采样点详细记录地理信息坐标、测定水温。采集的水样处理同本书2.3节中地表径流样品。

环城水系地表水中主要阴阳离子的平均含量如图2-8所示。

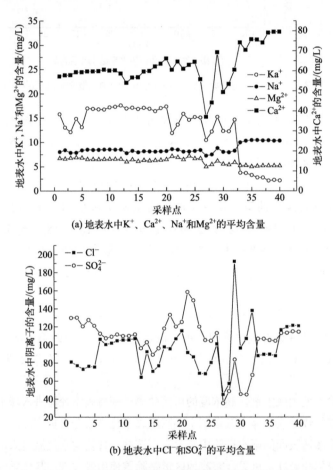

(a) 地表水中K⁺、Ca²⁺、Na⁺和Mg²⁺的平均含量

(b) 地表水中Cl⁻和SO₄²⁻的平均含量

图2-8　环城水系地表水中主要阴阳离子的平均含量

沈阳地表水系（城市河流、湖泊和浑河）40个样品中，城市河流（样品编号1～26）$K^+$含量11.91～17.61mg/L，平均值15.80mg/L，湖泊（样品编号27～36）$K^+$含量平均值9.06mg/L，浑河（样品编号37～40）$K^+$含量平均值2.34mg/L。$Ca^{2+}$在城市河流、湖泊和浑河中平均含量依次为59.98mg/L（54.04～66.15mg/L）、60.99mg/L和78.11mg/L。$Na^+$在城市河流、湖泊和浑河中平均含量依次为8.26mg/L（7.78～8.59mg/L）、8.90mg/L和10.36mg/L。$Mg^{2+}$在城市河流、湖泊和浑河中平均含量依次为6.55mg/L（6.00～7.20mg/L）、5.41mg/L和5.19mg/L。

$Cl^-$ 在城市河流、湖泊和浑河水体中的平均含量依次为 89.50mg/L（64.15 ～ 115.32mg/L）、98.97mg/L 和 199.66mg/L。$SO_4^{2-}$ 在城市河流、湖泊和入海河浑河中平均含量依次为 116.51mg/L（88.94 ～ 158.42mg/L）、74.66mg/L 和 113.71mg/L。

Hoffman 等对美国加利福尼亚州北部的湖泊群水体的研究表明，高速公路融雪剂的使用量与附近河流中 $Cl^-$ 含量之间有很强的正相关性。途经高速公路的河流下游河水中 $Cl^-$ 含量高于上游，且 $Cl^-$ 含量的峰值出现在冬季和早春。瑞典学者 Thunqvist 的研究也表明，区域范围内环境中 $Cl^-$ 浓度的增高，使用融雪剂是非常重要的原因。沈阳市地表水系（城市河流、湖泊和浑河）40 个样品中，湖泊水样中 $Na^+$、$Ca^{2+}$ 和 $Cl^-$ 含量高于城市河流，表明 $Na^+$、$Ca^{2+}$ 和 $Cl^-$ 在水系湖泊处有沉积。易溶于水的离子在城市水系中的聚集最终导致浑河中 $Na^+$、$Ca^{2+}$ 和 $Cl^-$ 含量的增加。加拿大环境部曾报道地表径流的 $Cl^-$ 浓度超过 18000mg/L，城市湖泊中 $Cl^-$ 浓度达到 5000mg/L，远高于本研究中 $Cl^-$ 在沈阳市城市河流和湖泊中的平均含量 89.50mg/L 和 98.97mg/L。

## 2.5 交通主干道土壤与绿化植物中钠离子和氯离子的含量

### 2.5.1 钠离子和氯离子含量

2010 年 3 月，采集沈阳市交通主干道绿化土壤样品。采样点主要布设在沈阳市城区一环和二环主要街道（最高限速 60km/h），共采集绿化土壤样品 41 个，同时在未使用融雪剂的北陵公园内随机采集土壤样品 6 个作为对照。采用多点混合法采集土壤样品，每个土样由 3 ～ 5 个子样混合而成，采样深度为表层土壤 0 ～ 20cm。采集的土壤样品经自然风干，剔除土壤中的植物残根、固体废弃物等杂物后，过 2mm 塑料土壤筛备用。采用湿法消化（$HNO_3$-HF-$HClO_4$）测定土壤样品中 $Na^+$ 含量，$Cl^-$ 的含量采用离子色谱法（ICS-90, Dionex）进行测定。

沈阳市城区一环和二环主要街道绿化土壤样品中 $Na^+$ 的含量为 352 ～ 513mg/kg，$Cl^-$ 的含量为 577 ～ 2353mg/kg，远超过波兰欧波兰市（Opola）和美国马萨诸塞州绿化土壤中 $Na^+$ 和 $Cl^-$ 的含量（表 2-3）。

表 2-3 沈阳市绿化土壤中 $Na^+$ 和 $Cl^-$ 含量

| 钠离子含量 | 氯离子含量 | 国家，地区 |
| --- | --- | --- |
| 16 ～ 101mg/kg | — | 美国，Massachusetts，采样距路边距离 1.5 ～ 10m |
| 34 ～ 330mg/kg | 8 ～ 170mg/kg | 波兰，Opola |
| — | 9 ～ 59g/m² | 瑞典，Sollentuna，采样距路边距离 5m |
| 352 ～ 513mg/kg | 577 ～ 2353mg/kg | 中国，沈阳，采样距路边距离 1 ～ 10m |

在采集的 41 个土壤样品中，$Na^+$ 含量的平均值为 443.6mg/kg，是北陵公园采集的对照样品 $Na^+$ 含量 51.3mg/kg 的 9 倍；$Cl^-$ 含量的平均值为 1212.4mg/kg，是对照样品中 $Cl^-$ 含量的 181.6mg/kg 的 7 倍。

　　污染物在土壤环境中的迁移受土壤通透性的影响，城市土壤的高密度和低渗透性会影响土壤中离子的迁移。采样点到公路路缘的距离是影响土壤中离子空间分布的一个重要因素。Lundmark 和 Olofsson 的研究表明，经抛洒传播和悬浮沉降的 $Cl^-$ 大部分积累在路缘 10m 内。在本研究中，采样点到路缘的距离均<10.5m（主要采样点的距离为 1.03 ～ 2.40m）。研究结果表明，城区一环和二环绿化土壤中 $Na^+$ 和 $Cl^-$ 具有明显的积累作用。

## 2.5.2　绿化植物中钠离子和氯离子含量

　　2010 年 7 月，采集油松植物样品，绿化植物样品的采集根据绿化土壤的采样点布设，主要选择种植油松的城区——环内崇山路、北陵大街、万柳塘路等主要街道，共布设采样点 21 个。随机采集靠近公路一侧的油松松针，采集松针的高度控制在 2m。同时，在未使用融雪剂的北陵公园内随机采集松针样品 6 个作为对照植物样品。采集的油松针叶经清洗、烘干及粉碎后留用。采用湿法消化（$HNO_3$-HF-$HClO_4$）后测定植物样品中 $Na^+$ 和 $Ca^{2+}$ 的含量。经过超声波处理过滤后的植物溶液用离子色谱仪测定其 $Cl^-$ 和 $SO_4^{2-}$ 的含量。

　　21 个采样点油松针叶中 $Na^+$ 含量为 24 ～ 672mg/kg，平均值为 274mg/kg，对照松针样品中 $Na^+$ 含量为 25 ～ 28mg/kg，平均值为 27mg/kg，交道干道油松针叶中 $Na^+$ 的平均含量是对照样品的 10 倍。采自交道干道边的绿化松树针叶中 $Ca^{2+}$ 的含量为 3170 ～ 11994mg/kg，平均值为 5104mg/kg，与油松针叶对照样品中 $Ca^{2+}$ 含量为 3318 ～ 7175mg/kg，平均值为 5100mg/kg（图 2-9）基本一致。

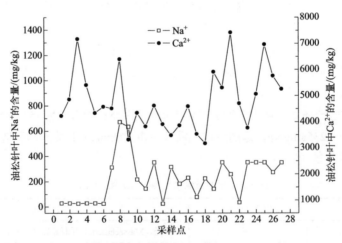

**图 2-9　绿化植物油松针叶中的 $Na^+$ 和 $Ca^{2+}$ 含量**
注：采样点 1 ～ 6 为北陵公园对照样点；7 ～ 16 为崇山路；17 ～ 21 为北陵大街；
22 ～ 26 为万柳塘路；27 为建设中路

　　交通干道旁绿化植物油松针叶样品中 $Cl^-$ 的含量为 786 ～ 9919mg/kg，平均值为 3681mg/kg，对照植物样品中 $Cl^-$ 的含量为 491 ～ 824mg/kg，平均值为 666mg/kg，道路绿化植物油松针叶中 $Cl^-$ 的含量是公园内油松针叶对照样品的 5 倍。研究结果表明，沈阳城区交通干道旁绿化植物油松针叶中 $Na^+$ 和 $Cl^-$ 发生了明显的积累作用（图 2-10）。

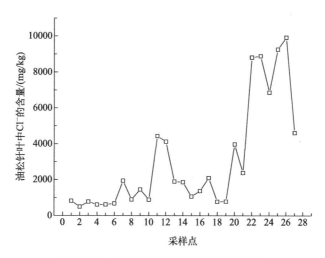

图2-10　绿化植物油松针叶中的Cl⁻含量

注：采样点 1～6 为北陵公园对照样点；7～16 为崇山路；
17～21 为北陵大街；22～26 为万柳塘路；27 为建设中路

在波兰欧波兰市的城市行道树研究表明，行道树出现失绿和叶缘坏死等盐害症状后，分析测定土壤 $Na^+$ 和 $Cl^-$ 含量为260mg/kg和120mg/kg，本研究中沈阳市城区绿化土壤 $Na^+$ 和 $Cl^-$ 的含量远高于此值，这与沈阳城区交通干道的很多绿化油松出现针叶萎黄的症状具有相似性。

从以上研究结果可知，沈阳城区交通干道旁绿化植物油松针叶中 $Na^+$ 和 $Cl^-$ 已发生明显的积累作用。采自交通干道21个采样点的油松针叶中，$Na^+$ 的平均值274mg/kg是北陵公园内对照油松针叶的10倍，$Cl^-$ 的含量是对照油松针叶中的5倍。Bryson和Baker对美国马萨诸塞州松树中 $Na^+$ 积累的研究结果表明，受到盐害的松树松针中 $Na^+$ 的平均含量为2130mg/kg，健康松针中 $Na^+$ 的平均含量为28mg/kg，其含量是健康松针的75倍，且发现松针中 $Na^+$ 的含量随树木到公路路缘的距离增大而降低，这与本研究结果具有相似性。除了绿化植物生长到路缘的距离外，绿化植物叶片中 $Na^+$ 的积累还受到其他多种因素的影响，如道路 $NaCl$ 型融雪剂的使用，斜坡地势以及融雪剂的撒布频率，土壤的渗透性与土壤质地等。

盐胁迫对植物生长吸收营养具有直接影响。一些研究证实，植物组织中高浓度的可溶性盐离子含量会导致植物的营养元素亏缺，特别是组织中 $Ca^{2+}$ 含量的下降。Kusza等的研究表明，土壤盐渍化会降低植物叶片中的 $Ca^{2+}$ 的积累。本研究中受试松树的针叶中 $Ca^{2+}$ 的含量接近对照油松针叶中 $Ca^{2+}$ 的含量（图2-9），融雪剂中高比例的 $Ca^{2+}$ 含量可能对油松针叶中 $Ca^{2+}$ 的积累具有一定积极的作用。

本书重点以沈阳市为研究对象，采用野外调查、室内模拟与分析测试相结合的方法，对融雪剂主要成分在城市水土环境和绿化植物油松中的分布特征进行研究。研究表明，沈阳市冬季除雪主要使用以 $NaCl$ 和 $CaCl_2$ 为主要成分的氯盐型融雪剂，逐年使用融雪剂，导致残雪中 $Na^+$、$Ca^{2+}$ 和 $Cl^-$ 等主要离子含量显著升高；融雪剂中的 $Na^+$、$Ca^{2+}$、$Mg^{2+}$、$K^+$ 和 $Cl^-$ 等主要可溶性盐离子已在城市环境中水、土环境发生了积蓄，并在城市交通干道的绿化土壤和典型绿化植物油松中产生了明显的积累作用。

　　沈阳市冬季除雪使用融雪剂后，已导致降雨后地表径流中的可溶性盐离子含量的增加。融雪剂含有的高浓度的可溶盐离子，随雨水径流进入城市地表水系后，已在城市水系中发生积累，可能会加剧城市水生态系统的退化，相关研究亟待进一步深入。

　　综上所述，通过对我国东北地区中心城市——辽宁省沈阳市的野外调查与分析测试，可知以下几点。

　　① 我国城市冬季应用于除雪化冰的融雪剂，主要是以 $NaCl$ 和 $CaCl_2$ 为主要成分的氯盐型融雪剂，环境友好型有机融雪剂主要由于成本因素的原因尚未得以广泛应用。

　　② 通过采集城市冬季使用融雪剂的交通主要干道残雪、绿化土壤和典型绿化植物，分析结果表明，城市冬季残雪中 $Na^+$、$Ca^{2+}$ 和 $Cl^-$ 等主要离子含量远高于对照，并在城市绿化土壤和典型绿化植物油松中具有明显的积累作用。

　　③ 对城市雨水地表径流和环城水系样品采集和分析表明，融雪剂的使用导致了雨水径流中的可溶性盐离子含量的增加，高浓度的可溶盐离子随雨水径流进入城市地表水系，其在环城水系中的积累可能导致城市水环境退化，建议我国北方寒冷地区应用融雪剂的城市进行水生态系统健康管理时能给予高度重视。

# 第3章

# 融雪剂对城市绿化植物生长的影响

## 3.1  融雪剂对草坪草生长的影响

融雪剂对城市绿化植物生长的影响一直受到国内外学者的关注。早熟禾、黑麦草和白三叶是中国北方城市绿化常用的冷季型草坪草。为提高草坪的观赏性、抗逆性、抗病性及耐践踏能力，沈阳市大多数的草坪通常以早熟禾、黑麦草和白三叶混播的形式播植。其中，黑麦草的出苗速度快，可以作为先锋草种有效地控制杂草；白三叶属豆科植物，可固氮，养护费用较低。近年来，由于城市路域土壤中融雪剂的不断积累，已造成城市绿化草坪的大面积死亡。

种子萌发期是植物对盐胁迫十分敏感的时期。草坪草能否在盐渍环境中生存，首先取决于它们是否发芽、发芽率的高低和发芽速度的快慢。在诸多融雪剂对城市绿化植物种子发芽率和相对受害率影响的研究中，发现草坪草种子对融雪剂极为敏感，因此可以用草坪草种子发芽率作为指示，间接检验融雪剂对植物的伤害程度。本研究以早熟禾、黑麦草和白三叶为试验材料，比较了沈阳市冬季除雪常使用的2种融雪剂对3种冷季型草坪草种子萌发、幼芽和幼根生长的影响，测定了种子萌发后幼苗的相对含水量、质膜相对透性、MDA含量以及POD活性的变化，从生理生态角度探讨了融雪剂对草坪草生长的影响，以期筛选对融雪剂抗性强的草坪草种，为融雪剂的科学合理使用和北方城市绿化草坪养护提供科学依据。

草坪草种子采购自沈阳农业大学实验场种子服务公司。融雪剂选用沈阳市冬季除雪使用量较大的两种典型融雪剂，由沈阳市环境卫生工程设计研究院提供。融雪剂主要离子组分含量如表3-1所列。

其中，1#融雪剂NaCl和$CaCl_2$组分所占比例为68.1%，NaCl组分所占比例为45.2%；2#融雪剂NaCl和$CaCl_2$组分所占比例为55.8%，NaCl组分所占比例为54.6%。

表3-1　融雪剂主要离子组分含量　　　　　　　　单位：g/kg

| 主要离子组成 | K$^+$ | Ca$^{2+}$ | Na$^+$ | Mg$^{2+}$ | Cl$^-$ | SO$_4^{2-}$ | F$^-$ |
|---|---|---|---|---|---|---|---|
| 1#融雪剂 | 42.4±2.79 | 229.3±12.9 | 54.3±1.6 | 42.2±0.1 | 397.4±0.9 | 108.6±14.7 | 12.5±0.8 |
| 2#融雪剂 | 25.4±2.5 | 12.0±1.4 | 78.4±1.0 | 31.9±0.1 | 467.6±8.7 | ND | ND |

注：表中数值为平均值±标准差；ND为未检出。

### （1）种子发芽试验

用去离子水浮选法挑选饱满草种，并用0.8%的过氧化氢消毒3min，去离子水充分冲洗。将供试草种均匀置于铺有双层滤纸的培养皿中，每皿50粒。分别注入适量浓度为1g/L、3g/L、6g/L、9g/L、12g/L、15g/L、18g/L、20g/L、25g/L、30g/L、35g/L的两种融雪剂溶液，以蒸馏水作为对照，每个处理设3个重复。培养试验在人工智能气候箱中进行，光照12h/d，光照度4000lx，温度25℃（白天）/15℃（晚上），相对湿度控制在70%左右。每天早晚向培养皿中加入适量相应的处理溶液，尽量保持培养皿内溶液渗透压不变。2d开始记录各处理发芽数量，以芽长超过种子长度1/2为标准。发芽结束后（7d），测量苗长、根长，计算发芽率（$G_r$）、发芽指数（$G_i$）和活力指数（$V_i$）。种子发芽率以发芽种子数占供试种子百分比表示。发芽指数（$G_i$）和活力指数（$V_i$）计算公式如下：

$$G_i = \sum G_t / D_t \qquad (3\text{-}1)$$

$$V_i = S \times \sum G_t / D_t \qquad (3\text{-}2)$$

式中　$G_t$——在$t$日的发芽数，个；

　　　$D_t$——相应的发芽日数，d；

　　　$S$——幼苗生长势，平均鲜重，g；或芽长，cm。

$G_i$越大，表明发芽速度越快；$V_i$越大，表明发芽快，长势好。

### （2）幼苗生理指标测定

参考种子发芽试验各处理发芽的结果，分别用浓度分别为0g/L、3g/L、6g/L、9g/L和12g/L的融雪剂溶液处理3种草坪草，每个处理设3个重复，每培养皿中放置适量种子。培养条件与发芽试验一致。在草坪草长势稳定（15d）后取样，测定植株各生理指标。

采用称重法测定植株相对含水量。用DDSJ-308A电导率仪测定幼苗组织外渗液电导率的变化，以相对电解质渗出率的大小来表示质膜透性。MDA含量的测定采用硫代巴比妥酸比色法，POD活性的测定采用愈创木酚法。

## 3.1.1　草坪草种子发芽

融雪剂处理下3种冷季型草坪草种子的发芽率、发芽指数与活力指数如表3-2所示。

表3-2 融雪剂处理下3种冷季型草坪草种子的发芽率、发芽指数与活力指数

| 草坪草 | 指标 | 融雪剂处理浓度/(g/L) | | | | | | | | | | 相关性分析 (n=30) |
|---|---|---|---|---|---|---|---|---|---|---|---|---|
| | | 0 | 1 | 3 | 6 | 9 | 12 | 15 | 18 | 20 | 25 | |
| 黑麦草 | 1#融雪剂 $G_r$ | 86.00 b | 89.15 a | 68.30 c | 60.35 d | 55.00 e | 41.00 f | 18.00 g | 14.00 h | 12.00 i | 11.65 i | $y=83.178－3.453\,x,\ r=0.965^{**}$ |
| | 2#融雪剂 $G_r$ | 86.00 a | 68.65 b | 60.00 c | 40.00 d | 42.35 d | 22.00 e | 10.00 f | 10.00 f | 6.00 g | 0.00 | $y=73.359－3.753\,x,\ r=0.965^{**}$ |
| | 1#融雪剂 $G_i$ | 70.00 b | 73.20 a | 65.20 c | 57.60 d | 38.00 f | 20.00 f | 14.00 g | 10.40 h | 6.80 i | 6.00 i | $y=71.646－3.204\,x,\ r=0.955^{**}$ |
| | 2#融雪剂 $G_i$ | 70.00 a | 66.20 b | 60.60 c | 46.80 d | 35.60 f | 14.40 f | 6.00 g | 4.00 h | 3.60 h | 0.00 | $y=68.624－3.695\,x,\ r=0.980^{**}$ |
| | 1#融雪剂 $V_i$ | 392.08 a | 382.36 b | 376.89 c | 131.45 d | 61.89 eE | 32.18 fF | 17.68 gG | 11.14 hH | 14.05 iI | 9.06 jJ | $y=331.217－17.279\,x,\ r=0.867^{*}$ |
| | 2#融雪剂 $V_i$ | 392.08 a | 256.34 b | 209.58 c | 95.94 d | 79.57 eE | 29.88 fF | 6.00 gG | 4.20 hG | 2.74 iG | 0.00 | $y=275.644－16.720\,x,\ r=0.898^{*}$ |
| 早熟禾 | 1#融雪剂 $G_r$ | 78.90 a | 67.77 b | 63.33 c | 44.43 d | 36.63 e | 32.20 f | 0.00 | 0.00 | 0.00 | 0.00 | $y=73.911－3.877x,\ r=0.972^{*}$ |
| | 2#融雪剂 $G_r$ | 78.90 a | 67.77 b | 60.00 c | 45.57 d | 27.80 e | 14.43 f | 0.00 | 0.00 | 0.00 | 0.00 | $y=75.968－5.205\,x,\ r=0.997^{**}$ |
| | 1#融雪剂 $G_i$ | 55.00 a | 55.60 a | 49.60 b | 33.40 c | 26.40 e | 13.90 e | 0.00 | 0.00 | 0.00 | 0.00 | $y=57.597－3.603\,x,\ r=0.991^{**}$ |
| | 2#融雪剂 $G_i$ | 55.00 a | 55.70 a | 48.00 b | 30.70 c | 9.20 e | 4.80 e | 0.00 | 0.00 | 0.00 | 0.00 | $y=58.448－4.751\,x,\ r=0.984^{**}$ |
| | 1#融雪剂 $V_i$ | 171.05 a | 165.19 b | 107.99 c | 44.77 d | 29.54 e | 16.70 f | 0.00 | 0.00 | 0.00 | 0.00 | $y=164.665－14.282\,x,\ r=0.947^{*}$ |
| | 2#融雪剂 $V_i$ | 171.05 a | 139.16 b | 103.29 c | 51.73 d | 14.06 e | 7.92 f | 0.00 | 0.00 | 0.00 | 0.00 | $y=152.815－13.861\,x,\ r=0.969^{*}$ |
| 白三叶 | 1#融雪剂 $G_r$ | 66.70 a | 60.00 b | 50.00 c | 33.30 d | 23.30 e | 6.70 f | 0.00 | 0.00 | 0.00 | 0.00 | $y=65.178－4.873\,x,\ r=0.997^{**}$ |
| | 2#融雪剂 $G_r$ | 66.70 a | 52.20 b | 43.30 c | 23.30 d | 3.30 e | 0.00 | 0.00 | 0.00 | 0.00 | 0.00 | $y=63.128－6.676\,x,\ r=0.994^{*}$ |
| | 1#融雪剂 $G_i$ | 56.80 a | 49.10 b | 35.00 c | 16.50 d | 6.60 f | 1.40 f | 0.00 | 0.00 | 0.00 | 0.00 | $y=52.053－4.739\,x,\ r=0.975^{*}$ |
| | 2#融雪剂 $G_i$ | 56.80 a | 47.50 b | 20.10 c | 7.00 d | 0.90 e | 0.00 | 0.00 | 0.00 | 0.00 | 0.00 | $y=50.372－6.293\,x,\ r=0.944^{*}$ |
| | 1#融雪剂 $V_i$ | 72.81 a | 62.49 b | 43.27 c | 22.50 d | 7.13 e | 1.38 f | 0.00 | 0.00 | 0.00 | 0.00 | $y=66.386－6.088\,x,\ r=0.976^{*}$ |
| | 2#融雪剂 $V_i$ | 72.81 a | 63.33 b | 25.06 c | 7.35 d | 0.90 e | 0.00 | 0.00 | 0.00 | 0.00 | 0.00 | $y=65.316－8.270\,x,\ r=0.939^{*}$ |

注：1. 同列不同小写字母表示处理间差异显著（$P<0.05$），不同大写字母表示处理间差异极显著（$P<0.01$），下同。
2. *表示相关性显著，**表示相关性极显著，下同。
3. $n$ 表示样品数量，下同。

不同质量浓度的融雪剂处理种子后，供试草种的萌发都受到不同程度的抑制，且受抑制程度随融雪剂处理浓度的升高而加大。除1#融雪剂1g/L处理的黑麦草种子发芽率和发芽指数显著高于对照外，其他处理均显著低于对照（$P<0.05$），说明1g/L 1#融雪剂处理对黑麦草生长有促进作用，这与多数耐盐植物在低盐浓度下种子萌发增加的现象一致。其他浓度的融雪剂处理均使3种草坪草种子发芽速率降低，发芽不整齐。

3种草坪草种子的发芽率、发芽指数和活力指数与融雪剂处理浓度的相关性分析表明，黑麦草、早熟禾和白三叶的发芽率、发芽指数和活力指数与融雪剂质量浓度呈显著或极显著负相关。根据曾幼玲等的研究，当种子发芽率分别为50%和25%时，所对应的融雪剂浓度为种子萌发的临界值和极限值。根据发芽率回归方程计算得出，1#融雪剂处理下黑麦草、早熟禾和白三叶种子萌发的临界值分别为9.61g/L、6.17g/L和3.11g/L，极限值分别为16.85g/L、12.62g/L和8.26g/L。2#融雪剂处理下黑麦草、早熟禾和白三叶种子萌发的临界值分别为6.25g/L、4.99g/L和1.97g/L，极限值分别为12.89g/L、9.79g/L和5.71g/L。可见，黑麦草对融雪剂的耐受能力最强，早熟禾居中，白三叶最弱。2#融雪剂对草坪草种子萌发的抑制作用比1#融雪剂更为明显。

## 3.1.2 草坪草幼芽和幼根生长

3种草坪草种子萌发7d后分别测量其幼芽和幼根，结果表明，融雪剂胁迫对黑麦草、早熟禾和白三叶种子萌发后幼苗生长的影响基本一致，即随着融雪剂质量浓度的增加，幼芽和幼根的生长量（长度）总体上均呈明显下降趋势（图3-1）。

图3-1 融雪剂对草坪草幼苗生长的影响

融雪剂处理下3种冷季型草坪草幼芽和幼根的生长如图3-2所示。

幼芽和幼根对不同浓度的融雪剂胁迫有不同的敏感性。以黑麦草为例，1#融雪剂1g/L和3g/L处理，黑麦草苗长抑制率为4.1%和8.1%；6～25g/L处理，黑麦草苗长抑制率为59.3%～84.4%；1g/L和3g/L处理，黑麦草根长抑制率为18.9%和23.1%；6～25g/L处理，抑制率为35.0%～58.1%。2#融雪剂1g/L和3g/L处理，黑麦草苗长抑制率为13.0%和20.4%，6～20g/L的处理，黑麦草苗长抑制率为60.1%～86.4%，1g/L和3g/L处理，黑麦草根长抑制率为16.6%和22.9%，6～20g/L处理，抑制率为30.1%～44.0%。可见，低浓度融雪剂处理对黑麦草幼根的伸长抑制率均比幼芽大，而高浓度胁迫下，对幼芽的伸长受抑率比幼根大。这一结论与严霞等对融雪剂胁迫下小麦和玉米的研究结果基本一致。

2种融雪剂对3种草坪草的苗长和根长的抑制作用存在差异。2#融雪剂对苗长的抑制作用更强，而1#融雪剂对根长的抑制作用更明显。

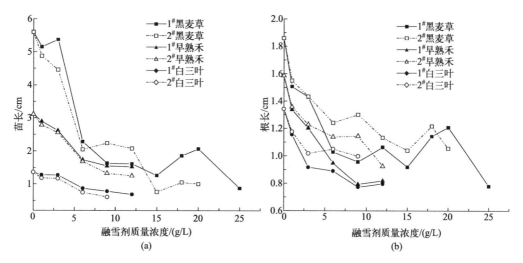

图3-2 融雪剂处理下3种冷季型草坪草幼芽和幼根的生长

### 3.1.3 草坪草幼苗相对含水量

融雪剂胁迫条件下，3种草坪草幼苗的相对含水量均随融雪剂质量浓度的增加而呈显著下降的趋势（$P<0.05$）（图3-3）。

在融雪剂各处理浓度下，黑麦草的相对含水量均高于早熟禾和白三叶，2#融雪剂12g/L处理时，白三叶种子未萌发或极少量萌发，可见黑麦草对2种融雪剂的耐受性最强，早熟禾居中，白三叶最弱。3种草坪草在相同浓度融雪剂的胁迫下，2#融雪剂处理的幼苗相对含水量均低于1#融雪剂处理，说明2#融雪剂对黑麦草、早熟禾和白三叶的胁迫作用更强。

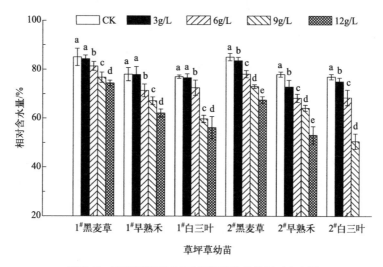

图3-3 融雪剂处理下3种草坪草幼苗的相对含水量

### 3.1.4 草坪草幼苗质膜相对透性和丙二醛含量

融雪剂胁迫处理条件下，3种草坪草幼苗的质膜相对透性和MDA含量均随融雪剂质量浓度的增加而升高，且各处理与对照相比差异显著（$P<0.05$）（图3-4）。这与张进凤和韩寒冰等对融雪剂胁迫下水稻幼苗的研究结论一致。

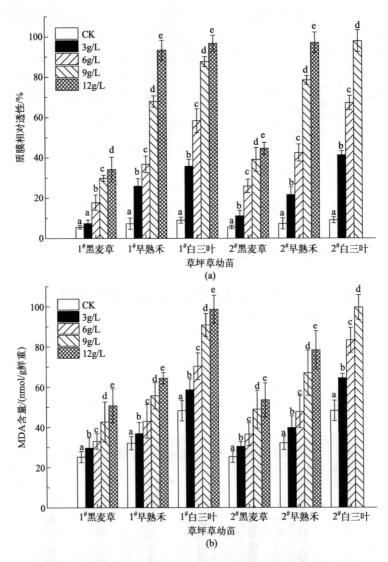

图3-4 融雪剂处理下3种草坪草幼苗的质膜相对透性和MDA含量

黑麦草的质膜相对透性和MDA含量变化均小于早熟禾和白三叶，可见黑麦草对融雪剂的耐受性更强。相同浓度融雪剂处理的草坪草，2#融雪剂处理下的质膜相对透性和MDA含量均高于1#融雪剂处理，可见2#融雪剂对3种草坪草的伤害更大。

在本研究中，3种草坪草的质膜相对透性与MDA含量之间呈极显著正相关（$P<0.01$），相关系数$r$为0.865（图3-5），说明融雪剂胁迫处理导致3种草坪草幼苗质膜通透性的丧失，离子毒害效应为主要因素。

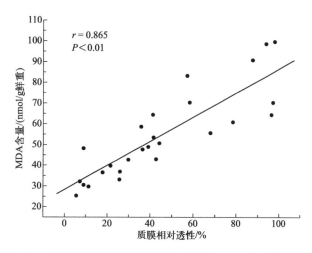

图3-5 冷季型草坪草幼苗的质膜相对透性和MDA含量的相关性

## 3.1.5 草坪草幼苗过氧化物酶活性

本研究中的2种融雪剂均显著促进3种草坪草幼苗POD活性的升高（$P<0.05$），黑麦草、早熟禾和白三叶POD活性的最高值分别出现在融雪剂处理质量浓度为9g/L、6g/L和3g/L。其中，1#融雪剂处理黑麦草、早熟禾和白三叶的POD活性分别比对照增加了181.18%、75.12%和50.80%；2#融雪剂处理黑麦草、早熟禾和白三叶的POD活性分别比对照增加了173.88%、63.76%和26.02%（图3-6）。

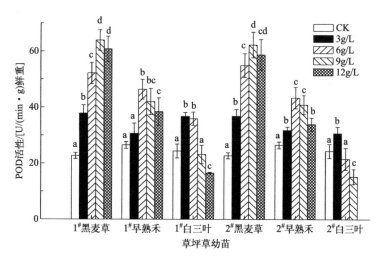

图3-6 融雪剂处理下3种草坪草幼苗的POD活性

融雪剂胁迫是影响寒冷地区城市道路两旁绿化植物生长的主要逆境因素之一。在实验室模拟对比沈阳冬季除雪常用的2种融雪剂不同质量浓度下，3种冷季型草坪草早熟禾、黑麦草和白三叶种子萌发和幼苗生长的影响。结果表明，3种草坪草对融雪剂胁迫的耐受能力大小依次为黑麦草、早熟禾、白三叶。

1#和2#融雪剂由于离子组分不同，其对草坪草种子萌发和幼苗生长的抑制作用存在明显差异。与2#融雪剂相比，1#融雪剂对草坪草种子萌发、幼芽生长、幼苗含水量、质膜功能以及抗氧化酶系统的伤害更小。原因可能与1#融雪剂中低含量的Na+和Cl-和高含量的Ca2+有关，一些研究证实，Ca2+能减轻Na+和Cl-对植物的毒害作用。

1#融雪剂对幼根的抑制更为明显，其原因可能与1#融雪剂中高含量的Mg2+和SO42-有关。卢静君等的研究认为，MgSO4溶液处理的草坪草，各浓度下萌发种子的胚根生长受到抑制，根尖均变为黑色，生长极其缓慢。本研究中，1#融雪剂中恰好含有较高含量的Mg2+和SO42-，可能是1#融雪剂对草坪草种子幼根生长抑制作用更强的原因。这也反映了植物的一种抗性机制，即通过减缓根系生长量下降，可以最大限度地保持植物对营养物质和水分的吸收，减轻由于融雪剂胁迫引起的营养失调和生理干旱。

通过草坪草种子发芽试验，不但可以筛选对城市绿化植物损害小的融雪剂品种，而且还可以筛选对融雪剂抗胁迫能力强的绿化植物品种，并确定植物对融雪剂的耐受临界值和极限值。本研究发现，沈阳市常用的3种草坪草对融雪剂胁迫的耐受能力大小依次为：黑麦草、早熟禾、白三叶，耐受临界值分别为$6.25 \sim 9.61$g/L、$4.99 \sim 6.17$g/L和$1.97 \sim 3.11$g/L，极限值分别为$12.89 \sim 16.85$g/L、$9.79 \sim 12.62$g/L和$5.71 \sim 8.26$g/L。因此，建议我国冬季寒冷地区城市的除雪部门使用化学融雪剂时，应通过试验合理选择融雪剂品种，从而有效减轻融雪剂常年使用对生态环境的破坏。

融雪剂对植物的危害短期表现为对水分吸收的抑制，而长期表现为特定离子的毒害作用。在本研究中，早熟禾、黑麦草和白三叶3种草坪草幼苗的相对含水量随融雪剂质量浓度的增加而呈明显的下降趋势，电解质外渗率和MDA含量却明显增加。草坪草幼苗中POD活性呈现先升高后降低的趋势，这说明由Na+和Cl-引起的渗透效应和离子效应明显抑制了草坪草对水分的吸收，间接地形成水分胁迫，同时过剩自由基的积累加剧了膜脂过氧化作用，导致了细胞膜系统损伤，然而植株体内POD活性的提高，增强了草坪草对融雪剂的抗性。本研究只对草坪草种子萌发和幼苗生长过程中部分生理指标进行了初步探讨，尚需对幼苗光合特性和物质能量代谢等过程开展进一步分析和探讨。

## 3.2 融雪剂对城市绿化木本植物生长的影响

与草本植物相比，木本植物细胞结构坚固、冠幅高、根系发达，具有更耐逆境胁迫的潜力。然而，融雪剂胁迫下绿化带木本植物也表现出盐害症状，即生长缓慢、春季萌芽晚、叶片变小、叶绿素合成受阻，叶缘和叶片有枯斑，呈棕色甚至叶片脱落，枯梢，整枝或整株死亡甚至大量死亡，补植后成活率低，生长势弱等。研究表明，融雪剂胁迫条件下欧洲椴、雪松、云杉和欧梣等木本植物组织内Cl-和Na+浓度升高、顶端枝叶枯死、叶片脱落和光合能力下降。2005年春季，北京市园林部门对全市8区冬季撒布融雪剂的多个道路绿化带土壤进行检测，发现土壤中盐离子浓度比对照地区高出近400倍，这是导致当年一万多株行道树枯死的重要原因。可见，融雪剂严重危害城市道路木本植物，极大地增加了城市绿化养护成本。

光合作用是植物生长发育的基础，叶绿体是植物光合作用的主要场所。研究融雪剂胁迫对植物的生理特性有助于揭示融雪剂对植物危害的机理。研究表明，在融雪剂胁迫下，过量盐离子积累使植物叶绿体的类囊体膜糖脂含量显著下降，不饱和脂肪酸含量降低，饱和脂肪酸含量升高，导致叶绿素与色素蛋白解离，降低色素蛋白复合体的功能，抑制植物的光合作用。

活性氧代谢是植物对逆境胁迫的原初反应。高盐胁迫条件下，木本植物为应对盐渍生境，基叶片在表观上呈现变厚，发生肉质化。盐胁迫作用下，植物细胞内的 Haber-Weiss 反应产生有毒的超氧离子侵害生物大分子，引发膜脂发生过氧化，伤害细胞膜系统，增加细胞膜透性，产生大量的 MDA，而 MDA 抑制植物多种蛋白质合成，破坏纤维素分子间的桥键。MDA 的量已成为判断植物细胞膜系统受损程度重要指标。

植物为抵御高盐的危害，细胞内积累大量的抗氧化酶和一些非酶类的抗氧化剂，防止质膜过氧化，具有减轻植物损伤的作用。植物体内的自由基消除系统，如保护酶体系，包括 SOD、CAT、POD 等。其中，SOD 被认为是植物体内氧代谢的关键酶，能催化体内的歧化反应，其活力变化直接影响植物体内 $O_2^- \cdot$ 与 $H_2O_2$ 的含量。大量研究表明，植物在逆境条件下出现的伤害或植物对逆境的不同抵抗力常常与体内保护酶活性有关。

灌木、阔叶乔木是我国东北地区城市绿化的主要木本植物。其中，灌木以紫叶小檗、小叶黄杨和水蜡为主，而乔木多以银杏、银中杨、水曲柳和五角枫为主。采用盆栽试验，选用氯盐（NaCl、CaCl$_2$、MgCl$_2$）和氯盐类混合型融雪剂（NaCl:CaCl$_2$:MgCl$_2$ 为 3:3:2）处理紫叶小檗、小叶黄杨、水蜡、银中杨、水曲柳和五角枫 6 种木本植物。植株进入生长季前，选择生长健壮，长势一致，无病虫害的苗，移栽至中性土壤，待植物进入生长季，进行第一次盐处理。每株植物浇灌 1000mL 各浓度盐液，对照试验加相同量水。生长季中期进行第二次盐处理，处理方法同第一次。盐处理的浓度（质量百分比计）：CK（0g/mL）、0.10%（0.1g/mL）、2.00%（2g/mL）、9.00%（9g/mL）4 个处理水平，每个处理 8 个生物学重复。苗木高生长量（cm）：第二次盐处理后 25d 苗木的高度与盐处理前苗木高度的差。结果表明，高浓度盐胁迫显著抑制了 6 种植物的生长量（图 3-7、图 3-8）。

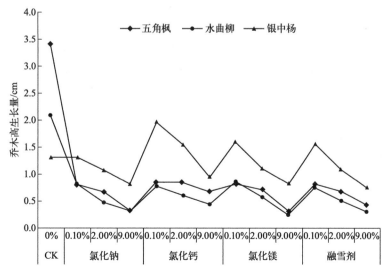

图 3-7　氯盐和融雪剂对乔木高生长的影响

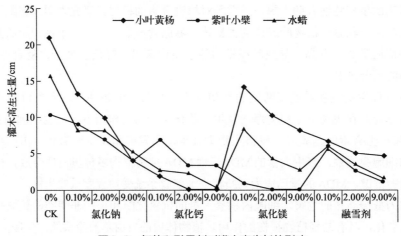

图3-8 氯盐和融雪剂对灌木高生长的影响

研究结果表明，银中杨、水曲柳和五角枫3种叶绿素含量明显降低，细胞膜透性显著增加。四种氯盐胁迫下，分析6种植物SOD含量发现，乔木中银中杨叶片中SOD含量最高，五角枫叶片中SOD含量最低，三种灌木中水蜡的SOD含量最高。可见，银中杨和水蜡对氯盐类融雪剂具有较高抗性。研究还发现，不同植物对阳离子敏感性有差异，如小叶黄杨对$Na^+$敏感，钠盐胁迫下小叶黄杨生长量最低；紫叶小檗对镁离子更敏感；水蜡生长量受钙离子影响较大。因此，探明绿化植物的耐盐碱特性，以城市道路绿化带植物特性为依据，建立科学撒施融雪剂规范，将有助于降低融雪剂施用对绿化带植物的危害，进一步减少后期绿化的养护成本。

综上所述，可以得出以下结论。

① 不同NaCl含量成分的融雪剂对早熟禾、黑麦草和白三叶3种冷季型草坪草种子的萌发、幼芽和幼根生长影响存在显著差异。对草坪草幼苗生长过程中相对含水量、质膜相对透性、丙二醛含量及POD活性的变化分析表明，融雪剂浓度增加后，对3种草坪草种子萌发和幼苗生长抑制作用显著增强，融雪剂中NaCl成分含量越高，对草坪草种子萌发和幼苗生长的抑制作用越强。

② 融雪剂胁迫主要通过渗透效应和离子毒害，抑制草坪草对水分的吸收，破坏质膜结构，增加MDA的积累，草坪草幼苗的POD酶均能在一定程度上缓解融雪剂的胁迫作用。黑麦草、早熟禾、白三叶3种草坪草以黑麦草抗融雪剂胁迫能力最高。

③ 融雪剂胁迫导致城市绿化叶绿素含量明显降低，其叶片细胞膜透性显著增加。绿化木本植物中，银中杨和水蜡对氯盐类融雪剂具有较好的抗性，不同的植物对融雪剂的阳离子敏感性差异明显，小叶黄杨在钠盐胁迫下生长量最低，紫叶小檗对镁离子更敏感，水蜡受钙离子影响较大。因此，在我国北方寒冷地区开展道路绿化时，充分考虑冬季融雪剂使用对绿化植物的影响，筛选高耐盐碱性绿化植物品种，将有效降低融雪剂施用对绿化带植物的危害，从而进一步减少城市绿化的后期养护成本。

# 第 4 章

# 融雪剂对唐棣和复叶槭生长
# 及其离子运输分配的影响

融雪剂对植物所造成的危害包括渗透胁迫、离子毒害和养分亏缺，这些危害都与植物对离子（如 $Na^+$、$K^+$ 等）的吸收及其在植株体内的运输、积累和再分配有着密切的关系。植物通过调节体内离子的种类、数量和比例来维持细胞内微环境的稳定。$K^+$ 和 $Na^+$ 是盐胁迫下植物进行渗透调节的主要无机离子，$Na^+$ 的过量积累是盐胁迫抑制植物生长的主要原因之一，而 $K^+$ 是保持细胞质的电平衡、催化重要的酶促反应、保持细胞的渗透平衡与维持细胞的膨压所必需的大量元素，其含量下降会导致生长迟缓。因此，植物需要在细胞质中维持足够的 $K^+$ 和适当的 $K^+/Na^+$ 值，避免细胞伤害和营养缺乏。植物可通过离子选择性吸收和离子区域化分布等途径抑制盐分向地上部分的运输，降低盐分在地上部分的累积。

唐棣原产北美，主要分布在加拿大和美国，英国、俄罗斯等国也有栽培，其在中国引种成功后，现已成为国内城市绿化美化和园林造景配色的重要树种。唐棣属落叶灌木或小乔木，花色鲜艳美丽，具有较高的观赏价值，是不可多得的园林绿化树种。该树种对环境适应能力强，喜光、耐寒、耐旱，可在栗钙土、黑钙土、褐色土和棕壤土生长，侧根比较发达，具有较强的水土保持功能，适用于生态环境建设。

复叶槭是落叶乔木，原产北美，我国东北、华中、华东等地引种栽培，较耐干冷，在东北、华北地区生长良好，生长较快，几乎无病虫害。该种树冠广阔，为北方地区常见的城市行道树和庭院观赏树，也是很好的早春蜜源树种。目前，国内外对唐棣和复叶槭的研究大多侧重于其生物学特性和繁殖技术方面，对其作为城市行道树，在融雪剂胁迫下植株生长和离子积累运输的研究甚少。为此，本研究根据融雪剂胁迫对唐棣和复叶槭生长的影响，分析融雪剂胁迫下幼苗体内 $Na^+$ 和 $K^+$ 在器官间区域化分布的特性，探讨胁迫下唐棣和复叶槭对离子吸收和运输的选择性与耐盐性的关系，为城市绿化树种的抗性筛选，以及唐棣、复叶槭在使用融雪剂的区域推广应用提供科学依据。

# 4.1 试验设计与方法

本试验研究在中国科学院沈阳应用生态研究所生态实验站进行。将2年生的试验用唐棣（*Amelanchier alnifolia*）和复叶槭（*Acer negundo* L.）苗移植于内径30cm，高25cm的塑料花盆中，每盆装风干沙土5kg，在自然状态下生长3个月后，选择长势一致的正常苗木进行胁迫实验研究。供试的2种融雪剂与本书第3章相同。

融雪剂胁迫试验设计为0.05%，0.10%，0.20%和0.40%（以干土质量分数计）4个处理浓度，以去离子水作为对照，每个处理设3个重复，栽植3株苗木。为增强苗木对盐胁迫的适应性，配置的1000mL处理溶液分4次施加至每盆苗木，处理期间人工遮雨防止淋溶。

在融雪剂胁迫处理开始后的第7天、第14天、第21天、第27天和第35天，选取无病虫害、无生理病斑、无机械损伤、相同部位的功能叶片，迅速用保鲜膜包好，带回室内测定叶片相对电解质渗出率的大小来表示质膜透性。其他测定指标参考本书3.1节部分。

胁迫处理后每隔7d，于上午9:00 ~ 11:30采用Li-6400便携式光合测定系统（Li-COR Inc，USA）进行光合参数的测定。光合参数测定使用开放气路，叶室温度为（25±1）℃，相对湿度为30% ~ 50%，$CO_2$浓度在自然条件下约为（300±5）μmol/mol。通过Li-6400红蓝光光源来提供不同的光和有效光辐射，空气流速为0.5L/s，恒定光照强度为1800μmol/(m²·s)。测定部位为幼苗中位叶（从顶部算起第3层叶片）。净光合速率（$P_n$）、气孔导度（$G_s$）、细胞间隙$CO_2$浓度（$C_i$）由光合测定系统直接读出。气孔限制值（$L_s$）的计算公式如下：

$$L_s = 1 - C_i / C_a \tag{4-1}$$

式中　$C_i$——细胞间隙$CO_2$浓度，μmol/mol；

　　　$C_a$——空气中$CO_2$浓度，μmol/mol。

测定重复6次，取平均数。研究中常用测定指标如下。

**（1）净光合速率（$P_n$）**

净光合速率通常以每小时每平方分米叶面积吸收$CO_2$毫克数表示，一般测定光合速率的方法都没有把叶片的呼吸作用考虑在内，所以测定结果是光合作用与呼吸作用的差值，称为表观光合速率或净光合速率（$P_n$）。它是光合作用的基本测定指标之一，测定方法可分为封闭式和开放式两类。

封闭式测定法是把植株或叶片封闭在有机玻璃光合室中，用红外线$CO_2$气体分析仪先测出光合室内初始$CO_2$的浓度（$C_1$），记录初始时间，经过一定时间的光合作用后，再测定光合室中的$CO_2$浓度（$C_2$），记录终了时间，最后根据$CO_2$浓度的变化值、光合作用进行的时间、植物叶面积、光合室的空气体积来计算。计算公式如下：

$$P_n = (C_1 - C_2) \times V / ST \tag{4-2}$$

式中　$P_n$——净光合速率，μmol/(m²·s)；

　　$C_1 - C_2$——叶片光合作用引起的$CO_2$浓度改变值，μmol/mol；

$V$——光合室容积，$m^3$；

$S$——叶面积，$m^2$；

$T$——光合作用时间间隔，s。

开放式测定法是将植株或叶片放在光合室中，叶室不封闭，含$CO_2$的气体以稳定流速通过光合室。用红外线$CO_2$分析仪分别测定进入光合室前的$CO_2$浓度和排出光合室的浓度，根据$CO_2$浓度变化值、空气流速、植物叶面积计算光合速率。计算公式如下：

$$P_n = (C_1 - C_2) \times FK' / S \tag{4-3}$$

式中　$F$——空气流速，$\mu mol/s$；

$K'$——$CO_2$转换系数。

两种测量方法相比较，封闭式测定方法由于将光合组织长时间密封，对组织所处环境改变较大，影响叶片的正常生理活动，因而在测量结果的准确程度上不如开放式测定法的结果。但其仪器构造相对简单，体积较小，便于野外携带操作。随着测量技术的发展，开放式测量系统已有小巧、轻便的便携式仪器出现，封闭式测量方法有被完全取代的趋势。

### （2）蒸腾速率（$T_r$）

在测量植物的光合速率时，进出叶室的气体浓度变化较大的除$CO_2$外还有水汽，这是由于植物的蒸腾作用造成的。水分以气体状态，通过植物的表面（主要是叶子），从体内散失到体外的现象叫蒸腾作用。蒸腾作用虽然基本上是一个蒸发过程，但与物理学意义上的蒸发有所不同，因为蒸腾作用受植物结构和气孔行为的调控。作用的强度通过蒸腾速率来表示。蒸腾速率=扩散力/扩散途径的阻力=（气孔下腔蒸气压-叶外蒸气压）/（气孔阻力+扩散层阻力）。具体计算过程与光合速率计算类似，通过进出叶室的水蒸气浓度变化值来求。

$$T_r = F \times (W_0 - W_i) / [S \times (1 - W_0)] \tag{4-4}$$

式中　$W_0$——离开叶室的水蒸气浓度，mol/L；

$W_i$——进入叶室的水蒸气浓度，mol/L。

### （3）气孔导度（$G_s$）

气孔是光合作用中进入叶片的通道，也是蒸腾作用中水蒸气排出的通道，气孔对于气的进出有一定的阻碍作用，称为气孔阻力，其倒数称为气孔导度。

气孔导度本身又包括两方面，即气孔对水蒸气的导度（$g_{sw}$）和对$CO_2$的导度（$g_{tc}$）。

$$g_{sw} = g_{tw} g_{bw} / (g_{bw} - g_{tw} K_f) \tag{4-5}$$

式中　$g_{sw}$——界面阻力在内的气孔对水蒸气的导度，$mol/(m^2 \cdot s)$；

$g_{tw}$——叶片总导度，$mol/(m^2 \cdot s)$；

$g_{bw}$——界面阻力对水蒸气的导度，$mol/(m^2 \cdot s)$；

$K_f$——由叶片气孔比率（$K$）决定的参数。

$$K_f = (K^2 + 1) / (K + 1)^2 \tag{4-6}$$

$$g_{tc} = (1.6 / g_{sw} + 1.37 K_f / g_{bw})^{-1} \tag{4-7}$$

式中　$g_{tc}$ ——界面阻力在内的气孔对$CO_2$的导度，$mol/(m^2 \cdot s)$；

　　　1.6 ——气孔水汽与的$CO_2$扩散系数之比；

　1.37 ——叶片边界层的水汽与$CO_2$的扩散系数之比。

气孔导度变化与光合速率变化之间有很强的正相关，两者间呈平行的变化趋势，遵循严格的直线关系。推测其原因为光合速率对气孔导度具有反馈调节作用，即在有利于叶肉细胞的光合时气孔导度增大；相反，气孔导度则减小。

根据光合作用与气孔活动的关系，可将光合作用划分为气孔限制光合作用和非气孔限制光合作用两类。有学者认为其判断依据应为胞内$CO_2$浓度下降和气孔限制值的增加，是气孔限制光合作用的体现。

### （4）细胞间隙$CO_2$浓度（$C_i$）

细胞间隙$CO_2$浓度是指叶片气孔内的$CO_2$浓度，是进行光合作用的气孔限制分析的重要参数。由于气孔阻力的存在，细胞间隙$CO_2$浓度值不一定等于环境$CO_2$浓度值。由于$C_i$的直接测定很不方便，常用气体交换测定资料按下式计算：

$$C_i = [(g_{tc} - T_r / 2)C_2 - P_n] / (g_{tc} + T_r / 2) \tag{4-8}$$

使用这一公式的前提是假设叶片上所有的气孔的开关行为是一致的。如果叶片上一部分气孔开放，即发生气孔的不均一关闭现象，则所得的细胞间隙$CO_2$浓度仅适用于开放的气孔下腔，对未开放下腔的来说则偏高了。在这一情况下，尽管是由于气孔导度降低导致的细胞间隙$CO_2$浓度降低导致的光合速率下降，但由于计算的细胞间隙$CO_2$浓度未变，会将气孔限制误认为非气孔限制。

株高用直尺测量地面到植株顶部的长度，地径用游标卡尺测量。采用称重法测定植株相对含水量。取0.1g的新鲜幼树叶片，分别剪成宽度<1mm的细丝、混匀，放入盛有10mL 1:1乙醇丙酮提取液的具塞试管中，摇动，黑暗中避光24h浸提，在分光光度计上测定663nm和645nm波长处提取液的光密度，计算叶绿素总量。

$$CHL = (8.04A_{663} + 20.29A_{645})V / 1000W \tag{4-9}$$

式中　CHL ——叶绿素总量，mg/g；

　　$A_{663}$ ——663nm处吸光度，AU；

　　$A_{645}$ ——645nm处吸光度，AU；

　　　$V$ ——提取液体积，mL；

　　　$W$ ——材料重，g。

60d后，取唐棣和复叶槭幼苗，用去离子水冲洗干净，将各处理的整株苗木以及根、茎、叶各部分经105℃杀青15min，70℃烘干至恒量，称得干质量为植株生物累积量。然后将根、茎、叶各部分磨碎，过30目筛后置于干燥器中，湿法消化（$HNO_3$-HF-$HClO_4$）后测定植物样品中$Na^+$和$K^+$的含量。消解样品须做试剂空白，以减少误差。采用Spectr-AA220（Varian）原子发射光谱法测定Na和K元素的含量。按下列公式计算植物不同器官对矿质离子$K^+$和$Na^+$的运输选择性比率（$S_{K, Na}$）：

$$S_{K,Na} = \frac{S_i([K^+]/[Na^+])}{S_o([K^+]/[Na^+])}$$ （4-10）

式中　$S_{K,Na}$——不同器官对矿质离子$K^+$和$Na^+$的运输选择性比率；

　　　　$S_i$——库器官中$K^+$和$Na^+$含量的比值；

　　　　$S_o$——源器官中$K^+$和$Na^+$含量的比值。

## 4.2　唐棣和复叶槭的生物量

### 4.2.1　植株幼苗干重和根冠比

融雪剂胁迫对唐棣和复叶槭幼苗干重和根冠比的影响如表4-1所示。

表4-1　融雪剂胁迫对唐棣和复叶槭幼苗干重和根冠比的影响

| 处理浓度/% | | 干重/g | | | | 根冠比 |
|---|---|---|---|---|---|---|
| | | 叶 | 茎 | 根 | 株干重 | |
| 唐棣 | CK | 3.22 ± 0.30 a | 5.22 ± 1.47 a | 13.4 ± 1.73 a | 21.92 ± 0.56 a | 1.60 ± 0.43 a |
| | 1# 0.05 | 3.02 ± 0.09 a | 5.40 ± 0.08 a | 12.9 ± 0.13 a | 21.40 ± 0.04 a | 1.54 ± 0.05 a |
| | 1# 0.10 | 2.59 ± 0.27 ab | 4.77 ± 0.10 a | 13.7 ± 2.19 a | 21.07 ± 1.82 a | 1.88 ± 0.39 a |
| | 1# 0.20 | 2.33 ± 0.03 ab | 4.18 ± 0.23 a | 13.0 ± 1.53 a | 19.50 ± 1.33 a | 2.00 ± 0.30 a |
| | 1# 0.40 | 0.27 ± 0.01 b | 3.37 ± 0.14 b | 5.91 ± 0.80 b | 9.55 ± 0.66 b | 1.63 ± 0.28 a |
| | CK | 3.22 ± 0.30 a | 5.22 ± 1.47 a | 13.4 ± 1.73 a | 21.92 ± 0.56 a | 1.60 ± 0.43 a |
| | 2# 0.05 | 2.67 ± 0.14 a | 4.77 ± 0.20 a | 10.51 ± 1.93 a | 17.95 ± 2.27 ab | 1.41 ± 0.20 a |
| | 2# 0.10 | 2.03 ± 0.02 b | 4.46 ± 0.16 a | 7.37 ± 0.17 b | 13.85 ± 0.35 b | 1.14 ± 0.01 a |
| | 2# 0.20 | 1.69 ± 0.19 b | 4.25 ± 0.08 a | 7.00 ± 1.15 b | 12.95 ± 0.87 b | 1.18 ± 0.25 a |
| | 2# 0.40 | — | 2.95 ± 0.16 b | 5.34 ± 0.85 b | 8.29 ± 0.70 b | 1.82 ± 0.39 a |
| 复叶槭 | CK | 12.62 ± 0.42 a | 23.09 ± 0.53 a | 23.12 ± 0.53 a | 58.83 ± 1.48 a | 0.65 ± 0.00 b |
| | 1# 0.05 | 11.09 ± 0.17 b | 19.22 ± 0.33 b | 24.39 ± 4.13 a | 54.70 ± 4.62 a | 0.80 ± 0.12 b |
| | 1# 0.10 | 6.53 ± 0.34 c | 14.39 ± 0.98 c | 21.07 ± 0.55 a | 41.99 ± 0.77 b | 1.01 ± 0.09 b |
| | 1# 0.20 | 3.93 ± 0.07 d | 10.60 ± 2.20 d | 13.47 ± 1.87 b | 28.00 ± 4.14 c | 0.93 ± 0.02 b |
| | 1# 0.40 | — | 8.43 ± 0.92 d | 10.21 ± 1.93 b | 18.64 ± 1.01 d | 1.21 ± 0.36 a |
| | CK | 12.62 ± 0.42 a | 23.09 ± 0.53 a | 23.12 ± 0.53 a | 58.83 ± 1.48 a | 0.65 ± 0.01 b |
| | 2# 0.05 | 10.79 ± 0.77 b | 15.16 ± 0.43 b | 22.19 ± 0.86 a | 48.14 ± 2.06 b | 0.85 ± 0.01 b |
| | 2# 0.10 | 6.62 ± 0.24 c | 13.07 ± 1.64 b | 19.11 ± 0.18 b | 38.81 ± 2.05 c | 0.97 ± 0.08 b |
| | 2# 0.20 | 3.11 ± 0.10 d | 11.28 ± 1.61 b | 13.13 ± 0.48 b | 27.52 ± 1.99 d | 0.91 ± 0.06 b |
| | 2# 0.40 | — | 6.71 ± 1.06 c | 9.01 ± 2.52 c | 15.72 ± 3.58 c | 1.34 ± 0.17 a |

注：表中数值为平均值±标准差，不同字母表示不同处理间5%水平的差异显著性，"—"表示叶片已经枯萎死亡，下同。

在两种融雪剂胁迫条件下，唐棣叶、茎、根、株干重均低于对照。1#融雪剂0.05%、0.10%和0.20%浓度处理下，唐棣株干重均低于对照，但各处理间差异不显著（$P>0.05$）。当融雪剂处理浓度为0.40%时，处理间差异显著（$P<0.05$）。2#融雪剂浓度处理下，唐棣幼苗植株干重均低于对照，除0.05%浓度差异不显著外其余各处理差异均显著（$P<0.05$）。在0.05%、0.10%、0.20%、0.40%浓度下，1#融雪剂处理的唐棣株干重分别比对照降低2.37%、3.88%、13.09%、56.43%；2#融雪剂处理的唐棣株干重分别比对照降低18.11%、36.82%、40.92%、62.18%，表明同浓度处理下，1#融雪剂处理的唐棣干重降低的幅度明显小于2#融雪剂，说明2#融雪剂处理下唐棣生物量累积量下降更明显，生长受胁迫抑制程度更大。两种融雪剂胁迫下，唐棣的根冠比升高，表明融雪剂胁迫对地上部生长的抑制作用强于对根系生长的抑制作用。

在两种融雪剂胁迫下，复叶槭叶、茎、根系、株干重均低于对照。1#融雪剂除0.05%浓度处理外，其余各浓度整株干重差异均显著（$P<0.05$）。在2#融雪剂4个浓度处理下，与对照相比，整株干重差异均显著。随着处理浓度增加，降低幅度随处理浓度增加而增大。在0.05%、0.10%、0.20%、0.40%浓度下，1#融雪剂处理的复叶槭幼苗株干重分别比对照降低了7.02%、28.62%、52.40%、65.32%；而2#融雪剂处理的复叶槭株干重分别比对照降低了18.17%、34.03%、53.22%、73.28%，表明同浓度处理下，1#融雪剂处理的复叶槭干重降低的幅度明显小于2#融雪剂，2#融雪剂处理下复叶槭生物量累积量下降更明显，生长受胁迫抑制程度更大。

从表4-1可知，两种融雪剂胁迫下，复叶槭的根冠比都高于对照，表明融雪剂胁迫对地上部生长的抑制作用强于对根系生长的抑制作用。在融雪剂胁迫下，与唐棣相比，复叶槭株干重降低的幅度较大，生长受到胁迫程度较大，抗性较差；唐棣幼苗的根冠比相对高于复叶槭，表明唐棣幼苗对融雪剂胁迫的抗性较复叶槭强。

## 4.2.2　植物幼苗株高和地径

随着融雪剂处理浓度的增加，唐棣和复叶槭幼苗的株高和地径都不断下降，且下降的幅度不断增大（图4-1）。

对唐棣而言，与未使用融雪剂的对照处理相比较，1#融雪剂4个处理浓度处理株高分别下降7.5%、8.0%、14.9%和27.2%，地径分别下降17.5%、23.1%、29.4%和34.6%，2#融雪剂处理株高分别下降8.4%、15.0%、24.1%和30.2%，地径分别下降29.6%、32.4%、34.7%和40.5%。可见，2#融雪剂处理的唐棣幼苗的株高和地径下降幅度明显高于1#融雪剂，对植物胁迫伤害作用更大。

对复叶槭而言，与未使用融雪剂的对照处理相比较，1#融雪剂0.10%、0.20%和0.40%浓度处理株高分别下降20.8%、36.6%和42.5%，地径分别下降13.3%、32.6%和37.7%，2#融雪剂株高分别下降35.9%、39.7%和47.9%，地径分别下降22.7%、40.9%和43.4%，2#融雪剂处理的复叶槭幼苗的株高下降幅度明显高于1#融雪剂，地径下降幅度除0.05%浓度外其余浓度均高于1#融雪剂。与唐棣相比，复叶槭幼苗4个处理浓度的株高下降幅度相对较高，而地径只在较高处理浓度（0.20%～0.40%）时下降幅度相对较高。

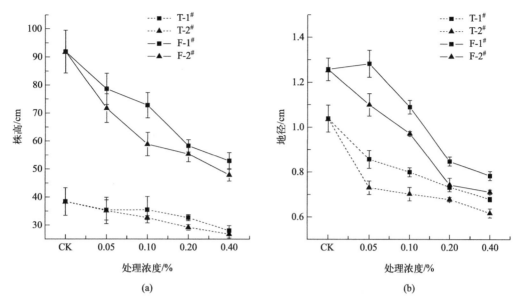

图4-1　融雪剂胁迫对唐棣和复叶槭幼苗株高和地径的影响

T-1#—唐棣1#融雪剂处理；T-2#—唐棣2#融雪剂处理；F-1#—复叶槭1#融雪剂处理；
F-2#—复叶槭2#融雪剂处理。下同

对唐棣而言，1#融雪剂处理的唐棣幼苗株高差异均不显著，2#融雪剂处理的唐棣幼苗株高在0.20%和0.40%浓度差异显著，1#和2#融雪剂处理的唐棣幼苗的地径差异均显著（$P<0.05$）。对复叶槭而言，1#和2#融雪剂处理的唐棣幼苗的株高和地径差异均显著（$P<0.05$）。

在环境胁迫条件下，植物各器官的生长发育都受到限制，首先受到抑制的是细胞增大，叶面积减小，其次是细胞的增殖，进而造成植物叶生物量的减少，防止水分在地上叶部分的过多消耗。在正常条件下，植物地上部分与地下部分生长比例基本相似，但在胁迫条件下，植物生物量分配的改变有助于植物适应环境的变化。研究表明植物地下部分与地上部分生物量比率大小反映植物对环境因子需求和竞争能力强弱。对苗木植物来说，地下部分与地上部分生物量之比大于1，反映其对养分和水分的需求和竞争能力强。

本研究结果表明，在融雪剂胁迫条件下，随着处理浓度的增加，唐棣和复叶槭幼苗的根系、茎、叶和整株干重下降幅度不断增大。与唐棣幼苗相比，复叶槭生物量累积量下降更明显，生长受胁迫抑制程度更大；唐棣幼苗的根冠比相对高于复叶槭，表明唐棣幼苗对环境因子需求和竞争能力较强，改变生物量的分配有助于唐棣适应环境的变化，表现出较强的抗性。与1#融雪剂相比，2#融雪剂同浓度处理的唐棣和复叶槭幼苗的生物量积累相对较少，下降幅度较大，对植物的胁迫伤害程度较高。

## 4.3　植物叶片质膜相对透性

融雪剂胁迫对唐棣和复叶槭幼苗叶片细胞膜透性的影响如表4-2所示。

表4-2　融雪剂胁迫对唐棣和复叶槭幼苗叶片细胞膜透性的影响

| 处理浓度/% | | 处理时间/d | | | | |
|---|---|---|---|---|---|---|
| | | 7 | 14 | 21 | 28 | 35 |
| 唐棣 | CK | 19.55 ± 3.15 a | 18.03 ± 2.47 c | 18.78 ± 0.96 c | 19.93 ± 2.55 c | 19.59 ±2.25 c |
| | 1# 0.05 | 21.86 ± 3.49 a | 24.05 ± 1.23 b | 25.21 ±0.61 b | 26.04 ± 1.43 b | 26.28 ±1.50 b |
| | 1# 0.10 | 21.11 ± 5.95 a | 24.31 ± 4.02 b | 26.62 ± 0.21 b | 30.52 ± 1.94 b | 35.00 ±2.94 a |
| | 1# 0.20 | 22.95 ± 1.70 a | 27.64 ± 1.16 b | 28.96 ±0.71 b | 31.09 ± 3.39 b | 35.71 ±2.15 a |
| | 1# 0.40 | 26.40 ± 1.48 a | 32.29 ± 0.68 a | 35.59 ±2.69 a | 37.59 ± 0.81 a | 38.18 ±1.75 a |
| | CK | 19.55 ± 3.15 b | 18.03 ± 2.47 c | 18.78 ± 0.96 c | 19.93 ± 2.55 c | 19.59 ±2.25 c |
| | 2# 0.05 | 22.57 ± 5.53 b | 23.98 ± 1.64 c | 26.30 ±1.26 b | 28.24 ± 1.57 b | 28.70 ± 0.68 b |
| | 2# 0.10 | 21.23 ± 1.48 b | 24.81 ± 3.54 c | 27.85 ±1.99 b | 33.81 ± 0.49 a | 36.99 ± 0.49 a |
| | 2# 0.20 | 23.29 ± 2.23 b | 28.72 ± 2.25 b | 29.79 ±1.40 b | 33.55 ± 0.33 a | 39.05 ± 1.10 a |
| | 2# 0.40 | 29.87 ± 0.38 a | 34.97 ± 4.60 a | 38.85 ±2.49 a | — | — |
| 复叶槭 | CK | 20.12 ±0.52 c | 21.18 ± 2.59 c | 20.63 ± 1.07 c | 21.77 ± 0.17 c | 21.40 ± 3.20 b |
| | 1# 0.05 | 19.69 ± 1.98 c | 18.47 ± 1.19 c | 22.11 ± 3.80 c | 44.61 ± 3.75 b | 51.72 ± 4.26 a |
| | 1# 0.10 | 20.89 ± 0.42 c | 21.21 ± 0.82 c | 22.13 ± 2.76 | 46.07 ± 1.43 b | 53.65 ± 4.78 a |
| | 1# 0.20 | 28.15 ± 0.48 b | 33.93 ± 3.62 b | 50.09 ± 1.40 a | 55.19 ± 3.21 a | 61.15 ± 4.44 a |
| | 1# 0.40 | 42.62 ± 0.83 a | 54.97 ± 4.72 a | 55.64 ± 1.98 a | 59.45 ± 0.11 a | — |
| | CK | 20.12 ±0.52 c | 21.18 ± 2.59 c | 20.63 ± 1.07 d | 21.77 ± 0.17 d | 21.40 ± 3.20 c |
| | 2# 0.05 | 18.85 ± 0.23 c | 18.07 ± 1.80 c | 26.95 ± 0.18 c | 47.10 ± 0.40 c | 53.36 ± 1.43 b |
| | 2# 0.10 | 21.21 ± 2.63 c | 22.05 ± 3.01 c | 31.40 ± 0.08 b | 49.40 ± 0.31 b | 55.03 ± 0.34 b |
| | 2# 0.20 | 29.05 ± 2.87 b | 38.71 ± 1.32 b | 55.06 ± 2.94 a | 66.25 ± 1.07 a | 76.71 ± 9.11 a |
| | 2# 0.40 | 41.88 ± 2.98 a | 58.48 ± 1.12 a | — | — | — |

注：不同字母表示不同处理间5%水平的差异显著性（$P<0.05$）。

在融雪剂胁迫处理下，唐棣和复叶槭叶片相对电导率呈现相同的变化趋势，即随着处理浓度的增加和处理时间的延长，相对电导率不断增加。

对唐棣幼苗而言，1#和2#融雪剂处理对相对电导率影响有差异。经1#融雪剂处理的叶片从7d开始，随处理浓度的增加，其相对电导率大幅度增加，其中7d、14d、21d、28d和35d的最大增幅均出现在0.20% ～ 0.40%之间，并且随时间的延长，相对电导率达到的最高值也在依次增加；2#融雪剂处理的叶片相对电导率只从7d时开始出现增幅，其最大增幅出现在0.20% ～ 0.40%之间，增加的幅度高于1#融雪剂处理，当2#融雪剂处理到28d时0.40%浓度处理的叶片已经枯萎死亡，因此可初步推断与1#融雪剂相比，2#融雪剂对唐棣叶片细胞膜透性的影响相对较大。1#融雪剂处理的唐棣叶片的相对电导率除了在7d时差异不显著外，其余各个处理浓度在各个处理时间差异均显著（$P<0.05$）；2#融雪剂0.05%和0.10%浓度在处理21d、28d和35d差异均显著，融雪剂0.20%浓度在14d、21d、28d和35d时差异均显著，0.40%浓度在7d、14d和21d时差异均显著（$P<0.05$）。

对复叶槭而言，1#融雪剂处理的叶片从7d开始，随处理浓度的增加，其相对电导率大幅度增加，其中7d和14d的最大增幅均出现在0.20%～0.40%浓度之间，21d和28d的最大增幅出现在0.10%～0.20%之间，到35d时0.40%浓度处理的叶片已经枯萎死亡；而2#融雪剂处理叶片，在7d的最大增幅出现在0.20%～0.40%浓度之间，14d的最大增幅出现在0.10%～0.20%浓度之间，0.40%浓度处理的叶片对胁迫做出的反应更敏感，叶片枯萎出现的时间更早，到21d时死亡。1#融雪剂0.05%和0.10%浓度在处理28d和35d时差异显著，0.20%和0.40%浓度在各个处理时间差异均显著（$P<0.05$）；2#融雪剂0.05%和0.10%浓度在处理21d、28d和35d时差异显著，0.20%浓度在各个处理时间差异均显著，0.40%浓度在处理7d和14d时差异均显著（$P<0.05$）。

质膜特性是植物生理功能的一个重要指标，很多环境胁迫对植物的伤害最终都能体现在细胞膜的结构和功能上。电解质外渗率是反映植物质膜损伤程度简单易测的胁迫指标。一般来说，随着环境对植物生长胁迫的加强，伤害加剧、膜损伤严重、电解质外渗率上升。盐胁迫直接导致膜损伤，引起的细胞质膜透性及膜脂过氧化产物MDA含量的变化明显，可作为反映植物抗逆性强弱的指标。

# 4.4　植物叶片丙二醛含量

融雪剂胁迫对唐棣和复叶槭幼苗叶片MDA的影响如表4-3所示。

表4-3　融雪剂胁迫对唐棣和复叶槭幼苗叶片MDA的影响

| 处理浓度/% | | 处理时间/d | | | | |
|---|---|---|---|---|---|---|
| | | 7 | 14 | 21 | 28 | 35 |
| 唐棣 | CK | 36.16 ± 0.07 a | 36.49 ± 2.49 a | 36.17 ± 1.34 b | 37.46 ± 0.96 b | 36.87 ± 2.69 b |
| | 1# 0.05 | 36.72 ± 0.98 a | 36.89± 2.01 a | 37.39 ± 2.62 ab | 38.26 ± 1.34 ab | 38.59 ± 0.78 b |
| | 1# 0.10 | 37.53 ± 1.61 a | 39.74 ± 1.35 a | 39.92 ± 3.30 ab | 39.39 ± 2.31 ab | 39.46 ± 1.58 b |
| | 1# 0.20 | 38.42 ± 0.79 a | 40.16 ± 1.64 a | 46.53 ± 3.79 a | 42.79 ± 0.61 a | 37.40 ± 2.41 a |
| | 1# 0.40 | 39.32 ± 1.13 a | 41.49 ± 5.40 a | 46.78 ± 5.95 a | 43.36 ± 0.03 a | 42.08 ± 0.13 a |
| | CK | 36.16 ± 0.07 a | 36.49 ± 2.49 b | 36.17 ± 1.34 c | 37.46 ± 0.96 b | 36.87 ± 2.69 b |
| | 2# 0.05 | 36.81 ± 0.08 a | 35.17± 0.74 b | 38.86 ± 1.20 c | 38.24 ± 2.19 ab | 38.09 ± 0.14 ab |
| | 2# 0.10 | 37.96 ± 2.46 a | 40.18 ± 0.88 ab | 41.21 ± 1.98 c | 41.98 ± 2.74 ab | 42.06 ± 0.03 a |
| | 2# 0.20 | 39.12 ± 1.74 a | 43.04 ± 2.87 ab | 47.72 ±0.69 b | 45.19 ± 1.24 a | 42.68 ± 1.57 a |
| | 2# 0.40 | 40.78 ± 2.01 a | 46.13 ± 0.03 a | 52.57 ±1.89 a | — | — |
| 复叶槭 | CK | 33.24 ± 0.78 d | 32.28 ± 0.45 c | 33.32 ± 0.16 c | 33.16 ± 1.70 c | 33.65 ± 0.03 c |
| | 1# 0.05 | 36.22 ± 2.35 d | 36.65± 2.04 c | 71.34 ± 1.37 b | 64.63 ± 3.42 b | 50.03 ± 1.41 b |
| | 1# 0.10 | 48.83 ± 0.76 c | 55.72 ± 0.01 b | 154.01 ± 4.27 a | 70.72 ± 1.81 b | 63.66 ± 0.83 a |
| | 1# 0.20 | 54.39 ± 1.17 b | 68.68 ± 1.09 a | 158.89 ± 6.01 a | 80.45 ± 1.70 a | 29.09 ± 3.05 c |
| | 1# 0.40 | 65.59 ± 1.43 a | 70.66 ± 0.62 a | 164.81 ± 8.78 a | 74.81 ± 1.22 b | — |

| 处理浓度/% | | 处理时间/d | | | | |
|---|---|---|---|---|---|---|
| | | 7 | 14 | 21 | 28 | 35 |
| 复叶槭 | CK | 33.24 ± 0.78 c | 32.28 ± 0.45 c | 33.32 ± 0.16 d | 33.16 ± 1.70 c | 33.65 ± 0.03 d |
| | 2# 0.05 | 38.38± 0.91 b | 33.13 ± 2.02 c | 45.66 ± 0.16 c | 45.66 ± 5.63 b | 48.68 ± 1.40 c |
| | 2# 0.10 | 55.20 ± 3.01 a | 67.46 ± 5.63 b | 193.96 ± 6.79 a | 93.96 ± 4.31 a | 76.22 ± 0.07 a |
| | 2# 0.20 | 57.11 ± 1.61 a | 73.26 ± 3.11 b | 161.51 ± 1.46 b | 91.51 ± 1.77 a | 65.75 ± 1.66 b |
| | 2# 0.40 | 42.10 ± 2.06 b | 87.49 ± 2.91 a | — | — | — |

注：不同字母表示不同处理间5%水平的差异显著性（$P<0.05$）。

　　随着融雪剂处理浓度的增加，唐棣和复叶槭幼苗叶片MDA含量均显著增加。随着融雪剂处理时间的延长，MDA含量呈现先上升后下降的趋势。与唐棣相比，复叶槭的MDA含量相对较高，受到的膜伤害更大。与1#融雪剂相比，2#融雪剂处理的唐棣和复叶槭幼苗叶片中MDA含量相对较高，对植物的伤害更大。

　　对唐棣幼苗植物而言，与未使用融雪剂的对照处理相比较，1#融雪剂0.05%和0.10%处理浓度在各处理时间差异均不显著，0.20%浓度处理的唐棣幼苗在21d和28d时差异显著，0.40%浓度在除7d和14d时差异不显著外，其余各处理时间均显著（$P<0.05$）；2#融雪剂0.05%浓度在各个处理时间差异均不显著，0.10%浓度在35d时差异显著，0.20%浓度在21d、28d和35d时差异均显著，0.40%浓度在14d和21d时差异显著（$P<0.05$），28d时叶片已经死亡。

　　对于复叶槭而言，与未使用融雪剂的对照处理相比较，1#融雪剂0.05%浓度处理的叶片除7d和14d差异不显著外，其余各个处理时间差异均显著，0.10%浓度在各个处理时间差异均显著，0.20%和0.40%浓度除35d差异不显著外，其余各处理时间差异均显著（$P<0.05$），0.40%浓度处理的叶片在35d时已经死亡。2#融雪剂0.05%浓度处理叶片除14d差异不显著外，其余各个处理时间差异均显著，0.10%和0.20%融雪剂浓度在各个处理时间差异均显著，0.40%浓度在7d和14d时差异均显著（$P<0.05$），21d时叶片就开始枯萎直到死亡。

　　研究表明，随胁迫强度的增加，叶片叶绿素的含量逐渐下降，叶片的细胞质膜透性越高，MDA含量的变化也表现出相同的趋势。在不同梯度融雪剂胁迫条件下，两种幼苗叶片电解质外渗率均随胁迫浓度的增加而上升。在逆境条件下，植物体内活性氧产生的速率随胁迫浓度的增加而增加，致使细胞内的活性氧代谢失去平衡，出现过剩的活性氧。这些过剩的活性氧不仅会引发或加剧膜脂过氧化作用，而且还会使蛋白质脱氢而产生蛋白质自由基，使蛋白质发生链式聚合反应，从而使细胞膜系统损伤，细胞内电解质大量外渗，细胞膜透性改变，表现为电解质外渗率显著增加。

　　MDA是膜脂过氧化作用的主要产物之一，其含量的高低和细胞质膜透性的变化是反映细胞膜脂过氧化作用强弱和质膜破坏程度的重要指标。随着融雪剂处理浓度的增加，唐棣和复叶槭叶片MDA含量均显著增加；随着处理时间的延长，MDA含量呈现先上升后下降的趋势，且唐棣的叶片MDA含量明显低于复叶槭，这表明融雪剂对唐棣的膜脂过氧化作用较小。

　　融雪剂对耐胁迫能力强的品种的细胞膜的伤害很小，产生的MDA含量较少，因为植株能够通过动员自身的酶性和非酶性两类防御系统保护细胞免受进一步氧化损伤，从而在处理后期则趋于稳定。而对敏感品种的伤害已经超过了植株自身的调节能力，细胞膜被严重损伤，造成过氧化产物MDA大量产生，形成明显的高峰，以后随着细胞的死亡，MDA进一步分解，MDA含量逐渐下降。

## 4.5　植物叶片相对含水率和叶绿素含量

随着融雪剂处理浓度的增加，唐棣和复叶槭幼苗叶片的相对含水率不断下降（图4-2）。

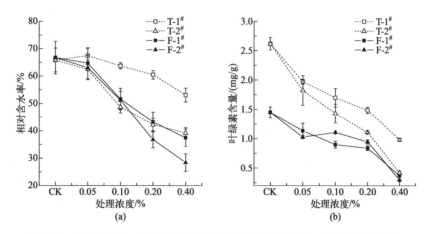

图4-2　融雪剂胁迫对唐棣和复叶槭幼苗叶片相对含水率和叶绿素含量的影响

与1#融雪剂相比，2#融雪剂处理的唐棣和复叶槭幼苗叶片的相对含水率相对更低，对植物的危害相对更大。与唐棣幼苗相比，复叶槭幼苗的相对含水率相对更低，受到的伤害相对更大。

对唐棣而言，1#融雪剂处理的唐棣幼苗叶片在0.20%和0.40%浓度时差异显著（$P<0.05$），2#融雪剂处理的唐棣幼苗叶片在0.10%、0.20%和0.40%浓度时差异显著，其余浓度均不显著。对复叶槭而言，1#和2#融雪剂处理的复叶槭幼苗叶片在0.10%、0.20%和0.40%浓度时差异显著，其余浓度均不显著。

在融雪剂胁迫条件下，随着其处理浓度的增加，唐棣和复叶槭两种植物幼苗叶片的叶绿素含量均呈下降趋势，但不同品种的叶绿素含量对融雪剂胁迫的反应不同。对唐棣而言，与对照处理相比较，1#和2#融雪剂处理的唐棣幼苗叶片叶绿素含量在4个处理浓度下均差异显著。与2#融雪剂相比较，1#融雪剂处理的唐棣幼苗叶片叶绿素含量相对较高。对复叶槭而言，与对照处理相比较，1#和2#融雪剂处理的唐棣幼苗叶片叶绿素含量在4个处理浓度下均差异显著，但2种融雪剂相同处理之间差异不显著。与复叶槭幼苗相比，唐棣幼苗叶片的叶绿素含量相对较高。

叶绿素是光合作用的物质基础，其中叶绿素a有一部分是参与光反应的中心色素，所以叶绿素含量下降明显抑制了光合作用，从而影响植株的正常生长。不同梯度融雪剂胁迫对两种幼苗叶片光合作用的抑制，表现在叶绿素含量上有明显的变化，在融雪剂胁迫处理下，叶片叶绿素含量与相对含水量的变化趋势一致，整体上均呈下降趋势。在正常条件下，叶绿素与叶绿体蛋白的结合取决于细胞内离子含量。在盐胁迫条件下，盐离子的增加降低叶绿素与叶绿体蛋白的结合性，更多的叶绿素遭到破坏，导致光合作用降低。此外，这可能还与随着胁迫浓度的增加，叶片叶绿体数目逐渐减少，类囊体松散扭曲、破裂，并逐渐解体有关，结果导致叶绿素含量下降。

## 4.6 唐棣叶片过氧化物酶活性

在融雪剂胁迫处理下，随着处理浓度的增加和处理时间的延长，唐棣和复叶槭幼苗叶片POD活性均呈下降趋势（图4-3）。

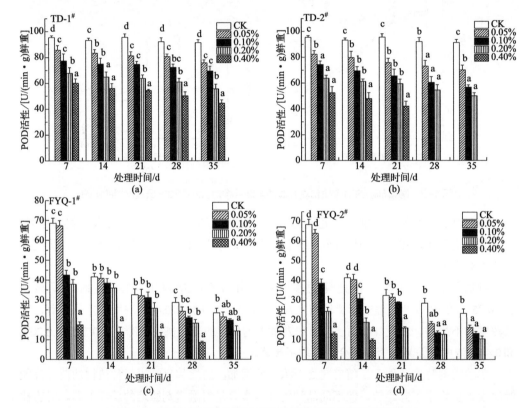

图4-3 融雪剂胁迫对唐棣和复叶槭幼苗叶片POD活性的影响

TD-1#—唐棣1#融雪剂处理；TD-2#—唐棣2#融雪剂处理；FYQ-1#—复叶槭1#融雪剂处理；
FYQ-2#—复叶槭2#融雪剂处理；不同字母表示不同处理间5%水平的差异显著性（$P<0.05$），下同

水在植物生命活动中的作用极为重要，水分含量的变化密切影响植物的生命活动。融雪剂对唐棣和复叶槭幼苗各生理指标影响的结果表明，两种植物幼苗叶片相对含水量随融雪剂处理浓度的增加呈明显下降趋势，且受害植物的根系干枯变硬，受害叶片严重受损，叶缘和叶脉间产生黄棕色和黑褐色不规则的坏死斑块，或焦化、穿孔、变硬、变脆等，顶端幼叶卷曲、皱缩，难以展开。

POD是一种含Fe的蛋白质，是细胞内清除活性氧系统中的重要酶，能有效地阻止

$O_2^-$·和$H_2O_2$在植物体内积累，使细胞内自由基维持在较低水平，防止细胞受自由基的毒害。POD活性高低与植物抗逆性大小有一定相关性。在正常生理条件下，植物体内抗氧化系统可以提供足够的抗活性氧损伤的保护作用，在盐胁迫条件下，超氧阴离子自由基、活性氧大量积累，导致膜脂过氧化作用而对植物细胞产生伤害。POD是酶保护系统中的重要组成。在POD系统中，其主要功能是通过消除盐分胁迫诱导产生的细胞内活性氧，抑制膜内不饱和脂肪酸的过氧化作用，维持细胞质膜的稳定性和完整性，提高植物对盐分的适应性。化学融雪剂对植物的胁迫处理可诱导植物体内POD的活性变化，从而反映植物受迫害状况以及植物的融雪剂抗性。本研究中，与复叶槭幼苗相比，唐棣幼苗叶片的POD活性相对较高，表现出较强的抗性。与1#融雪剂相比，2#融雪剂处理的幼苗叶片POD活性相相对较低，对幼苗的伤害较大。

## 4.7　植物幼苗叶片光合特性

### 4.7.1　叶片净光合速率（$P_n$）

光合速率（photosynthetic rate）常被用于衡量植物通过光合作用固定二氧化碳（或产生氧）的速度。净光合作用速率是指植物表现对外界的二氧化碳吸收量减去其呼吸后的光合部分量，可直接反映植物单位叶面积的碳同化能力。

在融雪剂胁迫下，唐棣和复叶槭幼苗叶片 $P_n$ 发生显著变化（图4-4）。

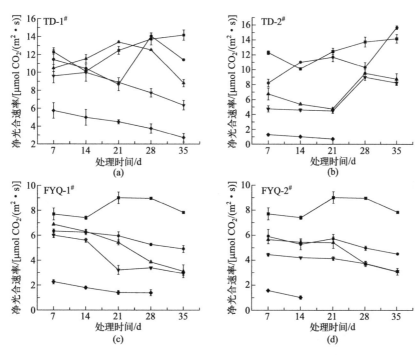

图4-4　融雪剂胁迫对唐棣和复叶槭幼苗叶片净光合速率的影响

■—CK；●—0.05%；▲—0.10%；▼—0.20%；◆—0.40%

对唐棣而言，与未使用融雪剂的对照处理相比较，1#融雪剂0.05%浓度在21d和35d时差异显著（$P<0.05$）；0.10%浓度在7d、21d和35d时差异显著（$P<0.05$）；0.20%浓度除在14d时差异不显著外，其余各个处理时间均显著（$P<0.05$）；0.40%浓度在各个处理时间差异均显著（$P<0.05$）。与对照相比，2#融雪剂0.10%、0.20%和0.40%浓度在处理前21d差异均显著（$P<0.05$）。2#融雪剂低浓度（0.05% ~ 0.10%）处理下唐棣的$P_n$呈先下降后上升又下降的趋势，高浓度（0.40%）处理下$P_n$不断下降。

对复叶槭而言，与未使用融雪剂的对照处理相比较，融雪剂处理的植物叶片$P_n$均显著下降（$P<0.05$）。随着融雪剂浓度的增加和胁迫时间的延长，$P_n$下降程度逐渐加大。与对照相比较，除1#融雪剂0.10%浓度在7d时差异不显著外，其余各处理在各个处理时间均显著（$P<0.05$）。与1#融雪剂相比，2#融雪剂处理的复叶槭$P_n$下降的幅度更大，对胁迫做出响应时间较早。在胁迫处理35d后，0.05%、0.10%、0.20%处理浓度下，1#融雪剂处理的复叶槭的$P_n$较对照分别下降了37.3%、60.20%、62.5%；2#融雪剂处理复叶槭的$P_n$较对照分别下降42.40%、60.54%、66.67%。融雪剂处理浓度越大，复叶槭叶片$P_n$对胁迫做出响应的时间越早，1#融雪剂处理的复叶槭在28d后开始落叶，2#融雪剂处理的复叶槭在14d后开始落叶凋零。

与复叶槭相比，唐棣幼苗$P_n$值相对较高，表现出较强的抗性；与2#融雪剂相比，1#融雪剂处理的唐棣和复叶槭幼苗的$P_n$值相对较高，因而可初步认为1#融雪剂对唐棣和复叶槭幼苗的伤害较小。

融雪剂胁迫处理后，随着处理浓度的增加和胁迫时间的延长，与对照相比，融雪剂胁迫对唐棣和复叶槭幼苗$P_n$、$G_s$、$C_i$和$T_r$都有显著的影响。低浓度处理下，唐棣幼苗的$P_n$在处理前期持续下降，中期出现一段时间稳定甚至上升，后期又开始下降。这可能是由于融雪剂胁迫导致唐棣叶片中的叶绿素合成受阻、分解加快，导致光合速率也随之下降；随后唐棣对胁迫开始产生适应性，植株通过一系列的内部调节，叶绿素合成功能部分恢复，光合能力也随之升高；长时间的高盐环境胁迫下，唐棣的适应性逐渐失去作用，干枯叶片的数量和面积逐渐增多增大，光合作用迅速下降，植株生长缓慢，甚至死亡。

对复叶槭而言，与对照相比，各处理叶片$P_n$均显著下降，且随着融雪剂浓度的增加和融雪剂胁迫时间的延长，$P_n$下降程度也逐渐加大。融雪剂处理浓度越大，复叶槭叶片$P_n$对胁迫作出响应的时间越早，1#融雪剂0.40%浓度处理的复叶槭在28d后开始落叶，而2#融雪剂0.40%浓度处理的复叶槭幼苗在14d后却开始落叶凋零。与2#融雪剂相比，1#融雪剂处理的唐棣和复叶槭幼苗的$P_n$值相对较高。分析相关原因，这可能与不同融雪剂组成成分不同有关。

分析测定表明，1#融雪剂中$K^+$、$Na^+$、$Ca^{2+}$的含量分别为16.65mg/g、7.69mg/g、129.83mg/g；2#融雪剂中$K^+$、$Na^+$、$Ca^{2+}$的含量分别为1.06mg/g、10.59mg/g、7.99mg/g，因此可初步认为，2#融雪剂处理的植株的$P_n$值较低与其主要成分有着直接的关系，$Na^+$含量较高对植物的危害较大，而在融雪剂中添加一定浓度的$Ca^{2+}$、$K^+$等却可以在一定程度上减轻对植物的伤害。较高浓度的$Na^+$能够显著影响植物的光合作用能力。

## 4.7.2　叶片气孔导度（$G_s$）

植物叶片通过气孔与外界进行气体交换，气孔导度即是指植物叶片气孔张开的程度，其在控制水分损失和获得二氧化碳方面起着重要的作用，也是影响植物光合作用、呼吸作用及蒸腾作用的主要因素。

融雪剂胁迫对唐棣和复叶槭幼苗的叶片气孔导度（$G_s$）存在显著影响，融雪剂处理植物幼苗叶片的 $G_s$ 均较对照水平明显降低（图4-5）。

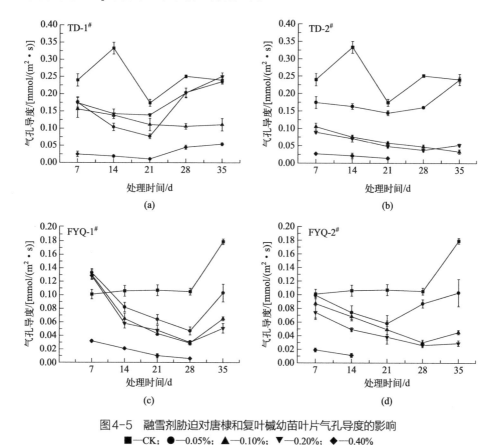

图4-5　融雪剂胁迫对唐棣和复叶槭幼苗叶片气孔导度的影响
■—CK；●—0.05%；▲—0.10%；▼—0.20%；◆—0.40%

对唐棣而言，融雪剂胁迫下唐棣 $G_s$ 呈现先下降后上升的趋势。与对照相比，1# 融雪剂0.05%浓度和0.2%浓度在14d、21d和28d时差异显著（$P<0.05$）；0.10%浓度和0.40%融雪剂浓度各个处理时间差异均显著（$P<0.05$）。2# 融雪剂0.05%浓度在14d、21d和28d时差异显著（$P<0.05$）；0.10%、0.20%和0.40%浓度在各个处理时间差异均显著（$P<0.05$）。

对复叶槭而言，与未使用融雪剂的对照处理相比较，在融雪剂胁迫环境下，初期复叶槭叶片 $G_s$ 呈显著下降，而在盐处理28d后 $G_s$ 开始缓慢上升。处理7d时，1# 融雪剂0.05%、0.10%、0.20%处理浓度下的叶片 $G_s$ 高于对照，而0.40%处理浓度下的 $G_s$ 显著低于对照，而2# 融雪剂处理的 $G_s$ 各个处理浓度在7d时均低于对照。与对照相比较，1# 融雪剂0.05%浓度除14d差异不显著外，其余各个处理时间差异均显著（$P<0.05$）；0.10%、0.20%和0.40%浓度在各个处理时间差异均显著（$P<0.05$）。2# 融雪剂0.05%浓度在14d、

21d和35d时差异显著（$P<0.05$）；0.10%和0.20%浓度除7d不显著外，其余各个处理时间差异均显著（$P<0.05$）；0.40%浓度在7d和14d差异均显著（$P<0.05$）。

### 4.7.3　叶片蒸腾速率（$T_r$）

蒸腾速率是指植物单位时间内单位叶面积蒸腾的水量，可反映植物对生长环境的胁迫的生态适应性。融雪剂胁迫作用下，唐棣和复叶槭幼苗叶片的蒸腾速率均低于对照（图4-6）。

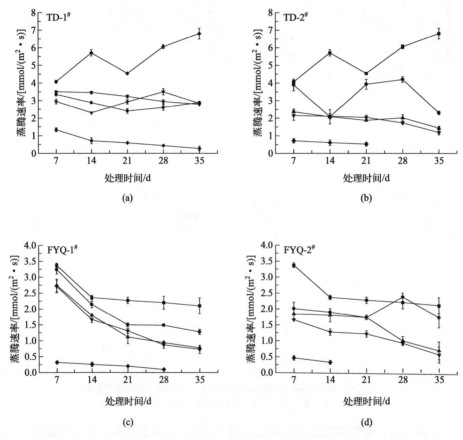

图4-6　融雪剂胁迫对唐棣和复叶槭幼苗叶片蒸腾速率的影响
■—CK；●—0.05%；▲—0.10%；▼—0.20%；◆—0.40%

对唐棣而言，在低浓度处理下（0.05%～0.10%），叶片的蒸腾速率在处理前期呈下降的趋势，而后逐渐上升，然后又呈下降的趋势。在高浓度处理下（0.20%～0.40%），叶片的蒸腾速率急剧下降。

与未使用融雪剂的对照处理相比较，1#融雪剂4个处理浓度在各个处理时间差异均显著（$P<0.05$）；2#融雪剂除0.05%浓度在7d时差异不显著外，其余浓度在各个处理时间差异均显著（$P<0.05$）。复叶槭各处理叶片$T_r$，与对照相比较均显著下降，$T_r$下降程度与融雪剂浓度和融雪剂胁迫时间成正比。1#融雪剂除0.05%浓度在7d时差异不显著外，其

余浓度在各个处理时间差异均显著（$P<0.05$）；$2^{\#}$融雪剂除 0.05% 浓度在 28d 时差异不显著外，其余浓度在各个处理时间差异均显著（$P<0.05$）。

## 4.7.4　叶片细胞间隙 $CO_2$ 浓度（$C_i$）

融雪剂胁迫对唐棣和复叶槭幼苗的叶片 $C_i$ 存在显著影响（图4-7）。

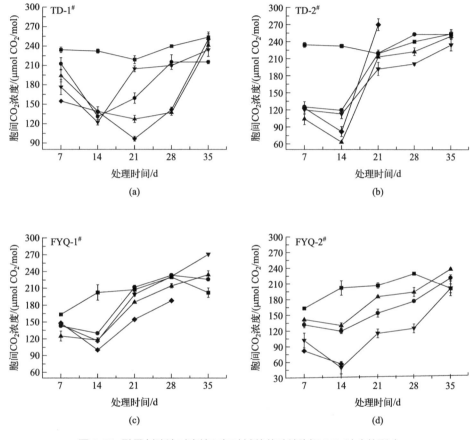

图4-7　融雪剂胁迫对唐棣和复叶槭幼苗叶片胞间 $CO_2$ 浓度的影响
■—CK；●—0.05%；▲—0.10%；▼—0.20%；◆—0.40%

对唐棣而言，在融雪剂胁迫环境下，叶片 $C_i$ 呈现先下降后上升的总趋势。在处理前期（7～14d），融雪剂处理的唐棣的 $C_i$ 显著低于对照，且呈下降趋势，但是随着处理时间延长，$C_i$ 开始上升。$1^{\#}$融雪剂处理4个浓度在 7d、14d、21d 和 28d 时差异均显著（$P<0.05$），在 35d 时只有 0.05% 和 0.20% 融雪剂浓度差异显著（$P<0.05$）；$2^{\#}$融雪剂 0.05% 和 0.10% 浓度在处理 7d、14d 和 28d 时差异均显著（$P<0.05$），0.20% 浓度在 7d、14d、21d 和 28d 时差异均显著（$P<0.05$），0.40% 浓度在处理 7d、14d 和 21d 差异均显著（$P<0.05$）。

对复叶槭而言，在融雪剂胁迫环境下，叶片 $C_i$ 亦呈现先下降后上升的总趋势。在处理后的 7～14d 内，复叶槭叶片 $C_i$ 逐渐下降并达到低谷，其后开始上升，在融雪剂胁迫处理后35d，叶片$C_i$甚至高于对照。$1^\#$融雪剂0.05%和0.20%浓度在处理7d、14d和35d时差异均显著（$P<0.05$）；0.10%浓度在各个处理时间差异均显著（$P<0.05$）；0.40%浓度在前四次处理时间内差异均显著（$P<0.05$）。$2^\#$融雪剂0.05%和0.20%浓度在处理7d、14d、21d和28d差异均显著（$P<0.05$）；0.10%浓度在各个处理时间差异均显著（$P<0.05$）；0.40%浓度在7d和14d时差异显著（$P<0.05$）。

### 4.7.5　叶片气孔限制值（$L_s$）

融雪剂胁迫对唐棣和复叶槭幼苗的叶片$L_s$存在显著影响（图4-8）。

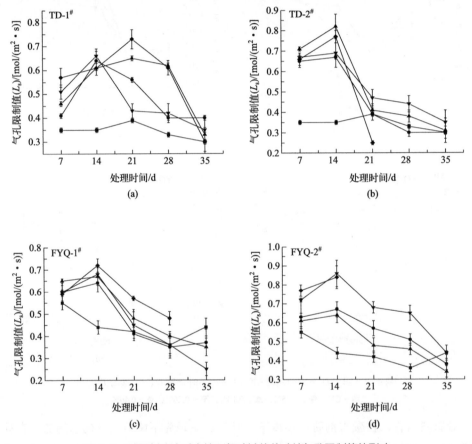

图4-8　融雪剂胁迫对唐棣和复叶槭幼苗叶片气孔限制值的影响

■—CK；●—0.05%；▲—0.10%；▼—0.20%；◆—0.40%

比较图4-7和图4-8可以看出，唐棣和复叶槭幼苗叶片的$L_s$的变化趋势与$C_i$基本相反。对唐棣而言，$1^\#$融雪剂0.05%浓度在处理14d、21d和28d时差异均显著（$P<0.05$）；0.01%和0.40%浓度在处理7d、14d、21d和28d时差异均显著（$P<0.05$）；0.20%浓度在7d、14d和28d差异均显著（$P<0.05$）。$2^\#$融雪剂0.05%和0.10%浓度在处理7d和14d时差异均显著（$P<0.05$）；0.20%和0.40%浓度在处理7d、14d和21d时差异均显著（$P<0.05$）。

如前述分析，导致光合速率降低的因素包括气孔限制和非气孔限制。气孔限制因素是由于气孔开度的下降导致 $C_i$ 下降，使叶绿体内 $CO_2$ 供应受阻；非气孔因素则是由于叶肉细胞光合性能的下降，导致叶肉细胞同化 $CO_2$ 的能力下降，这样就会导致胞间 $CO_2$ 浓度升高。决定光合作用的气孔因素和非气孔因素二者之间并不是相互独立和绝对的，二者随胁迫时间的长短和胁迫浓度的高低而处于动态的变化之中，且其变化的幅度和快慢也随植物种类和品种不同而不同。

本研究结果表明，在融雪剂胁迫处理前期（前14d），唐棣和复叶槭幼苗叶片 $G_s$ 下降，$L_s$ 升高，同时伴随着 $C_i$ 的降低，导致 $P_n$ 下降，表明气孔开度导致 $CO_2$ 供应减少是引起 $P_n$ 下降的主要原因，这是由于胁迫初期主要是叶片气孔收缩，气孔导度降低，从而限制了 $CO_2$ 向叶绿体的输送，导致光合受阻。融雪剂胁迫处理后期，虽然 $G_s$ 继续下降，但 $C_i$ 转向升高，$L_s$ 值下降，此时 $P_n$ 继续下降则是由于叶肉细胞光合活性的降低成为主要限制因子，此时离子毒害起重要作用，叶片中 $Na^+$ 和 $Cl^-$ 的过量积累对光合酶系统产生毒害，致使羧化效率降低，导致叶片 $C_i$ 升高，非气孔限制成为光合降低的主要因素。

## 4.8　植物幼苗不同器官中钾离子和钠离子的含量

### 4.8.1　钠离子含量

与未使用融雪剂的对照处理相比较，随着融雪剂处理浓度的上升，唐棣和复叶槭幼苗各器官的 $Na^+$ 含量明显增加（图4-9）。

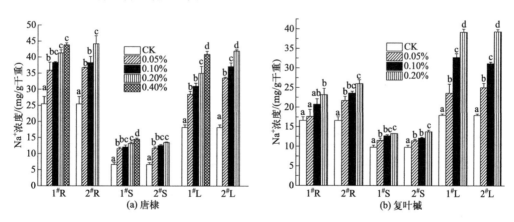

图4-9　融雪剂胁迫对唐棣和复叶槭幼苗不同器官 $Na^+$ 含量的影响

R—根；S—茎；L—叶；$1^\#$—$1^\#$融雪剂；$2^\#$—$2^\#$融雪剂，下同

对于唐棣幼苗，$1^\#$、$2^\#$融雪剂各浓度处理的唐棣幼苗各器官 $Na^+$ 含量均显著高于对照（$P<0.05$）。与 $1^\#$ 融雪剂相比，$2^\#$ 融雪剂处理的唐棣各器官中 $Na^+$ 含量相对较高，差异不显著，且不同器官间 $Na^+$ 含量均表现为根（R）>叶（L）>茎（S）。对于复叶槭幼苗，$2^\#$ 融雪剂处理的复叶槭 R 中 $Na^+$ 含量显著高于 $1^\#$ 融雪剂，而 S 和 L 差异不显著；不同器官间，$Na^+$ 含量表现为 L>R>S，且各器官间差异显著，表明大量的 $Na^+$ 蓄积在叶部，

对植物造成直接的伤害。在相同浓度处理下，唐棣R中Na⁺含量明显高于复叶槭，S和L中Na⁺含量差异不明显。

## 4.8.2 钾离子含量

与未使用融雪剂的对照处理相比较，随着融雪剂处理浓度的上升，唐棣和复叶槭幼苗各器官的K⁺含量不断下降（图4-10）。

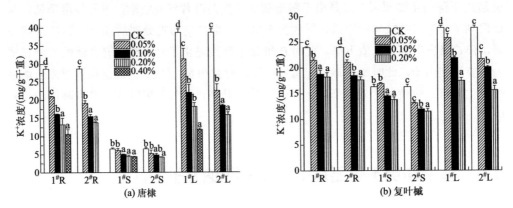

图4-10 融雪剂胁迫对唐棣和复叶槭幼苗不同器官K⁺含量的影响

1#和2#融雪剂各浓度处理的唐棣和复叶槭幼苗R和L中的K⁺含量均明显低于对照，S中除0.05%浓度差异不显著外，其余差异均显著（$P<0.05$）。不同器官间，2个品种的K⁺含量均表现为L>R>S。在相同浓度处理下，唐棣L中K⁺含量显著高于复叶槭，而S中K⁺含量显著低于复叶槭，R中K⁺含量差异并不显著（$P>0.05$）。

## 4.8.3 K⁺/Na⁺值

融雪剂胁迫对唐棣和复叶槭幼苗K⁺/Na⁺值和离子运输$S_{K, Na}$的影响如表4-4所示。

表4-4 融雪剂胁迫对唐棣和复叶槭幼苗K⁺/Na⁺值和离子运输$S_{K, Na}$的影响

| 处理浓度/% | | K⁺/Na⁺值 | | | 离子运输$S_{K, Na}$ | |
| --- | --- | --- | --- | --- | --- | --- |
| | | 根 | 茎 | 叶 | 根茎$S_{K, Na}$ | 茎叶$S_{K, Na}$ |
| 唐棣 | CK | 1.12 ± 0.07 a | 0.97 ± 0.13 a | 2.13 ± 0.15 a | 0.88 ± 0.17 b | 2.20 ± 0.45 a |
| | 1# 0.05 | 0.59 ± 0.04 b | 0.53 ± 0.06 b | 1.10 ± 0.14 b | 0.90 ± 0.17 b | 2.12 ± 0.51 a |
| | 1# 0.10 | 0.42 ± 0.00 c | 0.41 ± 0.01 bc | 0.71 ± 0.09 c | 0.98 ± 0.02 ab | 1.72 ± 0.18 ab |
| | 1# 0.20 | 0.32 ± 0.05 cd | 0.34 ± 0.04 c | 0.52 ± 0.01 cd | 1.06 ± 0.06 ab | 1.54 ± 0.17 ab |
| | 1# 0.40 | 0.24 ± 0.03 d | 0.30 ± 0.01 c | 0.29 ± 0.01 d | 1.25 ± 0.16 a | 0.96 ± 0.01 b |
| | CK | 1.12 ± 0.07 a | 0.97 ± 0.13 a | 2.13 ± 0.15 a | 0.88 ± 0.17 a | 2.20 ± 0.45 a |
| | 2# 0.05 | 0.52 ± 0.02 b | 0.45 ± 0.10 b | 0.67 ± 0.05 b | 0.86 ± 0.15 a | 1.52 ± 0.22 a |
| | 2# 0.10 | 0.40 ± 0.01 c | 0.38 ± 0.02 b | 0.50 ± 0.01 bc | 0.95 ± 0.05 a | 1.30 ± 0.06 ab |
| | 2# 0.20 | 0.31 ± 0.02 c | 0.31 ± 0.01 b | 0.38 ± 0.02 c | 0.99 ± 0.07 a | 1.22 ± 0.09 b |

| 处理浓度/% | | K⁺/Na⁺值 | | | 离子运输 $S_{K,Na}$ | |
|---|---|---|---|---|---|---|
| | | 根 | 茎 | 叶 | 根茎 $S_{K,Na}$ | 茎叶 $S_{K,Na}$ |
| 复叶槭 | CK | 1.45 ± 0.08 a | 1.67 ± 0.14 a | 1.55 ± 0.01 a | 1.15 ± 0.03 b | 0.93 ± 0.07 a |
| | 1# 0.05 | 1.22 ± 0.11 b | 1.47 ± 0.06 a | 1.09 ± 0.14 b | 1.20 ± 0.06 b | 0.75 ± 0.13 ab |
| | 1# 0.10 | 0.91 ± 0.02 c | 1.15 ± 0.04 b | 0.67 ± 0.03 c | 1.26 ± 0.01 ab | 0.59 ± 0.04 ab |
| | 1# 0.20 | 0.79 ± 0.02 c | 1.04 ± 0.04 b | 0.45 ± 0.02 d | 1.32 ± 0.01 a | 0.43 ± 0.04 b |
| | CK | 1.45 ± 0.08 a | 1.67 ± 0.14 a | 1.55 ± 0.01 a | 1.15 ± 0.03 b | 0.93 ± 0.07 a |
| | 2# 0.05 | 0.97 ± 0.07 b | 1.15 ± 0.02 b | 0.87 ± 0.09 b | 1.18 ± 0.11 a | 0.76 ± 0.09 b |
| | 2# 0.10 | 0.78 ± 0.04 c | 0.99 ± 0.04 bc | 0.65 ± 0.02 c | 1.26 ± 0.02 a | 0.65 ± 0.01 b |
| | 2# 0.20 | 0.68 ± 0.05 c | 0.84 ± 0.01 c | 0.40 ± 0.02 d | 1.24 ± 0.07 a | 0.47 ± 0.01 c |

注：不同字母表示不同处理间5%水平的差异显著性（$P<0.05$）。

各浓度融雪剂处理下2个品种幼苗各器官K⁺/Na⁺值均显著低于对照，下降幅度随融雪剂处理浓度的升高而增大。植物的耐盐性与保持地上部分相对较低的Na⁺和维持较高的K⁺/Na⁺值有关。

相同浓度处理下（除0.04%浓度外），唐棣L中K⁺/Na⁺值显著高于S和R；复叶槭K⁺/Na⁺值表现为S>R>L。相同浓度处理下，1#和2#融雪剂处理的唐棣R中K⁺/Na⁺值显著低于复叶槭，表明复叶槭幼苗将大部分的K⁺蓄积在R中，而减少了功能叶片中的K⁺含量。与2#融雪剂相比，1#融雪剂处理的唐棣和复叶槭幼苗的K⁺/Na⁺值相对较高。

## 4.8.4　钾离子和钠离子吸收及运输选择性

随着化学融雪剂处理浓度的增加，根茎运输的 $S_{K,Na}$ 逐渐上升，表明根系从介质中吸收的Na⁺含量相对升高，向茎运输K⁺含量相对增加，根系对Na⁺的截留作用增强，限制了Na⁺向地上部的运输。

随着处理浓度的增加，茎叶运输的 $S_{K,Na}$ 呈下降趋势，离子区域化分布的调控能力下降，茎对Na⁺的阻隔能力下降，Na⁺向叶片的运输量增加，叶片中盐分离子含量升高，导致离子毒害，植株生长不良，造成盐害。表明在融雪剂胁迫下，保持较高茎向叶 $S_{K,Na}$ 是减轻地上部分离子毒害的关键因素。在相同处理浓度下，唐棣茎向叶运输的 $S_{K,Na}$ 值显著高于复叶槭，其根系对Na⁺的截留作用明显大于复叶槭，表现出较强的抗性。

在胁迫条件下，植物体内的各种离子含量发生变化，原有离子平衡关系被破坏，为了保持能够支持细胞正常功能的离子浓度和离子平衡，它必然要浓缩和平衡这些离子，降低其原生质中Na⁺或其他离子的浓度，使其低于周围介质环境，要使其原生质中Na⁺浓度低于其周围介质环境的浓度，必然要消耗对植物生长过程有效的能量，故生长被抑制。非盐生植物的耐盐性与植株阻止盐离子吸收的能力、控制盐离子向地上部转运的能力有关，其基本策略是地上部拒Na⁺，将盐离子优先积累在根系、茎的下部和成熟的叶片中，阻止盐离子在上部叶片过量积累。本研究中，不同器官间唐棣Na⁺含量表现为R>L>S，而复叶槭表现为Na$^+$含量表现为L>R>S，表明大量的Na$^+$蓄积在复叶槭幼苗的功能叶片中，对植物造成直接的伤害。

K$^+$是植物体内具有活化作用的阳离子，也是高等植物体内含量最多的一价阳离子，具有调控离子平衡、调节渗透、保持细胞膨压、影响蛋白质合成和光合作用等生理功能，是保持植物正常代谢的关键离子，抑制K$^+$吸收会导致植株生长下降。

本研究中，与未使用融雪剂的对照处理相比较，各融雪剂浓度处理的唐棣和复叶槭各器官K$^+$含量均下降，而且在相同浓度处理下，唐棣L中K$^+$含量显著高于复叶槭，有利于保持正在生长的幼嫩组织中高K$^+$含量，避免营养亏缺，保证植株生理活动的正常进行，表现出较强的耐胁迫能力。在相同浓度处理下，与1$^#$融雪剂相比，2$^#$融雪剂处理的2个品种均表现出较高的Na$^+$含量和较低的K$^+$含量，初步推断2$^#$融雪剂对植物的危害较大。分析其原因，与融雪剂的主要成分有关，经测定1$^#$融雪剂中K$^+$、Na$^+$、Ca$^{2+}$的含量分别为16.65mg/g、7.69mg/g、129.83mg/g；2$^#$融雪剂中K$^+$、Na$^+$、Ca$^{2+}$的含量分别为1.06mg/g、10.59mg/g、7.99mg/g，钾和钙是植物必需的矿质营养元素，对维持细胞壁、细胞膜及膜结合蛋白的稳定性，调节无机离子的运输，调控多种酶活性等都有重要的作用，一定浓度的K$^+$、Ca$^{2+}$可以减轻盐分对植物的胁迫作用。因此可初步认为2$^#$融雪剂处理的植株体内蓄积较高的Na$^+$含量和较低的K$^+$含量与其主要成分有着直接的关系。

$S_{K, Na}$能反映植物体在胁迫条件下对K$^+$和Na$^+$吸收和向上运输的选择性，$S_{K, Na}$越小，植物体地下部分的Na$^+$向上运输的选择性越大，植物体的抗盐性越弱；反之，植物体的抗盐性越强。

结果表明，随着处理浓度的增加，根茎运输的$S_{K, Na}$逐渐上升，表明根系从介质中吸收的Na$^+$含量相对升高，向茎运输K$^+$含量相对增加，根系对Na$^+$的截留作用增强，限制了Na$^+$向地上部的运输；茎叶运输的$S_{K, Na}$逐渐下降，表明离子区域化分布的调控能力下降，茎对Na$^+$的阻隔能力下降，Na$^+$向叶片的运输量增加，导致叶片Na$^+$积累，造成盐害。

在相同浓度的融雪剂处理条件下，唐棣茎向叶运输的$S_{K, Na}$值显著高于复叶槭幼苗，其根系对Na$^+$的截留作用明显大于复叶槭，导致功能叶片中盐分离子尤其是Na$^+$含量较低，K$^+$含量较高，因而耐胁迫能力较强。可见，融雪剂胁迫条件下，与复叶槭相比，唐棣植株根系对Na$^+$的截留作用较强，向地上部分功能叶片运输选择性较高，提高K$^+$/Na$^+$值，缓解Na$^+$对植物的伤害，表现出较强的耐胁迫能力；与2$^#$融雪剂相比，1$^#$融雪剂处理的植株体内含有较低的Na$^+$含量和较高的K$^+$含量，对植物的伤害较小。

综上所述，通过唐棣和复叶槭的融雪剂胁迫试验研究，可知以下几点。

① 随着融雪剂处理浓度的增加，唐棣和复叶槭植物幼苗的叶片质膜透性、MDA含量都迅速增高，细胞膜受伤程度加深。同时随着盐胁迫的加强，植株体内抗氧化酶系统活性受到影响，降低了抗氧化酶对活性氧的清除效应，加速了植株的衰老。

② 融雪剂胁迫对唐棣和复叶槭幼苗$P_n$、$G_s$、$C_i$和$T_r$都有显著的影响。随着处理浓度的增加，唐棣和复叶槭幼苗的$P_n$值不断下降。随着处理时间的延长，唐棣幼苗低浓度下（0.05%～0.10%）$P_n$值呈现先下降后上升最后又下降的趋势，而高度处理（0.40%）却呈不断下降。对复叶槭而言，与对照相比，各处理叶片$P_n$均显著下降，且随着融雪剂浓度的增加和融雪剂胁迫时间的延长，$P_n$下降程度也逐渐加大。与复叶槭相比，唐棣幼苗

$P_n$ 值相对较高，抗性更强，初步推断唐棣和复叶槭幼苗可耐受的融雪剂的阈值是 0.40%。

③ 分析融雪剂胁迫条件下唐棣和复叶槭幼苗叶片光合速率下降的原因，融雪剂胁迫处理前期，气孔开度是导致 $CO_2$ 供应减少，引起 $P_n$ 下降的主要原因。融雪剂胁迫处理后期，虽然 $G_s$ 继续下降，但 $C_i$ 转向升高，$L_s$ 值下降，此时非气孔限制成为光合降低的主要因素。

④ 融雪剂胁迫条件下，与复叶槭相比，唐棣植株根系对 $Na^+$ 的截留作用较强，向地上部分功能叶片运输选择性较高，提高 $K^+/Na^+$ 值，缓解 $Na^+$ 对植物的伤害，表现出较强的耐胁迫能力；与 $2^#$ 融雪剂相比，$1^#$ 融雪剂处理的植株体内含有较低的 $Na^+$ 含量和较高的 $K^+$ 含量，对植物的伤害较小。

⑤ 与 $2^#$ 融雪剂相比，$1^#$ 融雪剂处理的幼苗叶片相对含水率较高、质膜相对透性和 MDA 含量较低、POD 活性较高、光合速率较大，分析其原因，与融雪剂的主要成分有关，经测定 $1^#$ 融雪剂中 $K^+$、$Na^+$、$Ca^{2+}$ 含量分别为 16.65mg/g、7.69mg/g、129.83mg/g；$2^#$ 融雪剂中 $K^+$、$Na^+$、$Ca^{2+}$ 含量分别为 1.06mg/g、10.59mg/g、7.99mg/g，钾和钙是植物必需的矿质营养元素，对维持细胞壁、细胞膜及膜结合蛋白的稳定性，调节无机离子的运输，调控多种酶活性等都具有重要的作用，一定浓度的 $K^+$、$Ca^{2+}$ 可以减轻盐分对植物的胁迫作用。因此，可初步认为 $1^#$ 融雪剂对植物的伤害程度较小，建议在实践中使用。

# 第 5 章

# 融雪剂胁迫下外源钾和水杨酸对油松幼苗的缓解效应

适宜浓度的外源钾（$K^+$）和水杨酸（salicylic acid，SA）对盐胁迫下植物的生长抑制具有缓解作用。加入外源$K^+$可以通过抑制植物对$Na^+$的吸收，缓解高浓度特定离子对植物的毒害作用。晏斌和戴秋杰研究了外界$K^+$水平对水稻幼苗耐盐性的影响，结果表明，$K^+$作用大小与外界$Na^+/K^+$值有关，降低外界$Na^+/K^+$值，更有利于植物对$K^+$吸收，以保持体内稳定的$Na^+/K^+$值，缓解NaCl胁迫对植物生长造成的影响，但过多的$K^+$同样不利于植物生长。

外源水杨酸（SA）可以通过提高植物体内SOD和POD等活性氧清除系统酶的活性，清除体内过多的活性氧，降低膜脂过氧化水平，改善细胞的代谢，最终缓解盐胁迫对幼苗生长的抑制作用。张士功和高吉寅的研究表明，盐胁迫条件下0.1g/L SA和0.2g/L阿司匹林能显著提高小麦种子发芽率、发芽指数和活力指数以及幼苗叶片的相对含水量，降低叶片质膜透性，提高幼苗体内SOD、POD等细胞保护酶的活性，减少膜脂过氧化产物MDA的积累。Khodary报道，盐胁迫条件下SA处理能提高玉米的抗盐性，可能是通过提高它们的光合功能和碳水化合物代谢。在Nazar等的研究中，SA通过诱导硝酸还原酶（nitrate reductase，NR）和ATP硫酸化酶（ATP-sulfurylase，ATPs）的活性，缓解绿豆幼苗盐胁迫引起的光合作用抑制。余小平等发现200mmol/L NaCl胁迫条件下，加入1mmol/L SA可使黄瓜幼苗SOD和POD活性增加，其活性分别是单纯盐胁迫处理的1.11倍和1.25倍，是对照处理的2.46倍和1.80倍，膜脂过氧化产物MDA含量显著低于单纯盐胁迫处理。然而也有研究表明，植株体内SA积累过高会导致盐害症状加剧的可能性。

油松是我国北方城市最主要的造林绿化树种之一。研究表明，由于城市道路绿化植物受融雪剂胁迫作用的影响，油松衰亡量逐年递增。目前，国内外有关融雪剂对植物生长的影响的大部分研究集中于植物表观特征，而对融雪剂胁迫下植株的缓解效应与机理的研究较少。为此，本书主要总结了化学融雪剂胁迫作用下，外源$K^+$和SA对油松幼苗生长抑制的缓解作用。通过对融雪剂胁迫下外源$K^+$和SA对幼苗生物量积累、相对含水率、MDA含量、脂膜透性、POD活性、叶绿素含量以及光合特性等生理生长指标的影响分析，探讨外源$K^+$和SA在缓解融雪剂对油松幼苗生长胁迫效应，为化学融雪剂的污染防控提供理论依据。

## 5.1　试验设计与方法

本试验在中国科学院沈阳应用生态研究所沈阳生态实验站进行。将2年生试验用油松苗移植于内径30cm，高25cm的塑料花盆中，每盆装风干沙土5kg，每盆栽种3株苗木。苗木在自然状态下正常生长3个月后，选择长势一致的正常苗木进行融雪剂胁迫试验研究。

研究选用沈阳浑南新区三英科技有限公司生产的复合型融雪剂，主要离子含量（g/kg）为$K^+$ 11.2±2.9（均值±标准差）；$Ca^{2+}$ 67.8±4.3；$Na^+$ 68.2±2.2；$Mg^{2+}$ 41.3±0.2；$Cl^-$ 395.9±2.5；$F^-$ 10.3±0.8；$SO_4^{2-}$ 69.3±12.9。

按表5-1的设计方案配置融雪剂、外源钾（$KNO_3$）和水杨酸（SA）处理，每盆一次性施加处理溶液200mL。以去离子水作为对照，每处理方法设3个重复。

表5-1　试验设计方案

| 处理方法 | | 浓度 | 使用量/mL |
|---|---|---|---|
| $H_2O$ | CK | 去离子水 | 200 |
| 融雪剂 | T1 | 0.2%（以干土质量分数计） | 200 |
| $KNO_3$+0.2%融雪剂 | T2 | $KNO_3$ 10mmol/L | 200 |
| | T3 | $KNO_3$ 20mmol/L | 200 |
| | T4 | $KNO_3$ 40mmol/L | 200 |
| 水杨酸（SA）+0.2%融雪剂 | T2′ | SA 2mmol/L | 200 |
| | T3′ | SA 4mmol/L | 200 |
| | T4′ | SA 8mmol/L | 200 |

各处理20d后，选取无病虫害、无生理病斑、无机械损伤、相同部位的功能叶片，迅速用保鲜膜包好，带回室内进行生理生化指标的测定。采用称重法测定叶片相对含水率，硫代巴比妥酸比色法测定MDA含量，改进的电导率法测定细胞膜透性，愈创木酚法测定POD活性，紫外分光光度法测定叶绿素的含量。各处理60d后，采集油松根、茎、叶样品，样品经105℃杀青15min、70℃烘干至恒量测定生物量。

光合作用测定方法参考本书4.1试验设计与方法。

通过Li-6400红蓝光光源来提供不同的光和有效光辐射，空气流速为0.5L/s，光合有效辐射（photosynthetically active radiation，PAR）强度为1800μmol/（$m^2·s$）。测定部位为幼苗中位叶（从顶部算起第3层叶片）。净光合速率（$P_n$）、气孔导度（$G_s$）、胞间$CO_2$浓度（$C_i$）由光合测定系统直接读出。测定重复6次，取平均数。

## 5.2 油松生物量变化

外源$K^+$和SA对融雪剂胁迫下油松生物量积累和相对含水率的影响如表5-2所列。

表5-2 外源$K^+$和SA对融雪剂胁迫下油松生物量积累和相对含水率的影响

| | 处理方法 | 叶/g | 茎/g | 根/g | 株干重/g | 叶含水率/% |
|---|---|---|---|---|---|---|
| CK | 去离子水 | 67.3±3.6 a | 32.6±5.8 a | 28.1±2.3 a | 128.0±4.6 a | 61.0±2.3 a |
| T1 | 0.2%融雪剂 | 38.0±1.2 c | 18.4±1.3 b | 15.3±0.2 b | 71.7±2.3 c | 47.5±1.1 c |
| T2 | 10mmol/L KNO₃+0.2%融雪剂 | 37.2±0.7 c | 17.9±2.2 b | 17.4±0.8 b | 72.5±1.8 c | 47.9±1.8 c |
| T3 | 20mmol/L KNO₃+0.2%融雪剂 | 45.4±4.7 b | 24.6±2.0 ab | 19.5±2.9 b | 89.5±8.3 b | 52.0±1.4 b |
| T4 | 40mmol/L KNO₃+0.2%融雪剂 | 26.9±0.4 d | 14.2±0.7 b | 14.6±2.1 b | 55.7±1.8 d | 42.3±1.0 d |
| CK | 去离子水 | 67.3±3.6 a | 32.6±5.8 a | 28.1±2.3 a | 128.0±4.6 a | 61.0±2.3 a |
| T1 | 0.2%融雪剂 | 38.0±1.2 b | 18.4±1.3 b | 15.3±0.2 b | 71.7±2.3 c | 47.5±1.1 b |
| T2′ | 2mmol/L SA+0.2%融雪剂 | 67.3±5.6 a | 29.3±1.0 a | 20.8±2.2 ab | 117.3±3.2 ab | 46.1±2.0 b |
| T3′ | 4mmol/L SA+0.2%融雪剂 | 64.7±3.0 a | 26.2±2.3 a | 15.5±1.5 b | 106.4±2.6 b | 42.1±1.1 c |
| T4′ | 8mmol/L SA+0.2%融雪剂 | 30.3±3.5 b | 23.0±2.3 ab | 15.6±0.9 b | 68.9±4.8 c | 40.4±3.8 c |

注：不同字母表示CK～T4不同处理间和CK～T4′不同处理间差异达显著水平（$P<0.05$），下同。

0.2%浓度的融雪剂对油松幼苗的根、茎、叶及株干重均有显著影响（$P<0.05$），分别比对照下降了43.6%、43.5%、45.7%和44.0%，可见叶片对融雪剂胁迫相对更为敏感一些。添加20mmol/L KNO₃明显促进油松幼苗的叶片干重和株干重的增加（$P<0.05$），20mmol/L KNO₃处理下的株干重比0.2%融雪剂处理（T1）增加了24.9%，而10mmol/L和40mmol/L KNO₃对油松生物量的积累无明显促进作用。2mmol/L和4mmol/L SA处理的株干重均高于T1处理，且差异显著，分别增加了63.61%和48.45%，且叶片和茎的干重均显著增加，其中2mmol/L SA处理的株干重缓解效果更为明显，而8mmol/L SA处理的株干重却下降了3.93%，但差异不显著。

0.2%浓度的融雪剂对油松叶片含水率有明显抑制作用，与对照相比下降了22.11%。20mmol/L KNO₃对油松叶片含水率有显著促进作用，比T1处理增加18.04%，而各浓度SA处理对幼苗叶片含水率缓解效应均不显著。

## 5.3 油松叶片中丙二醛含量和细胞膜透性

外源$K^+$和SA对融雪剂胁迫下油松MDA含量和细胞膜透性的影响如图5-1所示。

0.2%融雪剂胁迫使油松幼苗的叶片MDA含量和相对电导率均显著增加与0.2%融雪剂处理相比，10mmol/L和20mmol/L KNO₃处理的MDA含量分别降低了2.8%和21.3%，而40mmol/L KNO₃处理的MDA含量却增加了11.5%。2mmol/L和4mmol/L SA处理的幼苗叶片的MDA含量分别下降了20.6%和16.3%。相对电导率的变化趋势与MDA一致，与0.2%融雪剂处理相比，20mmol/L KNO₃处理的相对电导率降低了8.8%，2mmol/L SA

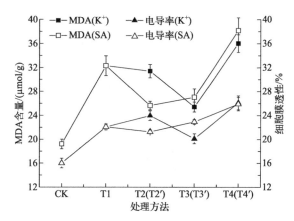

图5-1　外源$K^+$和SA对融雪剂胁迫下油松MDA含量和细胞膜透性的影响

CK—$H_2O$；T1—0.2%融雪剂；T2—0.2%融雪剂+10mmol/L $KNO_3$；T3—0.2%融雪剂+20mmol/L $KNO_3$；
T4—0.2%融雪剂+40mmol/L $KNO_3$；T2′—0.2%融雪剂+2mmol/L SA；T3′—0.2%融雪剂+4mmol/L SA；
T4′—0.2%融雪剂+8mmol/L SA

处理的相对电导率降低了3.7%。结果表明，一定浓度的$KNO_3$和SA具有降低膜脂过氧化作用，减轻膜脂过氧化对植物细胞的伤害，并且以20mmol/L $KNO_3$和2mmol/L SA处理的缓解效果最为明显。

## 5.4　油松叶片中过氧化物酶活性

外源$K^+$和SA对融雪剂胁迫下油松POD活性的影响如图5-2所示。

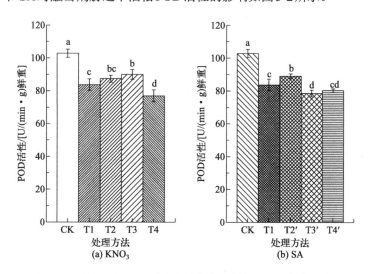

(a) $KNO_3$　　　(b) SA

图5-2　外源$K^+$和SA对融雪剂胁迫下油松POD活性的影响

CK—$H_2O$；T1—0.2%融雪剂；T2—0.2%融雪剂+10mmol/L $KNO_3$；T3—0.2%融雪剂+20mmol/L $KNO_3$；
T4—0.2%融雪剂+40mmol/L $KNO_3$；T2′—0.2%融雪剂+2mmol/L SA；T3′—0.2%融雪剂+4mmol/L SA；
T4′—0.2%融雪剂+8mmol/L SA

0.2%浓度的融雪剂对油松POD活性有明显的抑制作用，10mmol/L、20mmol/L $KNO_3$

和2mmol/L SA处理的幼苗叶片的POD活性分别比T1处理的增加4.4%、7.5%和6.3%，其中20mmol/L KNO$_3$和2mmol/L SA处理的POD活性显著增加，而40mmol/L KNO$_3$和4mmol/L、8mmol/L SA对油松的POD活性有显著的抑制作用（$P<0.05$）。结果表明，一定浓度的钾盐和SA提高了融雪剂胁迫条件下POD酶的活性，不同程度地减轻了油松幼苗的胁迫伤害。

## 5.5 油松叶片中叶绿素含量

外源K$^+$和SA对融雪剂胁迫下油松叶绿素含量的影响如图5-3所示。

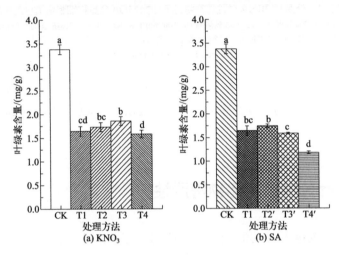

图5-3 外源K$^+$和SA对融雪剂胁迫下油松叶绿素含量的影响

CK—H$_2$O；T1—0.2%融雪剂；T2—0.2%融雪剂+10mmol/L KNO$_3$；T3—0.2%融雪剂+20mmol/L KNO$_3$；
T4—0.2%融雪剂+40mmol/L KNO$_3$；T2′—0.2%融雪剂+2mmol/L SA；T3′—0.2%融雪剂+4mmol/L SA；
T4′—0.2%融雪剂+8mmol/L SA

0.2%浓度的融雪剂处理对油松叶绿素含量有明显的抑制作用。不同浓度的钾盐对融雪剂胁迫条件下叶绿素的含量影响不同，加入10mmol/L KNO$_3$处理的幼苗叶绿素含量有所上升，但是差异不显著（$P>0.05$），20mmol/L KNO$_3$处理显著提高了幼苗的叶绿素含量，40mmol/L KNO$_3$处理反而对幼苗的叶绿素含量有抑制作用。2mmol/L SA处理的幼苗叶片的叶绿素含量略高于T1处理，但缓解效果并不显著（$P>0.05$），而4mmol/L和8mmol/L SA处理的幼苗叶片的叶绿素含量却低于T1处理，表明较高浓度的SA对幼苗叶片叶绿素含量反而产生抑制作用。

## 5.6 油松的光合特性

外源K$^+$和SA对融雪剂胁迫下油松净光合速率（$P_n$）、胞间CO$_2$浓度（$C_i$）和气孔导度（$G_s$）的影响如图5-4所示。

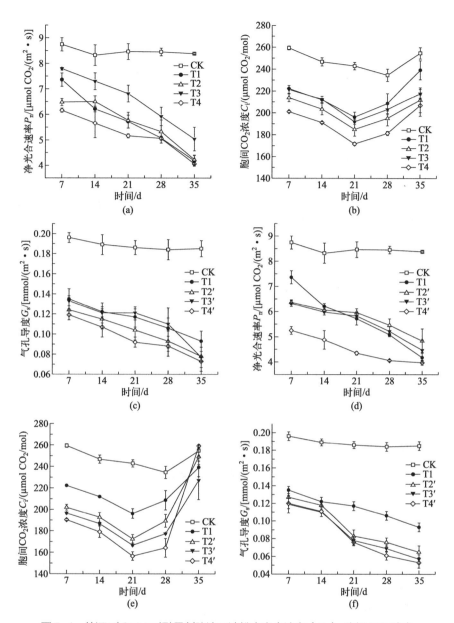

图5-4　外源K$^+$和SA对融雪剂胁迫下油松净光合速率（$P_n$）、胞间$CO_2$浓度（$C_i$）和气孔导度（$G_s$）的影响

CK—H$_2$O；T1—0.2%融雪剂；T2—0.2%融雪剂+10mmol/L KNO$_3$；T3—0.2%融雪剂+20mmol/L KNO$_3$；
T4—0.2%融雪剂+40mmol/L KNO$_3$；T2′—0.2%融雪剂+2mmol/L SA；T3′—0.2%融雪剂+4mmol/L SA；
T4′—0.2%融雪剂+8mmol/L SA

各处理叶片$P_n$与对照相比均显著下降，且随着胁迫时间的延长，胁迫处理的$P_n$值下降程度也逐渐加大。20mmol/L KNO$_3$处理（T3）的$P_n$值在各个处理时间均显著高于0.2%融雪剂处理（T1）（$P<0.05$），在7d、14d、21d、28d、35d分别增加了5.8%、17.6%、19.3%、16.6%和20.6%，表明一定浓度的钾处理对融雪剂胁迫有一定的缓解作用。而10mmol/L KNO$_3$处理（T2）的$P_n$值在各个处理时间与T1相比差异并不显著（$P>0.05$），40mmol/L KNO$_3$（T4）处理的$P_n$值均低于T1处理，且在7d、14d、21d差异显著（$P<0.05$）。

2mmol/L（T2′）和4mmol/L SA处理（T3′）的幼苗叶片的$P_n$值从21d开始高于T1处理但差异并不显著（$P>0.05$），而8mmol/L SA处理（T4′）的幼苗叶片的$P_n$值显著低于T1处理，产生一定的抑制作用。

与对照相比，随着胁迫处理时间的延长，各处理叶片$C_i$值呈现先下降后上升的总趋势。在处理前期（7～21d），各处理的油松的$C_i$显著低于对照，且呈下降趋势，但是随着处理时间的延长，$C_i$开始上升。20mmol/L KNO$_3$处理的叶片$C_i$值与0.2%融雪剂处理相比差异不显著，而10mmol/L和40mmol/L KNO$_3$处理的$C_i$显著低于T1处理；SA各处理叶片$C_i$值均显著低于对照，且呈下降趋势。油松幼苗叶片的$L_s$的变化趋势与$C_i$基本相反，各处理叶片$L_s$值呈现先上升后下降的总趋势，且显著高于对照。各处理对油松幼苗的叶片$G_s$均显著低于对照水平。20mmol/L KNO$_3$处理的叶片$G_s$值与0.2%融雪剂处理（T1）相比差异不显著，而10mmol/L和40mmol/L KNO$_3$处理的$G_s$显著低于T1。与T1处理相比，2mmol/L、4mmol/L和8mmol/L SA处理的幼苗叶片的$G_s$值较低，且随着处理时间的延长，下降幅度也不断下降。

综上所述，由于融雪剂对植物生长的抑制机理复杂，融雪剂的组分及其不同比例、植物品种、植物不同器官及其不同发育阶段、融雪剂作用时间的长短等因素可以对植物生长产生不同胁迫作用。本研究结果表明，一定浓度的外源K$^+$和SA在明显增加油松幼苗生物量积累的同时，幼苗相对含水量提高，叶片中因POD活性增强致使膜脂过氧化水平（MDA的积累）和质膜透性（相对电导率）降低，同时叶绿素含量的提高也促进了光合作用的进行。可见，外源K$^+$和SA的缓解效应和上述生理生化指标的变化密切相关，表明二者很有可能通过影响幼苗上述生理生化变化从而缓解融雪剂对油松的生长抑制。

### （1）使用外源K$^+$可有效缓解融雪剂对植物的胁迫效应

植物的水分状况与植物生长直接相关，外源K$^+$添加能够通过维持液泡和胞质内K$^+$的浓度，提高其渗透调节能力，缓解Na$^+$对植物的渗透胁迫。Erdei和Kuiper的研究表明盐逆境下介质K$^+$的提高能提高植株生长30%以上。本研究中，加入20mmol/L KNO$_3$可使油松幼苗生物量增加24.9%，叶片含水率增加18.0%，说明该浓度钾盐能够明显提高叶片的含水量，减轻了盐分胁迫导致的水分亏缺和由此带来的次生伤害，从而缓解了融雪剂对油松幼苗的生长抑制。

K$^+$作用效果的大小与外源K$^+$浓度密切相关。Neid和Biesboer的研究显示，低浓度的KNO$_3$可以有效缓解草坪草由于盐害造成的低发芽率，而高浓度的KNO$_3$对草坪草的萌发抑制作用显著。本研究中40mmol/L KNO$_3$导致盐害的进一步加剧，这与晏斌和戴秋杰的研究结果也一致，其原因可能与K$^+$浓度过高形成的渗透胁迫有关。2mmol/L SA处理油松幼苗生物量积累增加63.6%，但各浓度的SA对油松叶片含水率的影响均不显著，分析其原因可能为本研究中SA的各个浓度对油松幼苗渗透调节作用或根系吸收水分和向上运输的效率并不明显，其干物质量的积累仍取决于矿质营养的吸收和运输以及光合作用等其他生理过程。

MDA含量变化与相对电导率高低密切相关，表明融雪剂胁迫下膜脂过氧化加剧是质膜完整性丧失的重要原因。在0.2%融雪剂处理下，油松幼苗叶片MDA含量和相对电导率均显著增加，20mmol/L KNO$_3$处理使MDA含量降低21.3%，相对电导率降低8.8%。同时，20mmol/L KNO$_3$处理的油松叶片中POD活性分别比0.20%融雪剂处理的增加7.5%，表明该浓度的外源K$^+$供应能够诱导POD活性的增加，增强了油松植株的活性氧清除能力。

20mmol/L KNO$_3$可在一定程度上提高植物幼苗的净光合速率和叶绿素含量，但对叶片$C_i$和$G_s$的缓解作用不显著。

### （2）适宜浓度的外源水杨酸能够有效缓解融雪剂对植物的胁迫效应

2mmol/L SA处理的MDA含量下降20.6%，相对电导率降低3.7%。2mmol/L SA处理的POD活性分别比0.20%融雪剂处理的增加6.3%，这表明该浓度的外源SA供应能够诱导POD活性的增加，增强了植株的活性氧清除能力，有效缓解了膜脂过氧化作用，降低了MDA含量，从而维持了细胞膜的稳定性，这一结论与佘小平等对黄瓜幼苗的相关研究一致。

融雪剂胁迫可通过抑制为植物提供物质的光合作用进而影响植物的生长。本研究中0.2%融雪剂处理叶片$P_n$、$C_i$和$G_s$与对照相比均显著下降，且随胁迫时间的延长，幼苗叶片$P_n$值下降程度也逐渐加大。2mmol/L SA在一定程度上能够提高植物幼苗的净光合速率和叶绿素含量，但对叶片$C_i$和$G_s$的缓解作用不显著。对油松光合速率的促进作用可能与叶绿素含量提高有关，可能通过有效避免有害离子进入叶片光合组织，增强类囊体膜的稳定性，促进幼苗叶片光合色素的合成或阻止其氧化降解，以维持光合机构较高的光合活性，减缓光合速率的下降。Noreen和Ashraf对向日葵的研究，以及王魏对菠菜的研究中也有类似报道。

此外，20mmol/L KNO$_3$对油松净光合速率的缓解作用优于2mmol/L SA，可能与外源K$^+$调节气孔开、关过程中的重要作用有关，这与20mmol/L KNO$_3$处理下$G_s$升高的实验结果相一致。

总之，融雪剂处理对油松生长具有明显的抑制作用，外源添加20mmol/L KNO$_3$和2mmol/L SA能有效缓解0.2%浓度的融雪剂对油松幼苗生长的抑制，分别增加生物量24.9%和63.6%。同时，该浓度的KNO$_3$和SA能明显诱导过氧化物酶POD活性的增强，缓解膜脂过氧化作用，降低MDA在叶片中的积累，维持细胞膜的稳定性，进而改善细胞的代谢功能。虽然两种缓释剂20mmol/L KNO$_3$和2mmol/L SA对油松幼苗叶片胞间CO$_2$浓度$C_i$和气孔导度$G_s$的缓解作用并不显著，但其可通过提高叶绿素含量促进光合作用的进行，缓解融雪剂胁迫对油松幼苗生长的抑制。可见，20mmol/L KNO$_3$和2mmol/L SA处理能有效缓解融雪剂对油松幼苗的伤害。

本研究在盆栽模拟条件下进行，研究结果为进一步探索开发行道树盐害缓释剂和同类地区城市化学融雪剂的污染防治提供科学依据。当城市行道树受融雪剂危害或在滨海盐土进行植物绿化时，可以考虑采用外源添加适宜浓度的K$^+$和SA处理，但缓释剂的配比、成本以及具体的施用方式等还需进一步研究。

# 第6章

# 融雪剂对城市土壤中微生物代谢和氮素转化的影响

土壤微生物是维持土壤结构、土壤质量和肥力的重要因素，其活性直接影响土壤有机质的分解和土壤碳氮转化过程。与土壤理化性质不同，土壤生物化学性质能够灵敏反应土壤质量的变化，土壤的微生物量、土壤基础呼吸作用及土壤酶活性等指标反映了土壤的生物化学性质，是环境因素微弱变化的敏感指标。土壤微生物活性很大程度上可以代表土壤代谢的旺盛程度。因此，常用微生物活性和其他一些与土壤微生物种群相关的参数被普遍认为是评价土壤质量和健康的重要指标，作为表征土壤环境质量或受环境胁迫程度的预警指标。

土壤微生物学活性与土壤的生物化学特性关系极为密切。土壤微生物与生物酶促反应是调控土壤新陈代谢的重要驱动力。土壤中碳、氮、硫、磷等各种元素的生物循环都离不开微生物和酶的共同作用，二者共同作用推动着土壤中物质的转化。如脲酶与土壤氮肥水解关系密切，其活性高低可有效反映环境胁迫对土壤氮素的影响程度。

土壤微生物参与了土壤氮循环的各个过程，土壤微生物既是促进土壤氮素在各种形态间相互转化的动力，又能够储备、补给和中转土壤氮素。因此土壤微生物既能够反映土壤的供氮能力，也是影响土壤氮素平衡的关键因素之一。在微生物的作用下，土壤的氨化和硝化作用是调控土壤中氮素养分有效化的重要过程，其作用强度可以指示土壤供氮能力。

目前，国内外关于融雪剂对土壤环境影响的研究主要集中在对土壤理化性质方面，而对土壤生物化学性质及氮转化影响研究较少。研究表明，对NaCl胁迫敏感的土壤微生物产生抑制作用的NaCl浓度为90mg/L，而土壤硝化作用在土壤$Na^+$浓度为100mg/kg和$Cl^-$浓度为150mg/kg时显著下降。

本研究以我国东北地区沈阳市主要土壤类型棕壤为研究对象，通过施加不同浓度融雪剂进行室内模拟试验，确定融雪剂单一影响因素下对土壤微生物量、土壤呼吸作用、土壤酶活性和土壤中氮转化作用的影响过程。

## 6.1　试验设计与方法

供试土壤样品采自辽宁省沈阳市郊区无污染、远离道路交通的农用玉米地（41°27′25.3″N, 123°23′43.1″E），土壤类型为多年玉米连作的典型耕地棕壤，采样深度为 0～20cm。

土壤基本性质如表6-1所列。使用的融雪剂材料同本书第3章。

表6-1　土壤基本性质

| 水溶性离子含量/(mg/kg) | | | | | | pH值 | 含水量/% | 有机碳/(g/kg) |
| --- | --- | --- | --- | --- | --- | --- | --- | --- |
| Na$^+$ | K$^+$ | Ca$^{2+}$ | Mg$^{2+}$ | Cl$^-$ | SO$_4^{2-}$ | | | |
| 132.81 | 18.28 | 62.34 | 20.45 | 15.11 | 457.26 | 6.88 | 19.16 | 28.9 |

### 6.1.1　试验设计

取过4mm筛后的土壤300g，施加融雪剂浓度梯度分别为0.1%、0.2%、0.3%、0.4%、0.5%和0.6%（融雪剂处理浓度均以干土计算，每个浓度设置3个重复），并设置对照组。土壤搅拌均匀后置入1000mL的塑料瓶中，放入2个装有NaOH溶液和水的烧杯以去除呼吸产生的CO$_2$，保持土壤田间持水量为21.13%，密封保存。25℃培养14d后测定土壤微生物量碳、微生物量氮、土壤呼吸、土壤脲酶和过氧化氢酶活性。

矿化作用：取过筛后的新鲜土壤10g，然后向土壤中添加0.2%蛋白胨，向其中各个样本施加化学融雪剂浓度处理和操作如上，搅拌均匀后置入50mL的塑料瓶中。混合均匀后，保持土壤田间持水量为21.13%，密封保存，在温度条件为25℃的培养箱中进行恒温培养，分别于0d、3d、6d、15d、21d、28d取出每个浓度梯度的3瓶土样对其进行分析，分别测定其中的铵态氮和硝态氮含量。硝化作用：向土壤中加入25mg/100g干土量的硫酸铵，测定样品中硝态氮含量，其余操作同矿化作用。

### 6.1.2　分析测定方法

土壤微生物量碳、氮的测定：土壤浸提液采用氯仿熏蒸-硫酸钾浸提法制备。

**（1）微生物量碳测定**

改进的重铬酸钾滴定法：吸取土壤提取液20mL于150mL三角瓶中，加入10mL重铬酸钾（0.018mol/L）与硫酸（12mol/L）混合液，再加入3～4粒经浓盐酸浸泡过夜后洗涤烘干的玻璃珠，盖上瓶塞，尽快摇匀，趁热放入已恒温烘箱（225℃），烘箱恒温后开始计时，10min后取出，冷却后，加水至60～70mL，加入1滴邻啡啰啉指示剂，用0.05mol/L硫酸亚铁溶液滴定，溶液颜色由橙色变为蓝绿色，再变为棕红色即为滴定终点。计算公式：

$$有机碳 =[12\times10^3\times(V_0-V)\times MF]/W \qquad (6\text{-}1)$$

式中　$M$——FeSO$_4$标准溶液浓度，mol/L；

　$V_0$，$V$——空白和样品消耗的FeSO$_4$溶液体积，mL；

　　$F$——稀释倍数；

　　$W$——烘干土样质量，g；

　　12——碳原子的摩尔质量，g/mol；

　　$10^3$——换算系数。

土壤微生物生物量碳（$B_c$）计算公式：

$$B_c=E_c/k_c \qquad (6\text{-}2)$$

式中　$E_c$——熏蒸和未熏蒸土壤的差值；

　　$k_c$——转换系数，取值0.38。

### （2）微生物量氮测定

茚三酮比色法：吸取2mL样品提取液和标准工作液，分别置于10mL的塑料离心管中，加入2mL茚三酮显色剂，搅拌充分混匀，置于试管架上，在沸水中水浴15min，迅速冷却（冰浴约2min），加入5mL稀释液（50%乙醇水溶液），摇匀于570nm下比色。

土壤微生物生物量氮（$B_N$）计算公式：

$$B_N=mE_N \qquad (6\text{-}3)$$

式中　$E_N$——熏蒸和未熏蒸土壤的差值；

　　$m$——转换系数，取值5.0。

### （3）土壤基础呼吸的测定

土壤呼吸测定前将土壤置于密闭塑料桶中，并放入2个装有NaOH溶液和水的烧杯以去除呼吸产生的CO$_2$，并保持土壤湿润。室温下活化7d后利用Li-6400光合仪对土壤呼吸进行测定。Li-6400仪器设置：depth=5，delta=5，target=250，area=80，每份土样读10次。土壤微生物代谢熵的计算：土壤基础呼吸与微生物量碳含量的比值。

### （4）土壤脲酶活性的测定

脲酶测定：采用苯酚-次氯酸钠比色法。将土壤与尿素在37℃培养24h后，测定氨氮含量，以24h后100g土壤中氨氮的质量（mg）表示脲酶活性。过氧化氢酶测定：以30min后1g土壤中0.1mol/L高锰酸钾的体积（mL）表示。

### （5）土壤铵态氮和硝态氮的测定

土壤铵态氮测定：采用KCl浸提-靛酚蓝比色法。向2mol/L KCl土壤浸出液中加入苯酚溶液和次氯酸钠碱性溶液，室温内放置1h后，加入掩蔽剂溶解沉淀物，定容后于625nm波长处比色，测定吸光度。土壤硝态氮测定：采用双波长分光光度法。取CaSO$_4$土壤浸提液至比色管中，定容后于203nm和230nm波长处测定吸光度。

## 6.2　土壤微生物量

　　土壤微生物量是土壤有机质中最为活跃的重要组分，可直接用于反映土壤生物活性关系的大小。土壤微生物量碳（microbial biomass carbon，MBC）和微生物量氮（microbial biomass nitrogen，MBN）是整个微生物生物量的重要的组成部分，也是土壤有机物分解和氮转化的动力，与土壤中的C、N、P、S等养分循环密切相关。

　　融雪剂对土壤微生物量碳和微生物量氮的影响如图6-1所示。

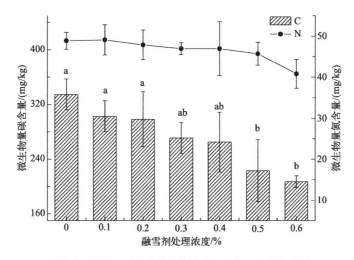

图6-1　融雪剂对土壤微生物量碳和微生物量氮的影响
字母a和b表示处理间差异显著（$P<0.05$），下同

　　随融雪剂处理浓度的增加，土壤微生物量碳呈现逐渐降低的趋势，0.1%～0.6%融雪剂浓度处理比对照处理分别下降了9.52%、10.83%、19.05%、20.82%、33.33%和38.10%，融雪剂处理浓度<0.4%时，微生物量碳含量与对照相比无显著性差异；当处理浓度>0.5%时，微生物量碳含量显著下降（$P<0.05$）。

　　与微生物量碳含量相比，微生物量氮含量也随融雪剂处理浓度的增加而降低，0.2%～0.6%融雪剂浓度处理比对照处理分别下降了2.03%、3.90%、3.97%、8.50%和16.51%，仅当融雪剂处理浓度达到0.6%时微生物N含量的降低与对照相比达到显著水平，结果表明，不同浓度融雪剂处理对土壤微生物量碳的影响大于土壤微生物量氮。

　　融雪剂与土壤微生物量C/N的相关关系如图6-2所示。

　　土壤中微生物量C/N比与融雪剂处理浓度的相关性分析表明，土壤中微生物量C/N比和融雪剂处理浓度之间呈现极显著的负相关性（$r=0.963$，$P<0.01$）。

## 6.3　土壤微生物基础呼吸和代谢熵

　　土壤基础呼吸作用是生态系统对环境胁迫的响应指标之一，土壤呼吸速率的变化是

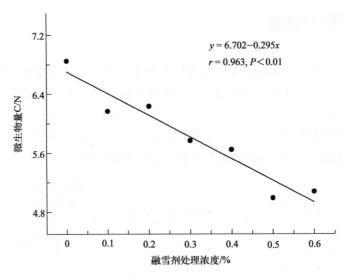

图6-2 融雪剂与土壤微生物量C/N的相关关系

反映生态系统对环境胁迫的敏感程度和对胁迫耐受能力的一个依据。代谢熵是指示环境因素对微生物群落的胁迫作用的敏感指标。

融雪剂对土壤基础呼吸作用的影响如图6-3所示。

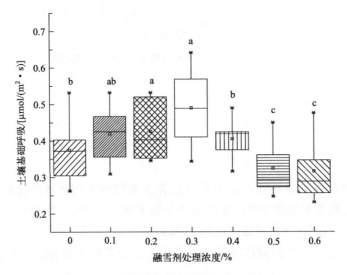

图6-3 融雪剂对土壤基础呼吸作用的影响

随着融雪剂处理浓度的增加，土壤基础呼吸作用出现呈现先增加后降低的趋势，当融雪剂处理浓度小于0.3%时，土壤基础呼吸作用随融雪剂处理浓度的增加而上升，0.2%和0.3%浓度融雪剂处理下，土壤基础呼吸作用与对照相比增加达到显著水平（$P<0.05$），大于0.4%浓度融雪剂处理土壤基础呼吸值开始下降，0.5%和0.6%浓度融雪剂处理的土壤基础呼吸作用与对照相比显著下降（$P<0.05$）。

融雪剂与土壤微生物代谢熵的相关关系如图6-4所示。

代谢熵随融雪剂处理浓度的增加而增大，代谢熵与融雪剂处理浓度的相关性分析表明，代谢熵和融雪剂处理浓度之间具有极显著的相关性（$r=0.963$，$P<0.01$）。

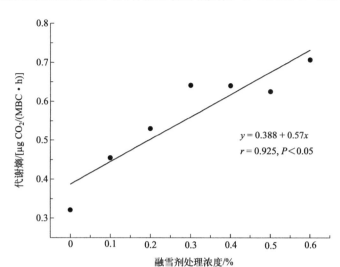

图6-4 融雪剂与土壤微生物代谢熵的相关关系

## 6.4 土壤脲酶活性

土壤脲酶可反映土壤氮素代谢情况。如图6-5所示，脲酶活性随着融雪剂浓度的增加显著降低，0.2%～0.6%融雪剂浓度处理比对照处理分别下降了9.40%、21.61%、24.77%、34.21%和45.51%。当融雪剂处理浓度大于0.5%时，土壤中脲酶活性与对照组相比差异显著（$P<0.05$）。然而随融雪剂处理浓度的增加，土壤过氧化氢酶活性的变化并不显著，其呈现先增加后降低的趋势，仅在融雪剂处理浓度为0.6%时，土壤过氧化氢酶活性与对照组相比显著下降（$P<0.05$）。

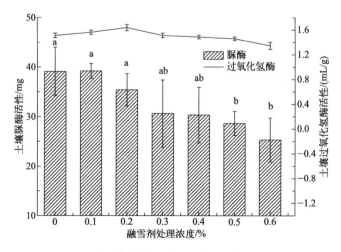

图6-5 融雪剂对土壤脲酶和过氧化氢酶活性的影响

图6-6中的相关性分析表明，微生物量碳与脲酶活性显著相关。

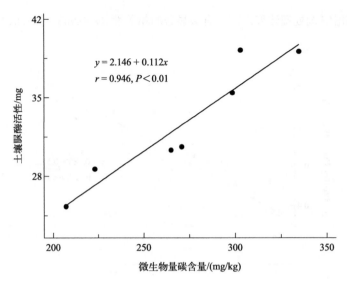

图6-6　土壤微生物量碳与土壤脲酶活性的相关关系

## 6.5　融雪剂对土壤矿化作用的影响

图6-7反映了不同融雪剂浓度下，土壤矿化作用累积量（$NH_4^+ + NO_3^-$）随时间的变化情况。

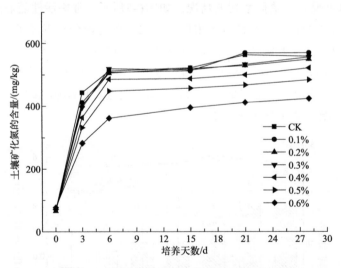

图6-7　融雪剂对土壤矿化作用累积量的影响

如图6-7所示，在培养0～6d内，各处理中蛋白胨迅速转化为矿化氮，6d后矿化趋势减缓。当融雪剂浓度小于0.4%时，土壤矿化氮量与对照无明显差异，当浓度为融雪剂含量为0.5%和0.6%时，土壤中矿化氮含量明显低于对照组，以第28天为例，0.5%和0.6%处理中的矿化氮含量分别是对照组的86.59%和74.35%，土壤矿化量随着融雪剂浓度的增加而不断降低，说明高浓度融雪剂对土壤氮矿化有明显的抑制作用，且融雪剂含量越高，抑制作用越明显。

## 6.6　融雪剂对土壤硝化作用的影响

图6-8反映了不同融雪剂处理浓度下，土壤硝态氮含量随培养时间的变化情况。

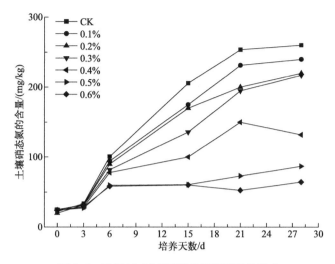

图6-8　融雪剂对土壤硝化作用累积量的影响

如图6-8所示，随培养时间的延长，土壤中的硝态氮含量呈现明显上升的趋势。随融雪剂处理浓度的增加，土壤硝态氮含量显著下降，尤其是0.5%～0.6%浓度融雪剂处理下，土壤的硝化作用的抑制作用显著。以第28天为例，0.1%～0.6%融雪剂浓度处理比对照处理分别下降了7.80%、15.44%、16.66%、49.26%、66.61%和75.19%，当融雪剂浓度>0.5%时对硝化作用的抑制与对照相比达到显著水平（$P<0.05$）。因此，高浓度融雪剂对土壤中的硝氮转化的抑制作用更为明显。

图6-9和图6-10的相关性分析表明，微生物量与累积矿化量和累积硝化量具有显著正相关关系（$P<0.05$）。

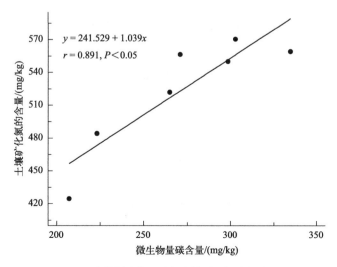

图6-9　土壤微生物量碳与土壤矿化氮的相关关系

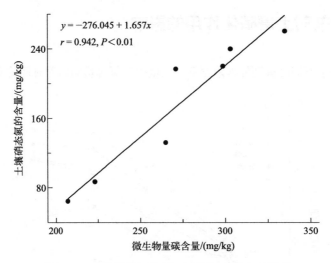

图6-10　土壤微生物量碳与土壤硝态氮的相关关系

综上所述，融雪剂对土壤微生物代谢、微生物量、酶活性和氮素转化具有显著的不良影响。

**（1）融雪剂胁迫显著降低土壤微生物量**

研究表明，随融雪剂处理浓度的增加，土壤微生物量碳（C）和微生物量氮（N）含量下降，当处理浓度分别达到0.5%和0.6%时，微生物量C含量和微生物N含量与对照相比显著下降（$P<0.05$）。结果表明，高浓度融雪剂对土壤微生物的活性抑制作用显著。这与陆海玲棉田土壤微生物碳氮的研究结论一致。

土壤微生物量C/N值是土壤群落组成的可靠反映，微生物群落结构一定程度上反映了土壤的肥力水平。土壤微生物量C/N值越低表明土壤微生物群落中细菌群落越占优势，而真菌对有机残体的分解比细菌更有效，对土壤中氮含量的增加有促进作用。土壤中微生物量C/N值与融雪剂处理浓度的相关性分析中，土壤中微生物量C/N值和融雪剂处理浓度之间呈现极显著的负相关性（$r=0.963$，$P<0.01$），研究结果表明随融雪剂浓度的增加，微生物群落中真菌数量显著减少，细菌成为优势群落。在牛世全等和元炳成的研究中都得到了相一致的结论。

**（2）融雪剂胁迫显著影响土壤微生物呼吸强度**

环境胁迫作用下，微生物在单位时间内呼吸产生的$CO_2$升高，代谢熵值越高，说明微生物群落受到的环境胁迫越大。代谢熵与融雪剂处理浓度的相关性分析中，代谢熵和融雪剂处理浓度之间具有极显著的相关性（$r=0.963$，$P<0.01$），结果表明随融雪剂处理浓度的增加，其对土壤微生物的胁迫作用越大。

研究表明，随融雪剂处理浓度的增加，土壤基础呼吸速率呈现先上升后下降的趋势，当融雪剂处理浓度<0.3%时，土壤基础呼吸作用随融雪剂处理浓度的增加而上升，说明低浓度融雪剂胁迫下，微生物为了维持生存需要消耗更高的能量，表现在微生物呼吸产生的$CO_2$增加。而当融雪剂处理浓度>0.4%时，土壤基础呼吸作用开始下降，0.5%和0.6%浓度融雪剂处理的土壤基础呼吸作用与对照相比差异显著，其原因可能由于高浓度融雪剂处理导致土壤微生物量显著降低。捷克学者 Černohlávková 等关于融雪剂对路旁森林土壤质量的影响研究得到了相似的结论。

### （3）融雪剂胁迫显著降低土壤酶的活性

土壤酶系统是氮循环过程的重要催化动力，本研究结果表明随融雪剂处理浓度的增加导致土壤的脲酶和过氧化氢酶活性不同程度下降，其中对脲酶抑制程度更为明显，时唯伟等关于土壤的次生盐渍化的研究中也得到了相似的结论。脲酶水解尿素转化成氨，与土壤中的氮循环密切相关。土壤酶主要来源于土壤微生物和植物残体，分析土壤脲酶活性的降低原因可能是由于高浓度融雪剂对微生物活性的抑制以及微生物的数量的减少，进而抑制土壤的氮转化过程。

### （4）融雪剂胁迫显著抑制土壤矿化和硝化作用

随融雪剂处理浓度的增加和培养时间的延长，土壤的矿化作用和硝化作用均受到不同程度的抑制，融雪剂处理浓度高于 0.5% 时，融雪剂对土壤的矿化作用和硝化作用的抑制与对照相比达到显著水平。李建兵和黄冠华的研究认为矿化作用初期，适当的盐分有利于促进土壤矿化作用，盐分较高（NaCl>15.92g/kg）时，对土壤矿化作用具有明显的抑制作用，随培养时间的延长，NaCl 浓度越大土壤硝化作用越弱。Green 等田间试验的结果表明，土壤中的高钠离子导致土壤中铵态氮含量的降低。徐万里等的结果也表明，随土壤盐化程度的增加，对土壤硝化过程的抑制作用越明显。融雪剂对矿化过程和硝化过程的抑制作用可能与高浓度的钠离子和土壤 pH 值的升高抑制土壤中氨化细菌和硝化细菌的活性有关，从而导致矿化速率和硝化速率的降低。

总之，通过融雪剂胁迫条件下的室内培养试验，分析不同浓度融雪剂对土壤微生物量碳、微生物量氮、土壤呼吸、土壤脲酶和过氧化氢酶活性的影响，进而探究其对土壤矿化作用和硝化作用的影响。研究结果表明，随融雪剂处理浓度的增加，土壤微生物量碳、微生物量氮、土壤呼吸、土壤脲酶和过氧化氢酶活性、土壤矿化作用和硝化作用均受到不同程度的抑制，当融雪剂处理浓度 >0.5% 时，土壤微生物量碳、土壤呼吸、土壤脲酶活性、土壤矿化作用和硝化作用的抑制程度与对照相比差异显著。微生物量碳与土壤酶、累积矿化量、累积硝化量的显著相关关系表明，融雪剂对土壤微生物量、微生物活性和群落结构变化的影响可能是导致融雪剂抑制土壤的氮转化过程的重要因素。

## 第7章

# 融雪剂对土壤重金属迁移的影响

土壤环境中重金属的分布、迁移、转化、归趋和环境效应一直是国内外环境领域研究的热点。研究重金属污染物在土壤中垂向迁移转化规律，一般多采用室内土柱淋溶试验、灰箱试验和野外大田试验进行实测模拟分析，或者利用数据库建立数学模型进行数值模拟分析。室内实测模拟试验数据能够在一定程度上反映实际条件下发生的迁移规律，其中土柱的淋溶实验被广泛运用于重金属在土壤中迁移转化规律的研究。污染场地的环境风险评估也通常以重金属的淋溶试验结果为基础。

淋溶作用是指污染物随渗透水沿土壤垂直剖面向下的运动，是污染物在水-土壤颗粒之间吸附-解吸或分配的一种综合行为。淋溶的发生主要是由溶解于土壤间隙水中的污染物随土壤间隙水的垂直运动而不断向下渗滤。土壤淋溶层是指污染物质由于淋溶作用而下移所经过的土层，也可称过滤层，是土壤中生物最活跃的一层，有机质大部分在这一层，金属离子和黏土颗粒在此层被淋溶的最显著。

目前，融雪剂所引发的土壤中重金属的迁移和转化问题，其实质是融雪剂中的阴阳离子进入土壤溶液后，土壤对重金属原有的吸附/解吸平衡被破坏，从而导致了重金属被活化解吸，表现为土壤溶液中重金属的浓度、形态转化、垂直迁移和毒性发生改变。Norrström 对使用融雪剂后高速公路旁土壤的室内模拟淋溶实验结果表明，与对照相比，NaCl 作用下土壤淋出液中 Pb、Cd 和 Zn 含量增大。详见本书 1.3.3 部分。可见，盐淋溶的作用下土壤中的重金属可能进入地下水，导致地下水的重金属污染。

鉴于融雪剂对土壤中重金属淋溶迁移的重要性，本研究在调查沈阳市绿化土壤重金属和融雪剂积累污染的基础上，通过土柱淋溶试验探究混合型融雪剂对土壤重金属和有机质迁移规律的影响，旨在为城市土壤和地下水污染的防治提供理论依据。

## 7.1 城市土壤重金属的污染特征与淋溶风险

### 7.1.1 试验设计与方法

为更加真实地开展融雪剂对城市土壤中重金属迁移评估分析，本研究根据重金属在城市绿化土壤中的积累情况，选择城市中重金属污染最重的土壤为淋溶试验对象，采用土柱淋溶试验定量评估融雪剂作用下污染土壤中重金属的迁移转化。

本研究采用土壤样品为第2章采集的15号采样点土壤，采用湿法消化（$HNO_3$-HF-$HClO_4$）土壤样品后测定重金属Cd、Pb、Cu和Zn元素的含量。供试土壤样品中重金属Cd、Pb、Cu和Zn的含量分别为7.6mg/kg、80.3mg/kg、166.6mg/kg和239.2mg/kg。土壤理化性质为：0～20cm土壤粒径分布为砂粒46%、粉粒39%和黏粒15%。1∶5浸提土壤测定pH值为6.5，电导率110.36μS/cm，有机质17.6g/kg，阳离子交换量16.71cmol/kg。

采集的新鲜土壤样品混匀后过4mm塑料土壤筛，4℃恒温冷藏，以备填充土柱。试验所用融雪剂为沈阳市环境卫生工程设计研究院提供的1#融雪剂，该融雪剂的基本性状详见本书第3章相关内容。

**（1）淋溶土柱设计**

土壤淋溶装置如图7-1所示。

将采集的0～20cm新鲜供试土壤装入4根土柱（材质为PVC）中，分别标注为Column 1、Column 2、Column 3和Column 4（以下简称C1、C2、C3和C4）。

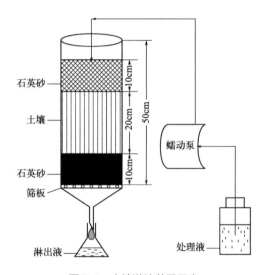

图7-1　土壤淋溶装置示意

土柱高50cm，内径10cm。土柱内底层筛板上铺设一层脱脂纱布，再铺设10cm石英砂，后装入20cm供试土壤，土壤上面再铺设一层脱脂纱布和10cm石英砂，以便对淋溶液起到布散均匀和缓冲的作用，以免淋溶时扰乱土层。此外，底层石英砂对土壤颗粒有截留作用，防止其进入淋出液中。

土壤装柱后，将试验土柱置于支架上，土柱的上方设加水装置，下方用塑料瓶收集淋滤液。在淋溶试验开始前，先以去离子水淋洗至土壤达到田间持水量，持续1周以稳定土柱和减少土柱间的差异，淋出液不计入测定范围。

**（2）融雪剂淋溶试验方案**

① 淋洗液量。Wahlström的研究表明如果污染介质的淋洗量是有限的，推荐固液比

（L/S）为2，表示提供的为短期研究的数据。因此本试验设定总固液比为2（4000mL处理液/2kg干土重），20cm供试土壤干土重为2kg，总淋洗量为4000mL，用以评估融雪剂对土壤中重金属迁移的短期影响。

在Wahlström关于淋溶试验参数的优化选择研究中，淋溶速率的推荐值为每天0.03～0.1L/s。本研究选择每天的融雪剂的淋溶速率为0.1L/s，即每天淋洗量为200mL。

② 淋洗液浓度。试验柱C1和C2淋洗7.5g/L融雪剂处理液。融雪剂处理液的浓度以2010年沈阳市道路融雪剂施用量190g/m²、设计土柱表面积和试验设计的总固液比计算确定。

③ 淋溶速率。为了使处理液和土壤介质达到吸附和解吸的平衡或近平衡状态，在淋溶试验中淋溶的速度至关重要。本试验采用蠕动泵（HUXI, Model BT–100–8）进行淋洗液的淋溶试验，泵速设定0.4r/min（约0.14mL/min），每天运行24h。

④ 淋溶次数。为了更加真实地模拟沈阳市道路残雪中融雪剂进入城市路域土壤后降雨冲刷的整个过程，融雪剂淋洗液每次（每天）淋洗量为200mL，共淋洗5次；每天淋洗200mL去离子水，共淋洗5次；后重复整个过程，直到总固液比达到2。

以两根土柱C3和C4作为对照柱，在试验的整个过程中均淋洗去离子水，并保持与实验柱C1和C2的试验操作一致。淋出液置于密闭容器中，用7mol/L HNO₃酸化至pH<2，放置于冰箱4℃保存待测。

**（3）分析测试**

可溶性物质一般指能通过0.45μm滤膜的组分。为了进一步研究重金属的迁移机制，区分不同迁移载体（土壤可溶性物质或颗粒性物质）的作用，本研究将淋出液分为两部分进行测定，其中一部分通过0.45μm滤膜，另一部分不过滤膜直接测定各指标。

淋出液测定pH值、电导率（EC）、总有机碳（TOC）、重金属Cd、Pb、Cu、Zn和Fe含量。淋出液不过滤即测定pH值和EC。TOC和重金属的含量测定可溶性和颗粒性两部分。

采用总有机碳分析仪（elementar liquid-TOC analyzer）测定淋出液TOC，采用Spectr-AA220（Varian）石墨炉原子吸收光谱法测定Cd、Pb、Cu、Zn和Fe含量，Cl⁻的含量采用离子色谱法（ICS-90, Dionex）进行测定，具体条件为戴安阴离子交换柱，洗脱液为Na₂CO₃/NaHCO₃混合液。

## 7.1.2 路域土壤中重金属的空间分布

41个采样点中，城市路域土壤中重金属Cd、Pb、Cu和Zn的含量如图7-2所示。

① 土壤Cd全量的平均含量为3.0mg/kg（1.2～7.6mg/kg）是北陵对照土壤（1.6mg/kg，n=6）Cd全量的1.9倍，是沈阳城市土壤背景值（0.16mg/kg）的20倍。

② 土壤Pb全量的平均含量为49.2mg/kg（28.7～101.6mg/kg）是北陵对照土壤（27.8mg/kg，n=6）和沈阳城市土壤背景值（22.2mg/kg）Pb全量的近2倍。

③ 土壤Cu全量的平均含量为72.0mg/kg（25.9～166.6mg/kg）是北陵对照土壤（61.1mg/kg，n=6）Cu全量的1.2倍，是沈阳城市土壤背景值（24.57mg/kg）的2.9倍。

④ 土壤Zn全量的平均含量为167.4mg/kg（140.9～239.2mg/kg）是北陵对照土壤

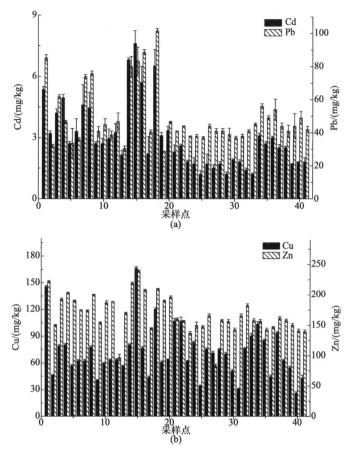

图7-2 城市路域土壤中重金属Cd、Pb、Cu和Zn的含量

（49.4mg/kg，$n$=6）Zn全量的近3.4倍，是沈阳城市土壤背景值（59.04mg/kg）的2.8倍。

在41个土壤采样点中，第15号采样点的土壤中Cd、Pb、Cu和Zn的含量分别为7.6mg/kg、80.3mg/kg、166.6mg/kg和239.2mg/kg，重金属含量高，为实现融雪剂对土壤中重金属迁移的最大风险评估，本研究选择第15号采样点的土壤为供试土样。

### 7.1.3 城市土壤淋溶液的基本理化性质

在试验的整个淋溶过程中，淋溶液pH值的变化范围为6.79～7.98。试验柱（C1和C2）淋溶液中的电导率EC的平均值为5.46mS/cm（$n$=20，0.74～10.18mS/cm），远高于于对照柱（C3和C4）淋溶液中的电导率EC的平均值为0.54mS/cm（$n$=20，0.21～2.74mS/cm）。

对照柱（C3和C4）中土壤对Fe和TOC释放量均很低，且随着去离子水淋洗量的增大，Fe和TOC的释放量没有显著的变化。而对于淋溶融雪剂的试验柱（C1和C2），土壤对Fe和TOC释放量明显增大。其中在融雪剂淋溶初期，TOC浓度呈现一个峰值，分析其原因可能是在土柱填充过程中对新鲜土壤环境的扰动造成土壤中微生物活动的增强。

分别对20个过0.45μm滤膜和不过滤膜的两部分淋出液中Fe和TOC含量测定分析，结果表明，过0.45μm滤膜后，淋出液中Fe含量降低34.76%和TOC含量降低19.69%（$n$=20）。

### 7.1.4 土壤中铅的淋溶特征

研究结果表明，从土壤对重金属铅（Pb）的淋溶释放动态变化情况看（图7-3、图7-4），融雪剂作用下试验柱（C1和C2）土壤对Pb的释放量明显高于对照柱（C3和C4）。

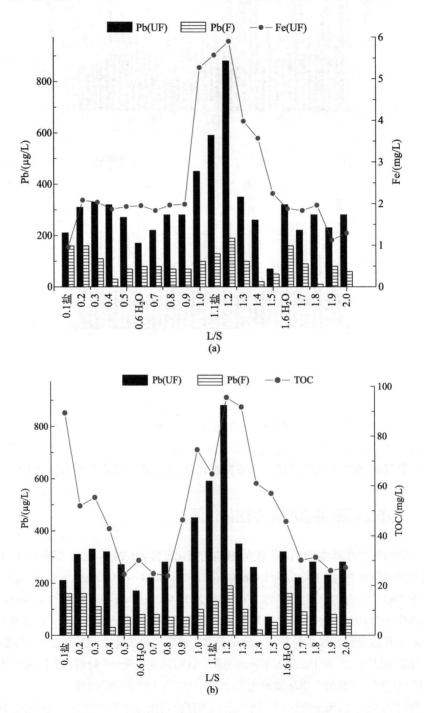

图7-3 试验柱C1和C2中Pb、Fe和TOC的淋溶特征

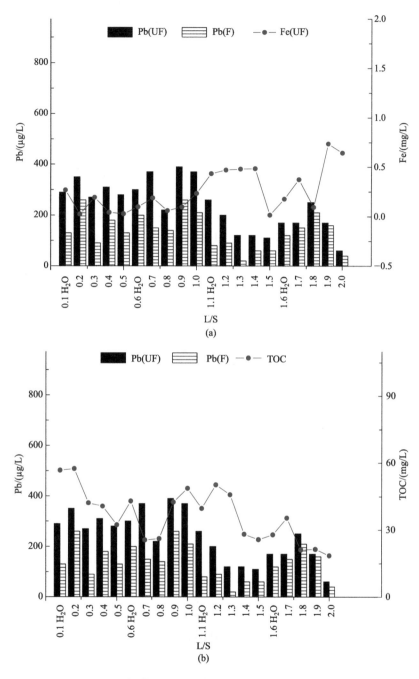

**图7-4　对照柱C3和C4中Pb、Fe和TOC的淋溶特征**
UF—未过滤的样品；F—0.45μm滤膜过滤后的样品，下同

　　Pb释放量的峰值与Fe和TOC含量的变化趋势一致，试验柱中Pb释放量、Fe和TOC含量的相关性分析表明（表7-1），Pb释放量和Fe含量之间具有极显著的相关性（$r=0.817$，$P<0.01$），Pb释放量和TOC含量之间的相关性显著（$r=0.474$，$P<0.05$），通常认为土壤有机质大量吸附于铁锰氧化物，而本研究结果显示，Fe和TOC含量的相关性非常低（$r=0.354$，$P>0.05$）。

表7-1 试验柱淋出液中Pb和Cu含量的相关性分析

| C1和C2 ($n=20$) | Fe | TOC | Fe-TOC |
|---|---|---|---|
| Pb | 0.817, $P<0.01$ | 0.474, $P<0.05$ | 0.354, NS |
| Cu | 0.804, $P<0.01$ | 0.601, $P<0.05$ | 0.90 |

注：NS表示相关性不显著。

对20个淋溶液通过0.45μm滤膜和未经过滤膜的两部分淋出液中Pb含量进行分析测定，结果表明，0.45μm滤膜过滤可截留Pb释放量的60%（$n=20$）。在淋洗量为1.2L/s时，试验柱中土壤对Pb的释放量达到最高值886μg/L。然而，与土壤中的Pb全量相比，融雪剂作用下土壤对Pb的释放量并不高，仅为土壤Pb全量的2.34%（$n=20$）。与对照柱相比，对照柱中土壤对Pb的释放量为土壤Pb全量的1.09%（$n=20$）。本研究结果证实了Pb在土壤中的稳定性。

### 7.1.5 土壤中铜的淋溶特征

图7-5反映了融雪剂对城市土壤中重金属铜（Cu）的淋溶释放动态变化情况，从图7-5可知，在融雪剂的作用下，试验柱（C1和C2）中的土壤Cu的释放量明显高于对照柱（C3和C4）。

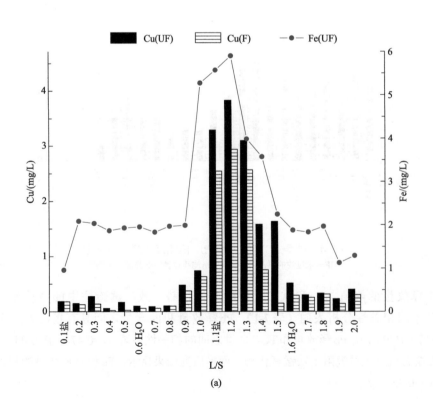

(a)

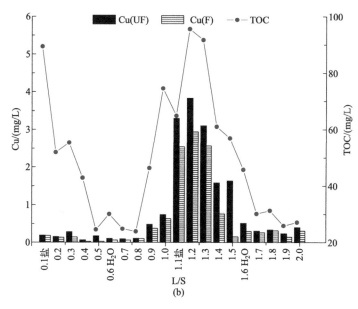

图7-5 试验柱C1和C2中Cu、Fe和TOC的淋溶特征

表7-1表明，Cu淋溶释放量的峰值与Fe和TOC含量的变化趋势一致，试验柱中Cu释放量、Fe和TOC含量的相关性分析表明，Cu释放量和Fe含量之间具有极显著的相关性（$r=0.804$，$P<0.01$），Cu释放量和TOC含量之间的相关性显著（$r=0.601$，$P<0.05$）。

分别测定经0.45μm滤膜过滤和未经滤膜过滤的两部分淋出液中Cu含量，结果表明，0.45μm滤膜过滤可截留Cu释放量的32%（$n=20$）。与Pb的淋溶特征相比，试验柱中土壤对Cu释放量的最高值3.83mg/L同样出现在融雪剂作用下淋洗量为1.2L/s时。然而，与土壤中的Cu全量相比，融雪剂作用下土壤对Cu的释放量为土壤Cu全量的10.54%（$n=20$）。与对照柱相比，对照柱中土壤对Cu的释放量为土壤Cu全量的2.28%（$n=20$）（图7-6）。

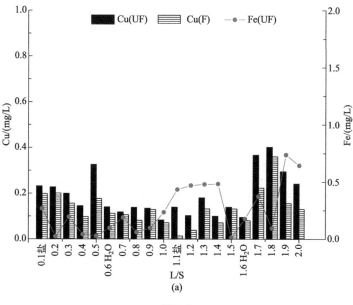

图7-6

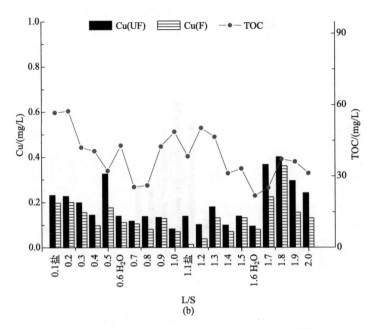

图7-6　对照柱C3和C4中Cu、Fe和TOC的淋溶特征

## 7.1.6　土壤中镉的淋溶特征

从土壤对重金属Cd的淋溶释放动态变化情况看，融雪剂作用下试验柱（C1和C2）土壤对Cd的释放量明显高于对照柱（C3和C4）。与Pb的淋溶特征相比，Cd释放量的峰值与淋出液中Cl⁻浓度的变化趋势一致（图7-7）。

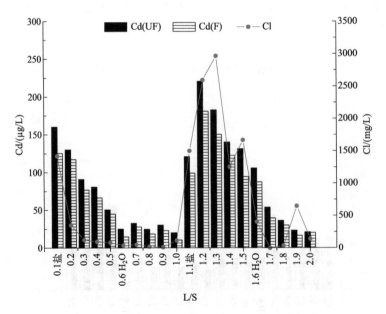

图7-7　试验柱C1和C2中Cd和Cl的淋溶特征

通常认为土壤对Cd的释放量与土壤中Cl⁻含量和土壤pH值等因素有关。从表7-2可

知，本研究中Cd的释放量与Cl⁻含量极显著相关（$r=0.706$，$P<0.01$），与电导率EC的相关性显著（$r=0.478$，$P<0.05$），然而与pH值的相关性不显著（$r=0.278$，$P>0.05$）。

表7-2  试验柱淋出液中Cd和Zn含量的相关性分析

| C1和C2  （n=20） | Cl⁻ | EC | pH值 |
|---|---|---|---|
| Cd | $r=0.706$, $P<0.01$ | $r=0.478$, $P<0.05$ | $r=0.278$, NS |
| Zn | $r=0.900$, $P<0.01$ | $r=0.775$, $P<0.01$ | $r=0.507$, $P<0.05$ |

注：NS表示相关性不显著。

通过对20个淋出液中，0.45μm滤膜过滤和未经过滤的两部分淋出液中Cd含量的测定，结果表明，0.45μm滤膜过滤可截留Cd释放量的7.28%（$n=18$）。在淋洗量为0.1～0.5L/s时，试验柱中土壤对Cd的释放量很高，达到90～130μg/L；在淋洗量为1.1～1.5L/s融雪剂作用下，试验柱中土壤对Cd的释放量达到最高值220μg/L。与土壤对Pb的释放量相比，融雪剂作用下土壤对Cd的释放量非常高，相当于土壤Cd全量的20.90%。与淋洗去离子水的对照柱相比，淋出液中Cd和Cl的浓度均非常低（图7-8）。

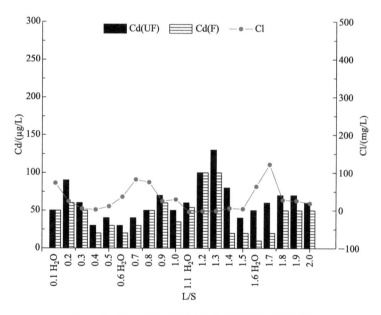

图7-8  对照柱C3和C4中Cd和Cl的淋溶特征

## 7.1.7  土壤中锌的淋溶特征

从土壤对锌（Zn）的淋溶释放动态变化情况看，融雪剂作用下试验柱（C1和C2）土壤对Zn的释放量明显高于对照柱（C3和C4）。与Cd的淋溶特征相同，Zn释放量的峰值与淋出液中Cl⁻浓度的变化趋势一致（图7-9）。

通常认为土壤对Zn的释放量与土壤中Cl⁻含量和土壤pH值等因素有关。从表7-2可知，本研究中Zn的释放量与Cl⁻含量极显著相关（$r=0.900$，$P<0.01$），与电导率EC的相关性极显著（$r=0.775$，$P<0.01$），与pH值的相关性显著（$r=0.507$，$P<0.05$）。

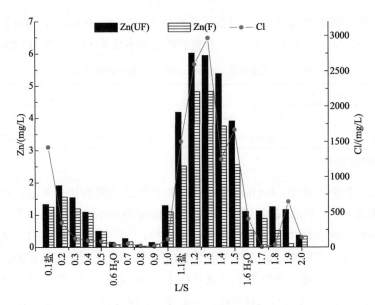

图7-9 试验柱C1和C2中Zn和Cl的淋溶特征

通过对20个淋出液中，0.45μm滤膜过滤和未经过滤的两部分淋出液中Zn含量的测定，结果表明，0.45μm滤膜过滤可截留Zn释放量的16%（$n$=19）。在淋洗量为0.1～0.5L/s时，试验柱中土壤对Zn的释放量较高，达到1.54～1.91mg/L；在淋洗量为1.1～1.5L/s融雪剂作用下，试验柱中土壤对Zn的释放量达到最高值6.02mg/L。与土壤中的Zn全量相比，融雪剂作用下土壤对Zn的释放量较高，相当于土壤Zn全量的16.2%。与淋洗去离子水的对照柱相比，淋出液中Zn和Cl的浓度均非常低（图7-10）。

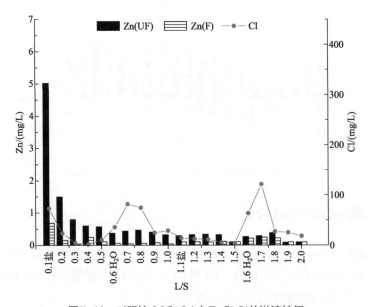

图7-10 对照柱C3和C4中Zn和Cl的淋溶特征

综上所述，Cu和Pb的淋溶特征：Pb是环境中最广泛存在的有毒金属。研究表明Pb可以牢固结合于各种有机质、矿物质表面以及地下蓄水层的天然物质中，包括黏土，氧化物，氢氧化物，沸石和硅铝酸盐等。本研究在融雪剂和去离子水的淋溶过程中，土壤对 Pb 的释放量只有 Pb 总量的 2.34%，去离子水淋溶的对照柱中，土壤对 Pb 的释放量只有 Pb 总量的 1.09%，研究结果证实了 Pb 在土壤中的高稳定性。Harrison 等的研究也得到了相似的结果，在 1.0mol/L $MgCl_2$ 的交换作用下，路域土壤和灰尘中 Pb 的迁移量低于 1.5%。在 Pb 污染场地和土壤修复技术的环境风险评估的多数研究中，研究的焦点往往集中于溶解态 Pb 的迁移。然而，对于 Pb 而言，在天然的多孔介质中（如土壤和地下蓄水层），以胶体为载体的运移方式已被证明是 Pb 淋溶浸出的主要途径。

土柱淋溶试验的结果表明，融雪剂和去离子水的淋洗作用下试验柱（C1 和 C2）土壤对 Pb 的释放量明显高于对照柱（C3 和 C4）。土壤对 Fe 和 TOC 释放量增大，而截留至 0.45μm 滤膜的 Fe 和 TOC 含量比例很低（Fe 34.76%，TOC 19.69%，$n=20$），表明融雪剂淋溶作用下土壤发生了大量小胶体的运移过程。一些研究均显示了小胶体促进运移的重要性。本研究中 Pb 释放量的峰值与 Fe 和 TOC 含量的变化趋势一致，其中 Pb 释放量、Fe 和 TOC 含量的相关性分析表明，Pb 释放量和 Fe 含量之间具有极显著的相关性（$r=0.817$，$P<0.01$），与 TOC 含量之间的相关性显著（$r=0.474$，$P<0.05$），可见，Pb 对土壤中铁锰化合物和有机质有很强的吸附性。

为了使胶体运移成为一个重要的污染物迁移途径，胶体必须先从固体基质中被释放，并在悬浮液中达到足够的数量，并保持足够长的时间。这个最重要的过程发生时，首先需要保证土壤被一价阳离子所饱和。土柱淋溶试验中融雪剂中的高盐离子和低电解质水改变了土壤中的离子强度，为胶体的迁移提供了前提。Amrhein 等的研究也表明，实验中 Cr、Pb、Ni、Fe 和 Cu 的释放量与土壤中吸附 $Na^+$ 的含量呈显著的相关性。

Cd 和 Zn 的淋溶特征：在 Norrström 的研究中，土壤对 Cd 和 $Cl^-$ 的释放均出现在 NaCl 淋洗的过程中，土壤对 Pb 和有机质的释放出现在淋洗去离子水的过程中。本研究结果中土壤对 Cd 和 $Cl^-$ 的释放规律与 Norrström 的研究结果相一致，即土壤对 Cd 和 Cl 的释放均出现在融雪剂淋洗的过程中，而土壤对 Pb、Fe 和 TOC 的释放似乎被推迟，其中 Pb 的释放峰值出现在盐淋洗的过程中，在 Nelson 等对 $MgCl_2$ 对土壤重金属淋溶的研究中得到了一致的结论，分析其原因可能为淋溶处理液离子组分的差别。在 Norrström 的研究中，淋溶处理液为 NaCl，而本研究中选用的淋溶处理液为融雪剂，其含有较高的 $Ca^{2+}$ 和 $Mg^{2+}$，而主要的阴离子仍为 $Cl^-$。研究表明，外源 $Ca^{2+}$ 和 $Mg^{2+}$ 均有利于保持土壤渗透性和土壤团粒结构，能够降低土壤有机质和黏土的扩散作用。此结论在 Nelson 等的研究中也得到证实，其研究结果显示 Ca 和 Mg 能促进土壤的絮凝作用，保持土壤结构，防止高 Na 造成的土壤有机质和黏土的扩散作用。Grolimund 和 Borkovec 的实验和建模研究也表明，为抑制胶体态 Pb 的运输进程可选择适当注射钙盐溶液。可见，本研究淋溶液中高浓度的 Ca 和 Mg 可能是推迟土壤颗粒扩散的主要原因，从而推迟了土壤对 Pb、Fe 和 TOC 的释放。

在本研究中，随淋洗量的增加和时间的延长，淋出液的 pH 值呈现逐渐增大的趋势，范围为 6.79 ～ 7.98。土壤 pH 值的增加有利于土壤胶体的扩散和运移。Klitzke 等的研究表明，土壤中胶体运移态 Pb 的增加主要是高 pH 值条件下土壤颗粒较强的扩散作用造成的，而并非 Pb 对土壤胶体有较强的吸附性。pH 值为 7 时，胶体运移态的 Pb 为主要形态。

此外，本研究选用的淋洗量L/S=2，研究结果是基于对重金属淋溶的短期效应研究，鉴于土壤对各重金属的释放量均呈现增加的趋势，可对高淋洗量的淋溶作用进行进一步的研究。

融雪剂作用下试验柱（C1和C2）土壤对Cd的释放量明显高于对照柱（C3和C4），土壤对Cd和Cl的释放均出现在NaCl淋洗的过程中。试验初期淋出液中较低的pH值可能是Cd更易被释放的原因。在本研究中土壤对Cd的释放量与pH值的相关性并不显著（$r=0.278$，$P>0.05$），其他因素或许起到更重要的作用。本研究中，Cd的释放量与Cl$^-$含量极显著相关（$r=0.706$，$P<0.01$），Cd和Cl形成的氯化络合物可能是土壤Cd淋溶的最重要因素，Lumsdon等的研究表明在0.1mol/L的LiCl溶液中60%的可溶态Cd均以CdCl$^+$的形态存在，氯化络合形态Cd的重要性在一些研究中均有报道。

Cd释放量与电导率EC的显著相关性（$r=0.478$，$P<0.05$）表明，离子交换过程可能是Cd释放的另一个重要方式，即Cd可能与Na$^+$、Ca$^{2+}$和Mg$^{2+}$等盐基离子发生离子交换作用而被释放，且与Na$^+$相比，Ca$^{2+}$和Mg$^{2+}$与Cd发生离子交换作用的竞争能力更强。美国联邦公路管理局Winters等的研究报告也得到了一致的结论，淋溶试验的结果证明短期内CMA中的Ca$^{2+}$和Mg$^{2+}$可通过离子交换作用置换土壤中的其他金属离子。与土壤对Pb的释放量相比，融雪剂作用下土壤对Cd的释放量非常高，相当于土壤Cd全量的20.90%。而在Bauske和Goetz的研究中约有16%的Cd被淋溶，除两个实验淋洗速率的差别外，考虑到高浓度的Ca$^{2+}$和氯化络合物的形成能够提高土壤中Cd的淋溶率，本研究淋溶液中的Ca$^{2+}$和Mg$^{2+}$可能是原因之一。本研究中以NaCl为主要成分的融雪剂中添加CaCl$_2$和MgCl$_2$，更易通过离子交换作用造成土壤对Cd的释放，然而在本研究设计中，这两个促进Cd淋溶的重要过程无法明显区分。

## 7.2 融雪剂对棕壤和红壤中重金属迁移的影响

土壤中重金属的迁移和淋溶取决于多种因素的影响和区域条件，如路边的坡度、土壤类型、淤泥和黏土的比例和植被覆盖度等。不同土壤类型的成土条件差异显著，土壤的物理、化学和生物性质各异，土壤中重金属迁移行为和淋溶风险明显不同。

棕壤是在夏季暖热多雨，冬季寒冷干旱条件下成土发育而成，淋溶和黏化作用，具有黏化层该类型土壤的主要特点。红壤是中亚热带生物气候条件下，由旺盛的生物富集和脱硅富铁铝化风化过程相互作用的产物，主要分布在我国湖南、江西等南方省份。

本研究主要比较融雪剂对北方棕壤和南方红壤中重金属迁移行为与淋溶风险的差异，对不同类型土壤重金属及地下水的污染防治提供科学依据，交通管理部门依据不同地方的路域土壤条件，科学合理使用融雪剂，降低融雪剂使用可能引发的环境风险。

### 7.2.1 试验设计与方法

采用土柱淋溶方法评估融雪剂对我国棕壤和红壤两种不同类型土壤中重金属迁移性

的影响。通过分析测定淋溶液中溶解态的重金属、有机质和pH值的变化，比较分析融雪剂对不同类型土壤重金属迁移规律的异同。本研究中重金属的迁移是一个总计值，即融雪剂使用的直接或间接所造成的金属迁移的趋势和水平。

### 7.2.1.1 供试土壤

研究供试土壤分别采自辽宁沈阳市和湖南长沙市，通过人为添加重金属制成Cd、Pb、Cu和Zn复合污染土壤，模拟融雪剂处理对两种典型土壤中Cd、Pb、Cu和Zn淋溶过程的影响。

供试棕壤样品采集于我国东北地区沈阳市郊区无污染、远离道路交通的农用玉米地，土壤类型为多年玉米连作的典型耕地棕壤。红壤采自于我国南方地区湖南省长沙市农业科学研究院菜田土壤，土壤类型为第四纪红土发育的红壤。土壤剖层采样法采集土壤样品，采样深度0～100cm，采样的3个剖层分别为A（0～30cm）、B（30～70cm）、C（70～100cm）。

供试棕壤和红壤的基本理化性质见表7-3。

表7-3 棕壤和红壤的基本理化性质

| 土壤类型 | 采样深度 /cm | pH值 | 电导率 /(μS/cm) | 机械组成 | | | 阳离子交换量 CEC/(cmol/kg) | 有机碳 /(g/kg) |
|---|---|---|---|---|---|---|---|---|
| | | | | 砂粒/% | 粉粒/% | 黏粒/% | | |
| 棕壤 | 0～30 | 6.88 | 177.3 | 16.35 | 40.55 | 43.10 | 23.70 | 28.9 |
| | 30～70 | 6.81 | 146.7 | 19.85 | 37.5 | 42.65 | 11.74 | 14.6 |
| | 70～100 | 6.20 | 137.7 | 13.1 | 28.47 | 48.44 | 9.35 | 5.5 |
| 红壤 | 0～30 | 5.70 | 144.2 | 13.7 | 65.7 | 20.6 | 10.26 | 20.5 |
| | 30～70 | 5.45 | 73.6 | 15.6 | 57.2 | 27.2 | 6.26 | 12.1 |
| | 70～100 | 4.50 | 66.7 | 17.8 | 46.1 | 36.1 | 5.53 | 2.6 |

棕壤的pH值范围为6.20～6.88，红壤的pH值偏酸性，范围为4.50～5.70；棕壤的电导率范围值为137.7～177.3μS/cm，红壤的电导率为66.7～144.2μS/cm；棕壤0～100cm的机械组成以黏土为主，而红壤的机械组成为粉粒为主；棕壤的阳离子交换量（CEC）高于红壤，0～30cm表土，棕壤的CEC为23.70cmol/kg，红壤的CEC仅为10.26cmol/kg；棕壤的有机质含量高于红壤，0～30cm表土，棕壤的有机质含量为28.9g/kg，红壤的有机质含量为20.5g/kg。

为了避免土壤中的生物干扰试验结果，对采集的供试土壤先自然风干，除去砂砾、植物根系等异物后再将土壤研磨，过2mm孔径的筛子备用。

将Cd（NO$_3$）$_2$·4H$_2$O、Pb（NO$_3$）$_2$、Cu（NO$_3$）$_2$·3H$_2$O和Zn（NO$_3$）$_2$·6H$_2$O以水溶液的形式加入至供试表层土壤（A层）中，按绿化土壤中重金属含量的最高值设计人为土壤重金属污染的浓度，即Cd、Pb、Cu和Zn的含量分别为7.6mg/kg、101.6mg/kg、166.6mg/kg和239.2mg/kg（以干土质量计）。在向土壤中加入水溶液的同时，均匀混入未受污染的土壤，直至达到上述试验用量。每5d翻动1次，以增加土壤的均一度。

3个月后取土壤过0.15mm（100目）尼龙筛后测定Cd、Pb、Cu和Zn的全量，Cd、

Pb、Cu和Zn的全量分别为7.18mg/kg、135.46mg/kg、188.73mg/kg和309.17mg/kg。

### 7.2.1.2 土柱设计

试验用土柱高30cm、直径3cm（材质为PVC），共8根，其中4根填入棕壤，另4根填入红壤。

依照供试土壤的3个剖层A（0～30cm）、B（30～70cm）、C（70～100cm）按比例将各土层土壤填入土柱，每根柱子按照柱内土高度：实际剖层土高度=1:4的比例填入3个土层的土壤，即A层7.5cm、B层10cm、C层7.5cm。土柱底部和上层分别填入2.5cm高的石英砂。装完柱后，将试验土柱置于支架上，土柱的上方设加水装置，下方用塑料瓶收集淋滤液。

土柱淋溶装置如图7-1所示。淋溶柱装好后，为保持土壤的密实性使其更接近自然状态，需将土柱浸泡于去离子水中，待土柱上层土壤湿润后，取出置于支架上静置24h，排尽孔隙重力水后再开始淋溶试验，在淋溶试验开始时，先以去离子水淋洗至土壤达到田间持水量，淋出液不计入测定范围。

### 7.2.1.3 融雪剂淋溶方案

#### （1）融雪剂淋溶液浓度

试验柱淋洗7.5g/L融雪剂处理液，融雪剂处理液的浓度详见本书7.1.1部分。以去离子水为对照淋洗液，每种土壤每个处理2个重复（2根土柱）。

#### （2）融雪剂淋洗量

本研究设计同样选择总固液比为2，用以评估融雪剂对土壤中重金属迁移的短期影响。30cm供试棕壤干土重为220g，总淋洗量为440mL；30cm供试红壤干土重为160g，总淋洗量为320mL。淋溶速率的推荐值同样选择每天0.1L/s，即棕壤每天淋洗量为22mL，红壤每天淋洗量为16mL。

#### （3）淋溶速率

为了控制试验条件的一致性，采用蠕动泵（HUXI, Model BT–100–8）进行淋洗液的淋溶试验，泵速0.1r/min（约0.035mL/min），棕壤处理每天运行10.5h，红壤处理每天运行7.6h。

#### （4）淋溶次数

为模拟残雪中融雪剂进入城市路域土壤后降雨冲刷的整个过程，首先淋洗融雪剂处理液，棕壤处理每次（每天）淋洗22mL，共淋洗5次；再每天淋洗22mL去离子水，共淋洗5次；后重复整个过程，直到总固液比达到2（440mL处理液/220g干土重）。

红壤处理每次（每天）淋洗16mL，共淋洗5次；再每天淋洗16mL去离子水，共淋洗5次；后重复整个过程，直到总固液比达到2（320mL处理液/160g干土重）。其中，4根对照柱在试验的整个过程中均淋洗去离子水，并保持与试验柱的操作一致。淋出液置于密闭容器中，用7mol/L的$HNO_3$酸化至pH<2，放置于冰箱+4℃保存待测。

### （5）分析测试方法

比重法测定土壤粒度分析（砂粒、粉粒和黏粒的机械组成），过2mm筛的风干土样测定土壤pH值（意大利哈纳pH计HI8424，水：土=5:1）；DDSJ-308A电导率仪测定土壤电导率EC，可用来衡量土壤可溶性盐的含量（水：土=5:1）；土壤有机质测定采用重铬酸钾容量法（外加热法）；阳离子交换量（CEC）测定采用乙酸铵法。人为污染土样过0.15mm（100目）尼龙筛后，采用原子吸收光谱仪Spectr-AA220（Varian）测定土壤重金属总量。

## 7.2.2　棕壤和红壤中铅的淋溶特征

研究结果表明，从土壤对Pb的淋溶释放动态变化情况看，两种土壤淋出液中Pb含量的高峰值均出现在淋溶后期。融雪剂处理下两种土壤中Pb的淋溶特征如图7-11所示。

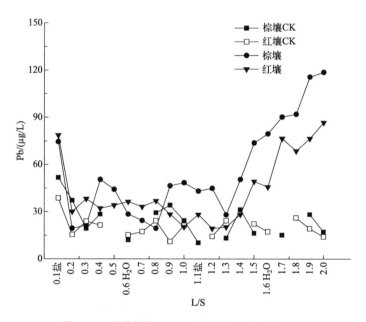

图7-11　融雪剂处理下两种土壤中Pb的淋溶特征

Pb释放量的峰值与淋出液中TOC含量的变化趋势一致，试验柱中Pb释放量和TOC含量的相关性分析（图7-12），表明棕壤对Pb释放量和TOC含量之间具有极显著的相关性（$r=0.776$，$P<0.01$），红壤对Pb释放量和TOC含量之间的相关性也极显著（$r=0.629$，$P<0.05$）。

融雪剂作用下两种土壤对Pb的释放量明显高于对照，棕壤对Pb的释放量明显高于红壤。淋洗量为2.0L/s时，试验柱中土壤对Pb的释放量达到最高值，棕壤和红壤分别为118.79mg/L和86.74mg/L。通过对20个淋出液中Pb全量的测定，结果表明，棕壤对Pb的释放量为1.11mg/kg，占土壤中Pb全量的0.82%，红壤对Pb的释放量为0.87mg/kg，占土壤中Pb全量的0.64%。

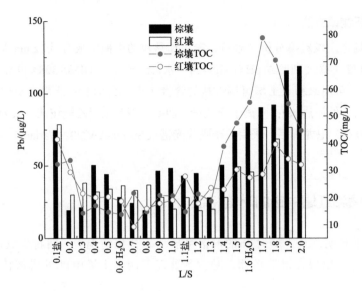

图7-12　融雪剂处理下两种土壤对Pb释放量与TOC含量的相关性分析

### 7.2.3　棕壤和红壤中铜的淋溶特征

融雪剂处理下两种土壤中Cu的淋溶特征如图7-13所示。

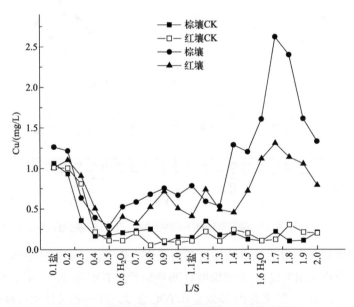

图7-13　融雪剂处理下两种土壤中Cu的淋溶特征

从土壤对Cu的淋溶释放动态变化情况看，两种土壤淋出液中Cu含量的高峰值均出现在淋溶后期。Cu释放量的峰值与淋出液中TOC含量的变化趋势一致，试验柱中Cu释放量和TOC含量的相关性分析（图7-14），表明棕壤对Cu释放量和TOC含量之间具有极显著的相关性（$r=0.967$，$P<0.01$），红壤对Cu释放量和TOC含量之间的相关性也达到极显著（$r=0.772$，$P<0.01$）。

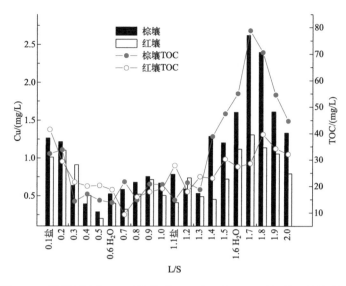

图7-14　融雪剂处理下两种土壤对Cu释放量与TOC含量的相关性分析

　　融雪剂作用下两种土壤对Cu的释放量明显高于对照，棕壤对Cu的释放量明显高于红壤。淋洗量为1.7L/s时，试验柱中土壤对Cu的释放量达到最高值，棕壤和红壤分别为2.62mg/L和1.30mg/L。通过对20个淋出液中Cu全量的测定，结果表明，棕壤对Cu的释放量为20.98mg/kg，占土壤中的Cu全量的11.11%，红壤对Cu的释放量为14.42mg/kg，占土壤中的Cu全量的7.64%。

## 7.2.4　棕壤和红壤中镉的淋溶特征

　　图7-15反映了土壤对Cd的淋溶释放动态变化情况。

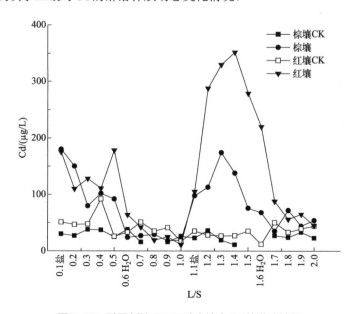

图7-15　融雪剂处理下两种土壤中Cd的淋溶特征

如图7-15所示，两种土壤淋出液中Cd含量的峰值与淋出液中Cl⁻含量的变化趋势一致，试验柱中Cd释放量和Cl⁻含量的相关分析（图7-16），表明棕壤对Cd释放量和Cl⁻含量之间具有显著的相关性（$r$=0.646，$P$<0.05），红壤对Cd释放量和Cl⁻含量之间的相关性也达到极显著（$r$=0.824，$P$<0.01）。

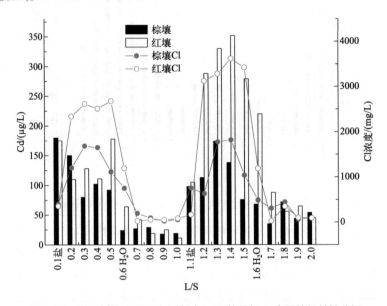

图7-16　融雪剂处理下两种土壤对Cd释放量与Cl含量的相关性分析

融雪剂作用下两种土壤对Cd的释放量明显高于对照，红壤对Cd的释放量明显高于棕壤。试验柱中棕壤对Cd释放量的峰值180.19μg/L出现在淋洗量为0.1L/s时，红壤对Cd释放量的峰值则出现在淋洗量为1.4L/s时，最高释放量为352.70μg/L。通过对20个淋出液中Cd全量的测定，结果表明，棕壤对Cd的释放量为1.59mg/kg，占土壤中的Cd全量的22.19%，红壤对Cd的释放量为2.69mg/kg，占土壤中的Cd全量的37.48%。

## 7.2.5　棕壤和红壤中锌的淋溶特征

研究结果表明，从土壤对Zn的淋溶释放动态变化情况看（图7-17），两种土壤淋出液中Zn含量的峰值与淋出液中Cl⁻含量的变化趋势一致。

试验柱中Zn释放量和Cl含量的相关分析（图7-18），表明棕壤对Zn释放量和Cl⁻含量之间具有显著的相关性（$r$=0.734，$P$<0.01），红壤对Zn释放量和Cl⁻含量之间的相关性也达到极显著（$r$=0.810，$P$<0.01）。

融雪剂作用下两种土壤对Zn的释放量明显高于对照，红壤对Zn的释放量明显高于棕壤。试验柱中棕壤和红壤对Zn释放量的峰值均出现在淋洗量为1.3L/s时，释放量的最高值分别为7.87mg/L和12.25mg/L。通过对20个淋出液中Zn全量的测定，结果表明，棕壤对Zn的释放量为53.70mg/kg，占土壤中的Zn全量的17.37%，红壤对Zn的释放量为102.63mg/kg，占土壤中的Zn全量的33.20%。

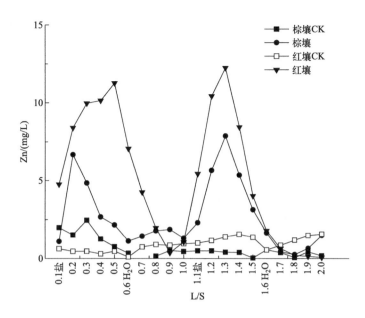

图7-17 融雪剂处理下两种土壤中Zn的淋溶特征

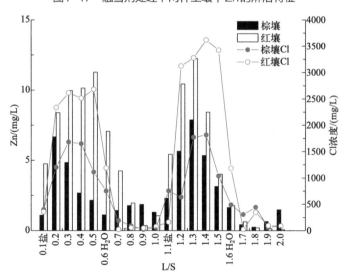

图7-18 融雪剂处理下两种土壤对Zn释放量与Cl含量的相关性分析

综上所述，两种土壤对Pb和Cu的释放量与淋出液中有机质的含量均呈现显著的相关性，证实了融雪剂和低离子强度水溶液作用下土壤胶体的扩散，以及Pb和Cu随土壤胶体扩散而发生迁移。两种土壤对Cu的释放量与TOC含量之间具有极显著的相关性（棕壤$r$=0.967，红壤$r$=0.772），棕壤对Pb释放量和TOC含量之间具有极显著的相关性（$r$=0.776，$P$<0.01），红壤对Pb释放量和TOC含量之间的相关性也达到极显著（$r$=0.629，$P$<0.05），试验结果表明，Cu对土壤胶体的吸附性更强。

融雪剂作用下两种土壤对Pb和Cu的释放量明显高于对照，然而从短期淋溶对土壤中Pb和Cu的释放总量来看，融雪剂和去离子水反复淋洗作用下土壤对Cu的释放量更高，棕壤对Cu的释放量为20.98mg/kg，占土壤中的Cu全量的11.11%，红壤对Cu的释放量为14.42mg/kg，占土壤中的Cu全量的7.64%。而对Pb的释放量很低，棕壤对Pb的释放量为1.11mg/kg，占土壤中的Pb全量的0.82%，红壤对Pb的释放量为0.87mg/kg，仅占土壤中的Pb全量的0.64%。上述结果也表明，棕壤对Pb和Cu的释放量明显高于红壤。

对淋出液中Cd全量分析测定结果表明，棕壤对Cd的释放量为1.59mg/kg，占土壤中的Cd全量的22.19%，红壤对Cd的释放量为2.69mg/kg，占土壤中的Cd全量的37.48%，棕壤对Cd和Zn的释放量显著低于红壤。

对淋出液中Zn全量的测定结果表明，棕壤对Zn的释放量为53.70mg/kg，占土壤中的Zn全量的17.37%，红壤对Zn的释放量为102.63mg/kg，占土壤中的Zn全量的33.20%。

本研究中，两种土壤对Cd、Zn的释放量均很高，其原因可能与人工污染的土壤有关，外源可溶性重金属进入土壤后迅速向各个形态转化。研究结果表明，外源Cd进入土壤后以可交换态存在的比例很高，因此本研究结果中两种土壤对Cd的淋溶总量可能比实际值偏高。同时，研究结果也表明，两种土壤对Cd和Zn的释放量与淋出液中$Cl^-$的含量均呈现显著的相关性，证实了土壤中的Cd和Zn以氯化络合物进行迁移的模式。

## 7.3 氯盐和有机融雪剂对土壤重金属迁移行为的影响

传统的氯盐融雪剂使用的负面影响体现在破坏区域生态环境、腐蚀钢筋混凝土和柏油路面等道路公共基础设施及交通车辆等各个方面。为了减少融雪剂使用对生态环境的危害，自20世纪70年代开始，欧美一些发达国家研究开发了氯盐融雪剂的替代品（如CMA，KAc等），并于20世纪90年代初期投入使用。

美国科罗拉多州交通部门对替代有机型融雪剂的融雪效率和环境效应进行了评估，选用醋酸钾（KAc, $KCH_3COO$）、醋酸钙［CaAc, Ca（$CH_3COO$）$_2$］、醋酸镁［MgAc, Mg（$CH_3COO$）$_2$］、醋酸钙镁［CMA, $Ca_3Mg_7$（$CH_3COO$）$_{20}$］、甲酸钾（KFo, KHCOO）等有机型融雪剂替代使用更为广泛的NaCl、$MgCl_2$和$CaCl_2$的混合氯盐型融雪剂。研究结果表明融雪剂成分不同，其对生态环境的影响也有差异。

CMA中$Ca^{2+}$和$Mg^{2+}$对土壤肥力和土壤结构的稳定性有正向作用。与氯盐融雪剂相比较，CMA对植物的伤害作用更小。也有研究表明，醋酸降解会带来的水土环境中氧气消耗，这对生态系统中生物生存具有重大的潜在影响。研究表明，KFo是NaCl的最优替代品，与醋酸盐融雪剂相比，在环境中具有降解低耗氧量和土壤-地下水低迁移率等优点。目前，国内也开始关注与非氯盐型融雪剂的开发和环境效应的研究。赵菲开展了CMA对土壤中重金属形态和地表水中溶解氧含量的影响的实验室模拟研究。蒋新元等利用竹醋液与氧化钙制得的竹醋基有机酸钙，探究对盆栽建兰生长和土壤理化性质的影响。

针对KFo对土壤重金属迁移影响的研究作用尚不清楚的实际问题，本研究采用土柱淋溶方法，比较探讨氯盐（NaCl）和有机融雪剂（KFo）处理对土壤中Cd、Pb、Cu和Zn淋溶过程的影响，通过测定淋溶液中溶解态的重金属、有机质和pH值，旨在比较传统型融雪剂NaCl和替代型融雪剂KFo对土壤中重金属迁移性影响的异同。本研究中重金属的迁移为一个总计值，即融雪剂使用的直接或间接所造成的金属迁移的趋势和水平，交通管理部门依据不同地方的土壤条件科学合理使用融雪剂，进而降低融雪剂使用的环境风险。

## 7.3.1　试验设计与方法

### （1）供试土壤

首先对土壤鲜样除去砂砾、植物根系等异物后过 4mm 孔径的尼龙筛备用。土壤处理详见本书 7.2.1 部分。

在向土壤中加入水溶液的同时，均匀混入未受污染的土壤，直至达到上述试验用量，后将土壤样品置于培养箱内恒温 20℃保存，并在接下来的 30d 内，每 5d 翻动一次，以增加土壤的均一度，期间不断喷施去离子水保持土壤含水量。3 个月后取少量土壤样品风干过 0.15mm（100 目）尼龙筛后测定 Cd、Pb、Cu 和 Zn 的全量，Cd、Pb、Cu 和 Zn 的全量分别为 7.18mg/kg、135.46mg/kg、188.73mg/kg 和 309.17mg/kg。

### （2）土柱设计

试验土柱高 30cm、直径 3cm 土柱（材质为 PVC），共 16 根土柱。土柱底部和上层分别填入 5cm 高的石英砂，中间为 20cm 供试土壤。装完柱后，将试验土柱置于支架上，土柱的上方设加水装置，下方用塑料瓶收集淋滤液。

### （3）融雪剂淋溶方案

① 融雪剂淋溶液浓度。依据沈阳市融雪剂的最大使用量，分别配制浓度为 0.01mol/L、0.05mol/L、0.1mol/L 的 NaCl 和 KCOOH 溶液作为淋溶处理液。共 16 根土柱，其中 8 根为 NaCl 处理，另 8 根为 KCOOH（KFo）处理。以去离子水为对照淋洗液，即每种淋洗液分别为 4 个处理浓度，每个处理 2 根土柱。

② 淋洗量。试验研究主要评估融雪剂对土壤中重金属迁移的短期影响，淋洗液量按总固液比为 2 确定。20cm 供试土壤干土重为 180g，总淋洗量为 360mL。淋溶速率为 0.1L/s，每天融雪剂淋洗量为 18mL。

③ 淋溶速率。试验采用蠕动泵（HUXI, Model BT–100–8）控制淋洗速率，泵速 0.1r/min（约 0.035mL/min），每天运行 9.5h。

④ 淋溶次数。为模拟残雪中融雪剂进入城市路域土壤后降雨冲刷的整个过程，融雪剂处理液共淋洗 5 次，每次（每天）淋洗 22mL；然后淋洗 22mL 去离子水，共淋洗 5 次；重复以上整个过程，直到总固液比达到 2（440mL 处理液/220g 干土重）。在整个试验过程中，其中 4 根对照柱均仅淋洗去离子水，保持与融雪剂处理试验柱的操作一致。

淋出液置于密闭容器中，用 7mol/L 的 $HNO_3$ 酸化至 pH<2，放置于冰箱 +4℃保存待测。

### （4）分析测试方法

土壤粒度分析等参数测定详见本书 7.2.1 部分。

研究表明 254nm 波长处的吸光度可以用于量化渗滤液中腐殖酸和富里酸含量，且淋出液中254nm的吸光度值与TOC含量呈显著正相关。除TOC指标外，淋出液其他指标的测定方法均同本书7.2.1部分。由于加入的有机型融雪剂KCOOH淋洗液中的碳含量会对淋出液中TOC的含量造成干扰，淋出液中可溶性有机质的测定与本书7.2.1部分方法不同，本研究选择254nm的吸光度值测定有机质的含量，而不用TOC含量来表示。经试验测定，0.1mol/L的HCOOH溶液的吸光度与蒸馏水相近，本研究中选择用254nm的吸光度值表示淋出液中有机质的含量。

## 7.3.2 土壤淋出液的酸碱度和可溶性有机质

试验结果表明，随NaCl处理浓度的增加土壤pH值升高，但各浓度处理pH值的升高均不显著（$P>0.05$），而0.05mol/L和0.1mol/L KCOOH处理下土壤pH值显著升高，从对照的6.1升高至8.3（图7-19）。

KCOOH处理显著降低土壤的氧化还原电位（$E_h$），从对照的520mV降至230～327mV（图7-20）。

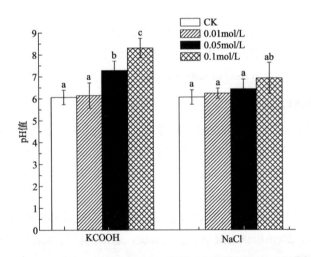

图7-19 不同浓度NaCl和KCOOH处理下土壤淋出液中pH值的变化

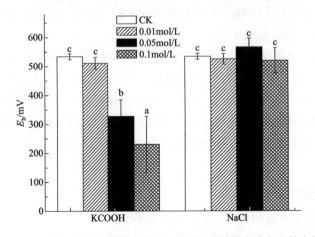

图7-20 不同浓度NaCl和KCOOH处理下土壤淋出液中$E_h$的变化

由图7-21可知，随NaCl处理浓度的增加，淋出液中有机质的含量增大。从NaCl对土壤有机质的淋溶释放动态变化情况看［图7-21（a）］，淋出液中有机质含量的高峰值均出现在低离子强度（去离子水）淋洗的过程中，即L/S为0.7～1.0和1.6～2.0。

与NaCl处理不同，从KCOOH对土壤有机质的淋溶释放动态变化情况看［图7-21（b）］，淋出液中有机质含量的高峰值均出现在淋溶初期，此后随淋洗量的增加，土壤对有机质的释放量无明显增加的趋势，而高浓度KCOOH处理有机质的释放量高于低浓度处理。

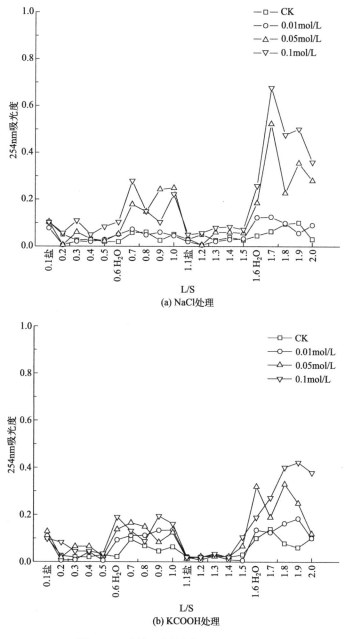

图7-21 土壤可溶性有机质的淋溶特征

### 7.3.3　土壤中铅的淋溶特征

由图7-22可知，随着NaCl和KCOOH浓度的增高，土壤对Pb的释放量均增大。0.01mol/L的NaCl和KCOOH处理下土壤对Pb的释放量很低，与对照相比，差异不显著。从土壤对Pb的淋溶释放动态变化情况看［图7-22（a）］，土壤对Pb释放量的高峰值均出现在0.05mol/L和0.1mol/L NaCl处理下，低离子强度（去离子水）淋洗的过程中。与NaCl处理不同，从KCOOH对土壤Pb的淋溶释放动态变化情况看［图7-22（b）］，淋出液中Pb含量的高峰值出现在淋溶初期。

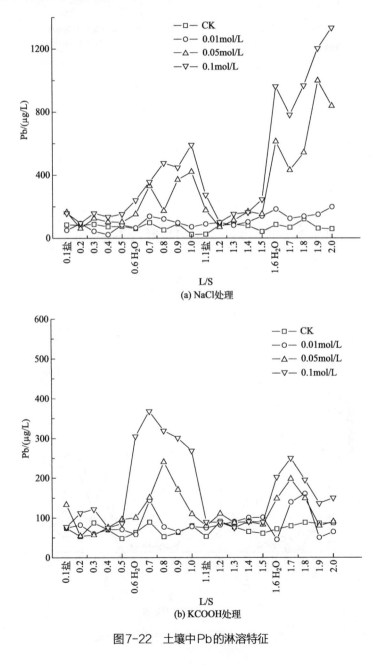

图7-22　土壤中Pb的淋溶特征

　　研究结果表明，NaCl 作用下土壤对 Pb 的释放量明显高于 KCOOH。Pb 释放量的峰值和 254nm 吸光度值的变化趋势一致，NaCl 处理下 Pb 释放量和 254nm 吸光度值的相关分析（图 7-23），表明 NaCl 处理下土壤对 Pb 释放量和 254nm 吸光度值之间具有极显著的相关性（$r=0.823$，$P<0.01$），KCOOH 处理下土壤对 Pb 释放量和 254nm 吸光度值之间的相关性显著（$r=0.421$，$P<0.05$）。

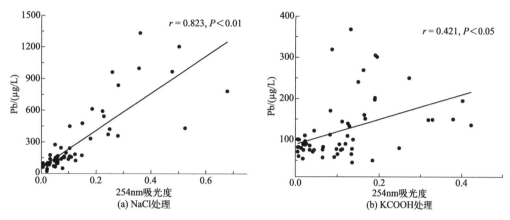

图 7-23　土壤中 Pb 释放量与可溶性有机质含量的相关性分析

　　通过对 20 个淋出液中 Pb 全量的测定，结果表明，在 0.1mol/L NaCl 处理下淋洗量为 2.0L/s 时，试验柱中土壤对 Pb 的释放量达到最高值 1833μg/L。土壤对 Pb 的释放量与土壤中的 Pb 全量相比，0.01mol/L NaCl 处理下土壤对 Pb 的释放量为土壤 Pb 全量的 1.54%（$n=20$），0.05mol/L NaCl 处理下土壤对 Pb 的释放量为土壤 Pb 全量的 4.50%，0.1mol/L NaCl 处理下土壤对 Pb 的释放量为土壤 Pb 全量的 6.63%。与对照柱相比，对照柱中土壤对 Pb 的释放量为土壤 Pb 全量的 1.06%。与 NaCl 处理相比，KCOOH 对 Pb 的释放量更低。土壤对 Pb 的释放量与土壤中的 Pb 全量相比，0.01mol/L KCOOH 处理下土壤对 Pb 的释放量为土壤 Pb 全量的 1.27%，0.05mol/L KCOOH 处理下土壤对 Pb 的释放量为土壤 Pb 全量的 1.70%，0.1mol/L KCOOH 处理下土壤对 Pb 的释放量为土壤 Pb 全量的 2.62%。与对照柱相比，对照柱中土壤对 Pb 的释放量为土壤 Pb 全量的 1.07%（$n=20$）。

## 7.3.4　土壤中铜的淋溶特征

　　由图 7-24 可知，随着 NaCl 和 KCOOH 浓度的增高，土壤对 Cu 的释放量均增大。0.01mol/L 的 NaCl 和 KCOOH 处理下土壤对 Cu 的释放量很低，与对照相比，差异不显著。从土壤对 Cu 的淋溶释放动态变化情况看 [图 7-24（a）]，与土壤对 Pb 的淋溶释放特征相似，土壤对 Cu 释放量的高峰值均出现在 0.05mol/L 和 0.1mol/L NaCl 处理下，低离子强度（去离子水）淋洗的过程中。与 NaCl 处理不同，从 KCOOH 对土壤 Cu 的淋溶释放动态变化情况看 [图 7-24（b）]，淋出液中 Cu 含量的高峰值出现在淋溶初期。

　　研究结果表明，NaCl 作用下土壤对 Cu 的释放量明显高于 KCOOH。Cu 释放量的峰

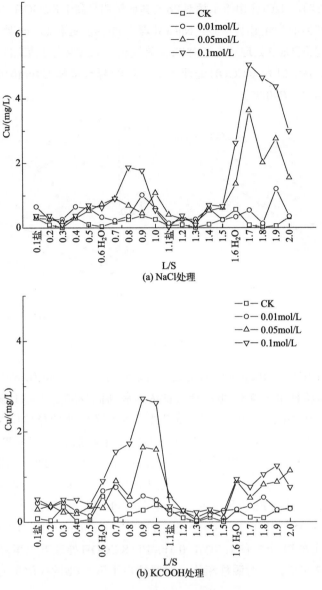

图7-24 土壤中Cu的淋溶特征

值和254nm吸光度值的变化趋势一致，NaCl处理下Cu释放量和254nm吸光度值的相关分析（图7-25），表明NaCl处理下土壤对Cu释放量和254nm吸光度值之间具有极显著的相关性（$r$=0.903，$P$<0.01），KCOOH处理下土壤对Cu释放量和254nm吸光度值之间的相关性显著（$r$=0.436，$P$<0.05）。

通过对20个淋出液中Cu全量的测定，结果表明，在0.1mol/L NaCl处理下淋洗量为2.0L/s时，试验柱中土壤对Cu的释放量达到最高值5.06mg/L。土壤对Cu的释放量远高于对Pb的释放量，与土壤中的Cu全量相比，0.01mol/L NaCl处理下土壤对Cu的释放量为土壤Cu全量的4.79%（$n$=20），0.05mol/L NaCl处理下土壤对Cu的释放量为土壤Cu全量的9.96%，0.1mol/L NaCl处理下土壤对Cu的释放量为土壤Cu全量的15.48%。与对照柱

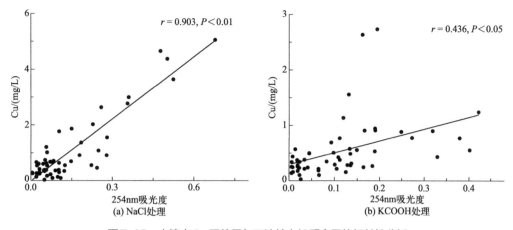

图7-25　土壤中Cu释放量与可溶性有机质含量的相关性分析

相比，对照柱中土壤对Cu的释放量为土壤Cu全量的1.84%。

与NaCl处理相比，KCOOH对Cu的释放量更低。土壤对Cu的释放量与土壤中的Cu全量相比，0.01mol/L KCOOH处理下土壤对Cu的释放量为土壤Pb全量的4.22%，0.05mol/L KCOOH处理下土壤对Cu的释放量为土壤Cu全量的7.16%，0.1mol/L KCOOH处理下土壤对Cu的释放量为土壤Cu全量的10.72%。与对照柱相比，对照柱中土壤对Cu的释放量为土壤Cu全量的1.81%（$n=20$）。

### 7.3.5　土壤中镉的淋溶特征

随NaCl浓度的增高，土壤对Cd的释放量增大。0.01mol/L的NaCl处理下土壤对Cd的释放量很低，与对照相比，差异不显著。从土壤对Cd的淋溶释放动态变化情况看［图7-26（a）］，土壤对Cd释放量的高峰值均出现在0.05mol/L和0.1mol/L NaCl处理下，高离子强度盐淋洗的过程中。与NaCl处理不同，从KCOOH对土壤Cd的淋溶释放动态变化情况看［图7-26（b）］，淋出液中Cd含量的高峰值出现在淋溶初期。

通过对20个淋出液中Cd全量的测定，结果表明，在0.1mol/L NaCl处理下淋洗量为0.1L/s时，试验柱中土壤对Cd的释放量达到最高值447.88μg/L。与土壤中的Cd全量相比，0.01mol/L NaCl处理下土壤对Cd的释放量为土壤Cd全量的16.06%（$n=20$），0.05mol/L NaCl处理下土壤对Cd的释放量为土壤Cd全量的32.12%，0.1mol/L NaCl处理下土壤对Cd的释放量为土壤Cd全量的47.30%。与对照柱相比，对照柱中土壤对Cd的释放量为土壤Cd全量的8.81%。

与NaCl处理相比，KCOOH对Cd的释放量更低。土壤对Cd的释放量与土壤中的Cd全量相比，0.01mol/L KCOOH处理下土壤对Cd的释放量为土壤Cd全量的12.93%，0.05mol/L KCOOH处理下土壤对Pb的释放量为土壤Cd全量的16.24%，0.1mol/L KCOOH处理下土壤对Cd的释放量为土壤Cd全量的16.27%。与对照柱相比，对照柱中土壤对Cd的释放量为土壤Cd全量的9.45%（$n=20$）。可见，高浓度的KCOOH对土壤中Cd的释放量无显著影响。

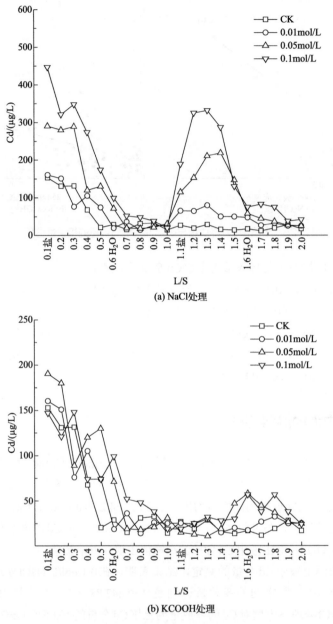

图7-26 土壤中Cd的淋溶特征

## 7.3.6 土壤中锌的淋溶特征

随着NaCl浓度的增高，土壤对Zn的释放量增大。0.01mol/L的NaCl处理下土壤对Zn的释放量很低，与对照相比，差异不显著。从土壤对Zn的淋溶释放动态变化情况看［图7-27（a）］，土壤对Zn释放量的高峰值均出现在0.05mol/L和0.1mol/L NaCl处理下，高离子强度盐淋洗的过程中。与NaCl处理不同，从KCOOH对土壤Zn的淋溶释放动态变化情况看［图7-27（b）］，淋出液中Zn含量的高峰值出现在淋溶初期。

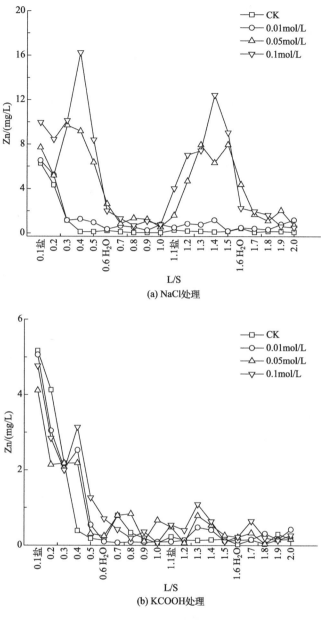

图 7-27　土壤中 Zn 的淋溶特征

　　研究结果表明，NaCl 作用下土壤对 Zn 的释放量明显高于 KCOOH。土壤对 Zn 的释放量低于对 Cd 的释放量，与土壤中的 Zn 全量相比，0.01mol/L NaCl 处理下土壤对 Zn 的释放量为土壤 Zn 全量的 7.85%（$n$=20），0.05mol/L NaCl 处理下土壤对 Zn 的释放量为土壤 Zn 全量的 26.92%，0.1mol/L NaCl 处理下土壤对 Zn 的释放量为土壤 Zn 全量的 34.27%。与对照柱相比，对照柱中土壤对 Zn 的释放量为土壤 Zn 全量的 4.59%。

　　与 NaCl 处理相比，KCOOH 对 Zn 的释放量更低。土壤对 Zn 的释放量与土壤中的 Zn 全量相比，0.01mol/L KCOOH 处理下土壤对 Zn 的释放量为土壤 Zn 全量 5.21%，0.05mol/L KCOOH 处理下土壤对 Zn 的释放量为土壤 Zn 全量的 5.38%，0.1mol/L KCOOH 处理下土壤对Zn的释放量为土壤Zn全量的6.47%。与对照柱相比，对照柱中土壤对Zn的释放量为土壤Zn全量的4.87%（$n=20$）。

综上所述，在NaCl和对照处理中土壤pH值和$E_h$变化很小，与NaCl和空白对照相比，KCOOH处理下土壤pH值显著升高，从对照的6.1升高至8.3，同时KCOOH处理显著降低土壤的氧化还原电位，从对照的520mV降至230～327mV。KCOOH处理土壤的pH值显著增加，$E_h$显著下降的原因，可能是由于土壤中COOH⁻被微生物降解需要消耗氧气，导致土壤氧化还原电位降低。氧化还原电位的降低会进一步影响土壤pH值，因为土壤中的H⁺会参加氧化还原反应。同时，与CMA不同，$CH_3COO^-$对土壤pH值有很强的缓冲作用，而COOH⁻的酸度系数（$pK_a$）为3.73显著低于土壤的pH值，因此COOH⁻对土壤pH值的缓冲起不到很好的作用。

KCOOH对Pb和Cu的释放量远低于NaCl处理。0.1mol/L KCOOH处理下土壤对Pb的释放量为土壤Pb全量的2.62%，而相同浓度NaCl处理土壤对Pb的释放量为土壤Pb全量的6.63%；0.1mol/L KCOOH处理下土壤对Cu的释放量为土壤Cu全量的10.72%，而同浓度NaCl处理土壤对Cu的释放量为土壤Cu全量的15.48%。NaCl处理下土壤对Pb和Cu的释放量与254nm吸光度值的相关分析，表明NaCl处理下土壤对Pb释放量和254nm的吸光度值之间具有极显著的相关性（$r_{Pb}=0.823$，$P<0.01$；$r_{Cu}=0.903$，$P<0.01$）。NaCl处理下土壤可溶性有机质淋溶特征的试验结果表明，高Na和低离子强度是土壤胶体扩散的主要原因，从而导致与土壤胶体紧密吸附的金属得以释放。KCOOH处理对土壤有机质的释放规律与NaCl一致，然而KCOOH处理对土壤胶体扩散的作用更小。同时，与NaCl处理不同，从土壤对Pb和Cu的淋溶释放动态变化情况看，KCOOH处理下Pb和Cu的淋溶高峰值出现在淋洗量为0.6～1.0L/s，即第一次低离子强度水淋洗作用下。分析淋溶后期KCOOH对Pb和Cu释放量降低的原因，可能为COOH⁻被微生物降解，土壤pH值升高，重金属可通过与氧化物、超氧化物和碳酸盐的协同沉淀作用降低金属的迁移性。

从土壤对Cd和Zn的淋溶释放动态变化情况看，土壤对Cd和Zn释放量的高峰值均出现在0.05mol/L和0.1mol/L NaCl处理下。高离子强度盐淋洗的过程中，而KCOOH对Cd和Zn的释放量则逐渐降低。两种处理液NaCl和KCOOH淋洗作用下，土壤对Cd和Zn的最高释放量均出现淋溶初期，分析其原因可能与人为污染土壤中外源可溶性重金属有关。研究表明，外源可溶性重金属进入土壤后迅速向各个形态转化，Cd在土壤中的存在形态主要以交换态为主。Rasa等的研究表明在KCOOH的作用下，$Cd^{2+}$向氧化物表面吸附的比例增加，超过80%的Cd以氧化态的形式存在。Gadde和Laitinen的研究也表明pH>7时铁氧化物对Cd的吸附非常有效，铝氧化物为pH>6。同时，土壤溶液中浓度较高的K⁺竞争作用，也会促进$Cd^{2+}$从交换态向氧化态的转变，因此KCOOH处理下土壤中Cd的释放量呈现逐渐降低的趋势。然而，有研究显示土壤中低氧化还原电位条件下，铁锰氧化物的溶解度会增加，从而导致与之相吸附或协同沉淀的金属浓度增加。

在本研究中，淋溶后期Cd释放量无显著增加，分析其原因可能为淋溶时间较短铁锰氧化物未发生扩散，或铁锰氧化物的扩散由铝氧化物对Cd的吸附做出了补偿。此结论在Rasa等的研究结果中得到证实，在KCOOH培养50d后，Cd仍以氧化态的形式存在。

综上所述，可以得出以下结论。

① 本研究以我国东北地区典型城市——沈阳市为研究对象，旨在阐明融雪剂在城市路域土壤中的积累及其对重金属迁移的短期影响，对了解土壤环境中重金属的迁移和转化具有重要的意义。所调查的41个采样点中重金属Cd、Pb、Cu和Zn明显积累，含量分别为1.2 ～ 7.6mg/kg、28.7 ～ 101.6mg/kg、25.9 ～ 166.6mg/kg和140.9 ～ 239.2mg/kg。为评估重金属淋溶的最大风险，选用污染较重的第15号样点的土壤作为土柱淋溶试验的对象。淋溶液选择沈阳市使用的典型复合氯盐型融雪剂，通过先淋洗融雪剂处理液后淋洗去离子水的淋洗方式，以模拟实际土壤环境中融雪剂的使用和降水的冲刷过程。研究结果表明，融雪剂处理下土壤对Cd和Zn的释放量达到总量的20.9%和16.2%，淋出液中Cd和Zn浓度与Cl$^-$浓度的极显著相关性表明，氯化络合物的形成是Cd和Zn迁移的主要方式。与Cd和Zn相比，仅有2.34%的Pb被释放，证实了土壤环境中Pb元素很低的迁移性。然而，本研究中淋出液中较高浓度的Pb、Cu与Fe、TOC的浓度间显著的相关性，表明胶体运移是土壤中Pb和Cu迁移的主要方式，可见若土壤中Pb和Cu污染达到一定浓度时，融雪剂对Pb和Cu胶体迁移的影响不容忽视。

② 本研究分别选用辽宁沈阳市和湖南长沙市的农田土壤，通过人为添加重金属制成Cd、Pb、Cu和Zn复合污染土壤，探讨融雪剂处理对两种典型土壤中Cd、Pb、Cu和Zn淋溶过程的影响，通过测定淋溶液中溶解态的有机质和Cl$^-$含量，证实土壤中Pb和Cu随土壤胶体扩散而淋溶的迁移模式，以及土壤中的Cd和Zn以氯化络合物进行迁移的模式。本研究中重金属的迁移是一个总计值，即融雪剂使用的直接或间接所造成的金属迁移的趋势和水平。短期的淋溶试验结果中，棕壤对Pb和Cu的释放高于红壤，而对Cd和Zn的释放量远低于红壤。Cd和Pb作为土壤中的重金属污染物质，Pb的迁移性很低，因此红壤对Cd的高释放量值得关注，然而土壤Pb污染严重时，应关注融雪剂使用后因胶体扩散而导致Pb淋溶量的增加。Cu和Zn作为植物所必需的营养元素，应警惕融雪剂长期大量使用所导致的棕壤中Cu的淋溶和红壤中Zn的淋失。

③ 本研究结果表明，淋出液中金属的浓度不仅被吸附-解吸的平衡反应所控制，而且被同时发生的一系列反应所影响。随着NaCl处理浓度的增高，土壤对Pb、Cu、Cd和Zn的释放量均增大；随着KCOOH浓度的增高，土壤对Cd和Zn的释放量无显著影响。KCOOH对土壤中Pb、Cu、Cd和Zn的释放量均低于NaCl，有研究表明，与NaCl相比CMA可能增加土壤溶液中某些重金属的浓度，因此，与NaCl和CMA的环境效应相比，KFo可能是更好的选择，但其对其他金属元素的释放及对其他环境介质的生态效应有待进一步研究。

# 第8章

# 融雪剂对水生生物的毒性效应

## 8.1 小球藻生长影响概述

### 8.1.1 融雪剂对水体中小球藻生长的影响

随着化学融雪剂的大量使用，融雪剂随地表径流流入河流湖泊后，盐分能在水生生态系统中蓄积，影响水生生态系统结构与功能，对水生生物造成严重影响。Koryak等研究发现水体中的盐浓度大小可能会影响水体中水生生物的分布情况。研究表明，盐度能明显影响藻类的生长情况，不同的藻类对盐类的耐受性不同，盐藻生长的最适盐度为14%；亚心形扁藻（*Platymonas subcordiformis*）和湛江叉鞭金藻（*Dicrateria zhanjiangensis Hu. Var.* sp）的最适生长盐度分别为36.36%和38.12%；紫球藻生长的最佳盐度条件为盐度20%～30%；锥状斯氏藻（*Scrippsiella trochoidea*）生长的最佳盐度条件为25g/L。Sultana研究了盐度对海水小球藻（*Chlorella rninutissima*）生长的影响，发现在盐度为20‰时藻细胞生长良好，在盐度为20‰～35‰时，藻细胞密度没有明显变化，在盐度低于20‰时藻细胞数量明显下降。

蒋雯婷等研究表明NaCl浓度为0.04mol/L时莱茵衣藻（*Chlamydomonas reinhardtii*）的生长无显著变化，而NaCl浓度达到0.075mol/L时莱茵衣藻（*Chlamydomonas reinhardtii*）生长速率明显降低。也有研究发现*Chlorella* MFD和C. *capsulata*在盐度为30‰时藻细胞生长速率达到最大值。氯化钠型融雪剂在水体中分解的阴阳离子也会对水生态系统中的水生生物产生一定影响。藻类（*Anabaerm cylindria*）的最适宜$Na^+$浓度仅为5mg/L，因此水体中$Na^+$含量与水体富营养化之间可能有一定关系。

$Na^+$浓度增加可能引起水体中的蓝绿藻爆发。Balnokin发现，Tetraselmis（Platymonas）viridis的质膜含有$Na^+$转运ATP酶，它在藻类细胞质离子动态平衡中起着关键作用。当水体中$Na^+$浓度过高时，会在藻类细胞内外形成$Na^+$浓度差，破坏藻细胞膜上的Na-K离子泵，导致细胞失活而死亡，降低水体自身的生态净化能力，加剧水体污染。

Bridgeman等研究发现且湖泊沉积物中氯化物含量的增强对底栖生物群落的生物多

样性有不利影响。祝军通过研究氯消毒剂对藻群的毒性作用发现 $Cl^-$ 会明显抑制藻细胞生长，且抑制作用随 $Cl^-$ 浓度增大而增加。当 $Cl^-$ 浓度达到3.2mg/L和12.8mg/L时，对蓝藻和绿球藻的细胞数抑制率达到90%以上。有机融雪剂也会影响水生生物的生长繁殖。机场使用的融雪剂中含有的尿素容易使附近水体出现富营养化现象，加速藻类生长繁殖速度，从而对生态环境产生危害。醋酸钠在一定浓度范围内可作为藻类生长繁殖的补充有机碳源，提高螺旋藻（*Spirulina platensis*）细胞产率。

　　融雪剂成分中的盐类对水体中藻类细胞的生理生化特性也有一定的影响。适当盐度能促进藻细胞内蛋白质等有机物的合成。焉翠蔚等研究表明，盐度为18%时，盐藻细胞中可溶性蛋白质含量和过氧化物酶活性最高。国内大量研究表明，低盐条件有利于藻细胞内叶绿素a、脂肪酸、可溶性多糖和蛋白质的积累，盐分含量过高时，这些物质的合成会受到抑制，详见本书1.4.1部分。梁英等研究结果表明盐胁迫会对塔胞藻（*Pyramidomonas sp*）的PSⅡ产生伤害，减少能量转换率。

## 8.1.2　重金属对水体中小球藻生长的影响

　　有关重金属对水体中藻类生长繁殖、生理生化特性和细胞形态结构等方面的研究，国内外已有诸多研究。研究发现，较低浓度的重金属离子能提高微藻细胞的生长繁殖速度，离子浓度较高时则会抑制藻类细胞的生长繁殖。Cu和Zn是两种特殊的重金属离子，痕量的Cu和Zn是微藻细胞正常生长过程中不可缺少的微量营养元素，一旦其浓度超过了有益的范围，就会抑制藻细胞正常生理功能，产生严重的毒害效应。

　　研究表明，$Cu^{2+}$ 对蛋白核小球藻（*Chlorella pyrenoidosa*）生长的96h-$EC_{50}$为67.3μg/L；对斜生栅藻（*Scenedesmus obliquus*）生长的96h-$EC_{50}$为51μg/L；对月形藻（*Closterium lunula*）生长的96h-$EC_{50}$为202μg/L；$Cu^{2+}$ 浓度大于0.1mg/L时，绿球藻（*Chlorococcum sp*）的生长速率下降，甚至会出现藻细胞死亡率高于生长率的现象；$Cu^{2+}$ 浓度高于0.395mg/L时会对螺旋藻（*Spirulina platensis*）生长繁殖产生抑制作用，$Cu^{2+}$ 浓度越高，抑制作用越强。$Zn^{2+}$ 对蛋白核小球藻生长的96h-$EC_{50}$为473.0μg/L；当 $Zn^{2+}$ 浓度为100mg/L时，会抑制铜绿微囊藻（*Microcystis aerugionosa*）的生长繁殖；当 $Zn^{2+}$ 浓度高于100mg/L，0.1μg/L和10mg/L时，绿球藻（*Chlorococcum sp*），脆杆藻和球等鞭金藻（*Isochrysis galbana*）生长受到明显抑制；$Zn^{2+}$ 浓度达到50mg/L时小型月牙藻（*Selenastrum minutum*）藻细胞生长繁殖会完全停止。

　　在藻类的生理生化影响方面，重金属具有很大毒害作用。重金属会抑制藻细胞进行光合作用，减少细胞中光和色素的含量，还会损伤藻细胞线粒体，破坏光合作用过程中的电子传递系统，从而妨碍藻细胞自身的蛋白质合成。邱昌恩等研究结果表明，随着 $Cu^{2+}$ 浓度逐渐升高，绿球藻（*Chlorococcum sp*）细胞中的叶绿素含量及光合作用强度下降，$Cu^{2+}$ 浓度达到10mg/L时，藻细胞呼吸作用强度最高；随着 $Zn^{2+}$ 浓度逐渐升高，绿球藻（*Chlorococcum sp*）细胞中丙二醛含量和过氧化物酶（POD）活性逐渐增强。高浓度的 $Cu^{2+}$ 和 $Zn^{2+}$ 处理下，斜生栅藻（*Scenedesmus obliquus*）和球等鞭金藻（*Isochrysis galbana*）细胞中的叶绿素含量均有所下降。

20世纪70年代末期，科研工作者认识到多种污染物的复合污染问题。目前国内外联合毒性研究多集中于重金属之间的联合作用，同系列有机物间的联合毒性及农药和重金属的联合效应。由于重金属的结构相对简单，因而重金属之间联合的研究相对兴起较早，相关研究机理也较成熟；同系列化合物的结构相似，因此它们对生物体的单一作用机制也相近，其联合作用研究也较多。

融雪剂和重金属离子在环境中累积，当其浓度达到较高值时会对环境产生危害作用。本研究通过模拟环境水体中小球藻的生长情况，探究化学融雪剂和重金属胁迫下小球藻类生长和生化指标的一系列变化，探明化学融雪剂和重金属对淡水藻类的毒害作用强弱及毒害机制，为融雪剂和重金属在淡水环境的污染控制和治理提供基础数据和理论依据，为融雪剂的合理使用和安全使用提供科学依据，为解决融雪剂的污染问题提供科学支持。

在实际环境中，融雪剂与重金属共存时，融雪剂中的盐离子与重金属离子常会发生耦合作用，导致其联合毒性升高或降低，对生物体产生不同毒害作用。本书开展了融雪剂和重金属复合作用下小球藻生长及生化指标的变化研究，并对其联合作用毒性进行评估，探明融雪剂和重金属复合污染下毒性作用变化，以期为水体生态风险评价和水环境保护提供更为科学的依据，并为复合污染物排放标准的制定提供参考。

### 8.1.2.1 研究内容

#### （1）融雪剂和重金属对藻类的单一毒性实验

分别以无机融雪剂、有机融雪剂、$Cu^{2+}$和$Zn^{2+}$对蛋白核小球藻进行单一毒性实验，测定小球藻的细胞生长密度，计算96h半抑制效应浓度（96h-$EC_{50}$）；测试不同处理条件下小球藻的叶绿素含量，蛋白质含量和多糖含量等生化指标变化情况。

#### （2）融雪剂和重金属的联合毒性对藻类的影响

在单一毒性实验数据的基础上，评定化学融雪剂与重金属在不同配比混合下的联合毒性效应。评价方法采用毒性单位法（TU）、相加指数法（AI）和混合毒性指数法（MTI）。并测试处理7d后小球藻的叶绿素含量，蛋白质含量和多糖含量等生化指标变化情况。

### 8.1.2.2 实验材料与方法

本研究以单细胞绿藻小球藻（*Chlorella vulgaris*）作为测试生物，购自中国科学院典型培养物保藏委员会淡水藻种库（FACHB-Collection）。化学融雪剂选无机和有机两种进行实验，无机化学融雪剂成分见表8-1，有机融雪剂选取HCOOK。重金属选取$Cu^{2+}$和$Zn^{2+}$。

表8-1　无机化学融雪剂主要离子含量

| 主要离子 | 离子含量/(mg/g)（平均值±标准差） | 主要离子 | 离子含量/(mg/g)（平均值±标准差） |
|---|---|---|---|
| $Na^+$ | 79.767±1.635 | $K^+$ | 12.543±0.139 |
| $Mg^{2+}$ | 28.743±0.343 | $Cl^-$ | 510.311±13.852 |
| $Ca^{2+}$ | 25.423±0.257 | $SO_4^{2-}$ | 69.159±1.258 |

藻种培养：将小球藻接种到500mL锥形瓶中，采用BG11培养基进行培养，并用生物灭菌封瓶膜封口。实验所用玻璃器皿和培养基经过高温120℃ 30min灭菌后，在接种前于超净工作台内经20min的紫外线灭菌。将锥形瓶置于GXZ-280B光照培养箱中静置培养，设置温度为25℃±2℃，光照度为3600lx，光暗比为12h:12h，每天上午定时摇动锥形瓶3次，防止藻细胞粘连。镜检细胞生长正常，培养大约1周时间，进入对数生长期后进行实验。培养基如表8-2所示。

表8-2 BG11培养基组成物质及含量

| 物质 | 含量/(mL/L) | 储备溶液 | |
|---|---|---|---|
| NaNO$_3$ | 100 | 15.0g/L dH$_2$O | |
| K$_2$HPO$_4$ | 10 | 2g/500mL dH$_2$O | |
| MgSO$_4$·7H$_2$O | 10 | 3.75g/500mL dH$_2$O | |
| 柠檬酸 | 10 | 0.3g/500mL dH$_2$O | |
| 柠檬酸铁铵 | 10 | 0.3g/500mL dH$_2$O | |
| EDTANa$_2$ | 10 | 0.05g/500mL dH$_2$O | |
| Na$_2$CO$_3$ | 10 | 1.0g/500mL dH$_2$O | |
| A5（微量金属溶液） | 1 | 组分 | 浓度 |
| | | H$_3$BO$_3$ | 2.86g/L dH$_2$O |
| | | MnCl$_2$·4H$_2$O | 1.86g/L dH$_2$O |
| | | ZnSO$_4$·7H$_2$O | 0.22g/L dH$_2$O |
| | | Na$_2$MoO$_4$·2H$_2$O | 0.39g/L dH$_2$O |
| | | CuSO$_4$·5H$_2$O | 0.08g/L dH$_2$O |
| | | Co(NO$_3$)$_2$·6H$_2$O | 0.05g/L dH$_2$O |

### 8.1.2.3 实验设计

#### （1）单一毒性

选合适融雪剂和重金属浓度范围进行预实验，用融雪剂和重金属分别处理小球藻7d，观察其生长变化，找出实验的正确浓度范围。

实验选取无机融雪剂和有机融雪剂（HCOOK）两种化学融雪剂，分别设定浓度梯度为0g/L、2g/L、4g/L、6g/L、8g/L和10g/L，以0g/L浓度组为实验对照组，每个浓度设定两个平行样。每天定时取适量的藻细胞液进行生长量指标测定，培养一周后，取适量藻细胞液进行叶绿素含量，蛋白质含量和多糖含量的指标测定，并计算出融雪剂对小球藻的96h-EC$_{50}$。

实验所用重金属离子选取Cu$^{2+}$和Zn$^{2+}$，分别设定浓度梯度为0mg/L、0.005mg/L、0.05mg/L、0.5mg/L、5mg/L和50mg/L，以0mg/L浓度组为实验对照组，每个浓度设定2个平行样。每天定时取适量藻细胞液进行生长量指标测定，培养一周后，取适量藻细胞液进行叶绿素含量，蛋白质含量和多糖含量的指标测定，并计算出重金属对小球藻的96h-EC$_{50}$。

#### （2）联合毒性

以单一毒性实验中测得的融雪剂和重金属离子对小球藻的96h-EC$_{50}$为基础，定义每种融雪剂和重金属离子的96h-EC$_{50}$=1TU（toxic unit）。融雪剂和重金属联合毒性实验设计如表8-3所列。按照毒性配比为1∶4，1∶1，4∶1将重金属和融雪剂组合，计算每个复合毒性实验组对小球藻的96h-$EC_{50}$。

表8-3 融雪剂和重金属联合毒性实验设计

| 组别 | 污染物1 | 污染物2 |
| --- | --- | --- |
| CK | 0 | 0 |
| R | $TU_无$ | 0 |
| K | $TU_有$ | 0 |
| C | 0 | $TU_{Cu}$ |
| Z | 0 | $TU_{Zn}$ |
| $RC_1$ | $0.2TU_无$ | $0.8TU_{Cu}$ |
| $RC_2$ | $0.5TU_无$ | $0.5TU_{Cu}$ |
| $RC_3$ | $0.8TU_无$ | $0.2TU_{Cu}$ |
| $RZ_1$ | $0.2TU_无$ | $0.8TU_{Zn}$ |
| $RZ_2$ | $0.5TU_无$ | $0.5TU_{Zn}$ |
| $RZ_3$ | $0.8TU_无$ | $0.2TU_{Zn}$ |
| $KC_1$ | $0.2TU_有$ | $0.8TU_{Cu}$ |
| $KC_2$ | $0.5TU_有$ | $0.5TU_{Cu}$ |
| $KC_3$ | $0.8TU_有$ | $0.2TU_{Cu}$ |
| $KZ_1$ | $0.2TU_有$ | $0.8TU_{Zn}$ |
| $KZ_2$ | $0.5TU_有$ | $0.5TU_{Zn}$ |
| $KZ_3$ | $0.8TU_有$ | $0.2TU_{Zn}$ |

以单一毒性和联合毒性试验为比较背景值，定义无机融雪剂，有机融雪剂，$Cu^{2+}$和$Zn^{2+}$对小球藻的96h-$EC_{50}$分别为$TU_无$、$TU_有$、$TU_{Cu}$和$TU_{Zn}$，按照表8-3中组合进行试验。每天定时取适量藻细胞液进行生长量指标测定，培养1周后，取适量藻细胞液进行叶绿素含量、蛋白质含量和多糖含量的指标测定。

### 8.1.2.4 指标测定

#### （1）细胞密度测定与相对抑制率

自接种第2天起，每天定时取样，置于血球计数板中，于Leica BME显微镜下观察计数。利用藻细胞密度计算相对抑制率，公式如下：

$$\rho = (1 - N / N_0) \times 100\% \tag{8-1}$$

式中 $\rho$——相对抑制率；

$N$——各浓度实验组的藻细胞密度，个/L；

$N_0$——对照组的藻细胞密度，个/L。

#### （2）叶绿素a含量的测定

采用丙酮萃取法提取藻细胞叶绿素a，并稍加改动。取5mL藻细胞液放入离心管中，5000r/min离心10min，弃上清液，藻泥中加入95%的乙醇5mL，避光振荡后放入4℃冰箱黑暗提取24h，取出后5000r/min离心10min，取上清液在665nm、649nm波长下测量光密度，根据公式（8-2）计算叶绿素a含量：

$$Chla=13.95 \times OD_{665nm}-6.88 \times OD_{649nm} \tag{8-2}$$

式中 Chla ——叶绿素a含量，mg/L；

　　 $OD_{665nm}$ ——波长665nm下的光吸收值；

　　 $OD_{649nm}$ ——波长649nm下的光吸收值。

### （3）蛋白质和多糖含量的测定

取10mL藻液，于5000r/min离心10min，弃上清液，藻泥中加入等体积的PBS缓冲液冻融破碎3次，充分振荡后，5000r/min离心10min，取出上清液用于测量藻细胞中蛋白质和多糖含量。

蛋白质含量采用的考马斯亮蓝法测定，取1mL上清液加入4mL考马斯亮蓝溶液，测定其波长595nm处的吸光度值。根据标准曲线计算藻细胞内蛋白质的含量。

多糖含量使用的蒽酮比色法测定，取1mL上清液加入4mL蒽酮，沸水浴10min后冷却至室温，测定其波长625nm处的吸光度值，根据标准曲线计算藻细胞内多糖含量。

以葡萄糖作为标准糖，配制成100μg/mL溶液，梯度稀释，按照蒽酮比色法操作，根据测定结果绘制糖含量标准曲线。

以牛血清白蛋白作为标准蛋白质，用浓度为0.9%的NaCl溶液为溶剂配制成100μg/mL、80μg/mL、60μg/mL、40μg/mL、20μg/mL、0μg/mL梯度浓度溶液，按照考马斯亮蓝法操作，根据测定结果绘制蛋白质标准曲线。

## 8.2 融雪剂对小球藻的毒性效应试验

### 8.2.1 无机融雪剂对小球藻的单一毒性效应

#### （1）无机融雪剂对小球藻生长的影响

无机融雪剂对小球藻生长密度的影响如图8-1～图8-3所示。

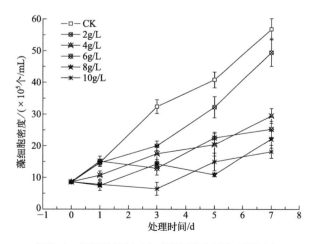

图8-1 无机融雪剂对小球藻细胞生长密度的影响

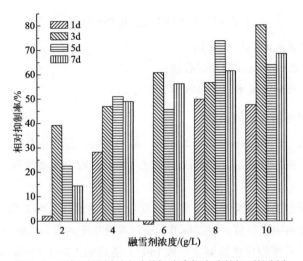

图8-2 无机融雪剂对小球藻细胞生长密度的相对抑制率

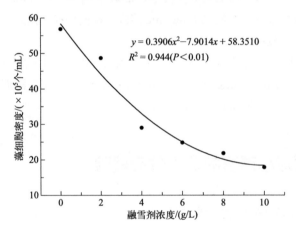

图8-3 无机融雪剂处理第7天对小球藻细胞生长密度的影响

如图所示，2g/L无机融雪剂处理下的小球藻生长速率在处理第3天后逐渐增大，其趋势与对照组基本相同。

当水体中无机融雪剂处理浓度大于4g/L时，小球藻生长十分缓慢。无机融雪剂处理浓度为8g/L和10g/L的处理，在处理第5天和第3天时甚至呈现出负增长的现象，表明融雪剂对小球藻生长的抑制非常明显。在处理第7天时无机融雪剂对小球藻表现出极显著抑制作用（$P<0.01$），其拟合曲线方程式为：$y=0.3906x^2-7.9014x+58.3510$（$R^2=0.944$，$P<0.01$）。

根据拟合方程计算得到无机融雪剂处理浓度在1～2g/L之间，浓度差异0.1g/L时的藻细胞密度，结果见表8-4。

表8-4 无机融雪剂处理第7天小球藻细胞生长密度

| 无机融雪剂浓度 /(g/L) | 藻细胞密度均值 /(×10⁵/mL) | 标准差 | 均值的95%置信区间 | | 显著性 |
|---|---|---|---|---|---|
| | | | 下限 | 上限 | |
| 0 | 56.8333 | 3.32916 | 48.5632 | 65.1034 | — |
| 2 | 48.6667 | 4.25245 | 38.1030 | 59.2303 | ** |
| 4 | 29.0000 | 2.29129 | 23.3081 | 34.6919 | ** |

续表

| 无机融雪剂浓度<br>/(g/L) | 藻细胞密度均值<br>/(×10⁵/mL) | 标准差 | 均值的95%置信区间 | | 显著性 |
|---|---|---|---|---|---|
| | | | 下限 | 上限 | |
| 6 | 24.8333 | 2.51661 | 18.5817 | 31.0849 | ** |
| 8 | 21.8333 | 2.84312 | 14.7706 | 28.8960 | ** |
| 10 | 17.8333 | 2.02073 | 12.8136 | 22.8531 | ** |

注：**表示差异极显著，下同。

研究发现，当水体中无机融雪剂处理浓度为0.6g/L时，小球藻细胞生长密度与对照组相比无显著性差异。针对这一假设开展了验证实验，结果见表8-5。

表8-5　验证实验：无机融雪剂处理第7天小球藻细胞生长密度

| 无机融雪剂浓度<br>/(g/L) | 藻细胞密度均值<br>/(×10⁵/mL) | 标准差 | 均值的95%置信区间 | | 显著性 |
|---|---|---|---|---|---|
| | | | 下限 | 上限 | |
| 0 | 42.5833 | 2.52900 | 36.3010 | 48.8657 | — |
| 0.4 | 39.3333 | 1.89297 | 34.6309 | 44.0357 | — |
| 0.5 | 43.1667 | 3.16557 | 35.3030 | 51.0304 | — |
| 0.6 | 44.7500 | 3.50000 | 36.0555 | 53.4445 | — |
| 0.7 | 38.8750 | 0.12500 | 38.5645 | 39.1855 | * |
| 0.8 | 37.0500 | 1.40000 | 33.5722 | 40.5278 | * |

注：*表示差异显著，下同。

由表试验数据可知，融雪剂处理浓度>0.7g/L时，小球藻细胞密度与对照组相比呈现显著性差异。随着实验组无机融雪剂浓度的升高，对小球藻细胞生长的相对抑制率逐渐增大。当处理浓度高于6g/L时，无机融雪剂对小球藻细胞生长的相对抑制率高于60%，说明高浓度无机融雪剂能明显抑制小球藻细胞生长繁殖。无机融雪剂与小球藻生长相对抑制率呈现浓度-效应和时间-效应关系。

**（2）无机融雪剂对小球藻生理特性的影响**

由图8-4可知，采用浓度为2g/L的无机融雪剂处理小球藻7d后，藻细胞中的叶绿素a含量稍高于对照组。当无机融雪剂处理浓度高于4g/L时，小球藻细胞内叶绿素a含量呈现极显著下降趋势（$P<0.01$）。无机融雪剂处理浓度为10g/L时，小球藻细胞内叶绿素a含量最低，仅为对照组含量的32.66%。

小球藻受无机融雪剂胁迫后，各处理浓度实验组藻细胞内蛋白质含量均显著低于对照组含量（$P<0.01$）。其下降趋势符合多项式拟合曲线：$y=0.0144x^2-0.2527x+1.2975$（$R^2=0.9911$，$P<0.01$）。

无机融雪剂处理浓度高于4g/L时，小球藻细胞内蛋白质含量较对照组呈现出极显著性差异（$P<0.01$），藻细胞内蛋白质含量分别占对照组的32.26%，79.29%，82.79%和83.15%。

当无机融雪剂处理浓度为2g/L时，小球藻细胞内多糖含量高于对照组，呈现出极显著性差异（$P<0.01$）。其他处理浓度实验组藻细胞内多糖含量与对照组相比无明显差异，但均略高于对照组。

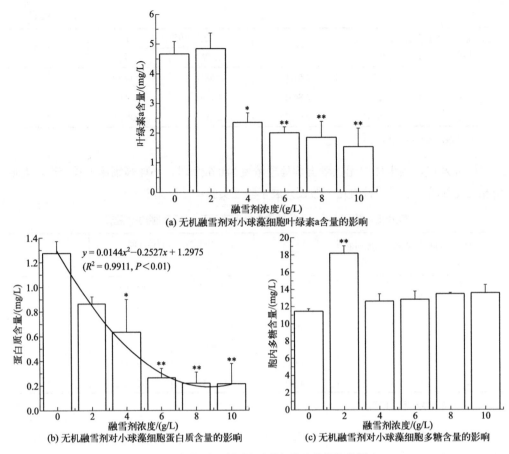

(a) 无机融雪剂对小球藻细胞叶绿素a含量的影响

(b) 无机融雪剂对小球藻细胞蛋白质含量的影响

(c) 无机融雪剂对小球藻细胞多糖含量的影响

图8-4　无机融雪剂对小球藻细胞生化指标的影响

综上所述，低浓度的无机融雪剂对小球藻生长无明显的影响，在处理前3d内，浓度为2g/L的无机融雪剂在一定程度上促进小球藻的生长。然而，当无机融雪剂处理浓度升高后，小球藻遭受融雪剂的离子毒害作用，会降低藻细胞内某些酶的活性，危害藻体正常生长代谢。

此外，水体中盐分升高后，小球藻细胞为维持细胞内外的渗透压平衡，也会消耗一部分能量，对小球藻正常生长繁殖产生影响。金伟研究结果发现，在一定的盐度范围内，盐度的增加会加快藻类的细胞增长速率，而超过一定的浓度范围后，盐度越高，对藻细胞的生长繁殖抑制越强，藻细胞增长越缓慢。蒋雯婷等也发现，高盐胁迫下莱茵衣藻的生长速率明显降低。这些现象均与本研究相符合。

叶绿素含量可以反映藻类光合作用的强弱，从其含量大小可以比较藻类的受害程度。小球藻细胞中叶绿素a含量在无机融雪剂处理浓度较低时略高于对照组含量。这可能是由于无机融雪剂形成了一个轻微盐度环境，能促进小球藻细胞内叶绿素a的合成和积累。而当无机融雪剂浓度较高时，藻细胞内叶绿素a含量明显低于对照组，这可能是由于高盐浓度提高了叶绿素酶的活性，促进了叶绿素的降解。

在无机融雪剂处理浓度<6g/L时，小球藻细胞内蛋白质含量呈现显著下降趋势，而无机融雪剂浓度再升高时，蛋白质含量无明显变化，但均与对照组呈现极显著差异，这

与藻细胞生长趋势相近。这是由于随着无机融雪剂浓度升高，小球藻细胞内某些酶活性受影响，藻细胞光合速率降低，蛋白质的合成受抑制。当无机融雪剂浓度过高时，小球藻生长受抑制，其正常代谢作用减慢，不利于藻细胞内蛋白质的积累。

低浓度无机融雪剂处理下的小球藻细胞内多糖含量最高，说明低盐环境有利于小球藻细胞内多糖的积累。这可能是由于低盐度会提高培养液中的$CO_2$溶解度，有利于小球藻细胞进行光合作用过程中糖类的合成。其他无机融雪剂处理浓度下小球藻细胞内多糖含量均稍高于对照组，由于藻细胞内的多糖是调节藻细胞内外渗透平衡的重要物质，当水体环境中盐浓度升高，盐胁迫作用加强，藻细胞会分泌大量的碳水化合物来维持藻细胞糖类代谢和细胞渗透平衡。

### 8.2.2 有机融雪剂对小球藻的单一毒性效应

#### （1）有机融雪剂对小球藻生长的影响

不同浓度有机融雪剂胁迫下小球藻细胞生长密度变化趋势明显（图8-5）。

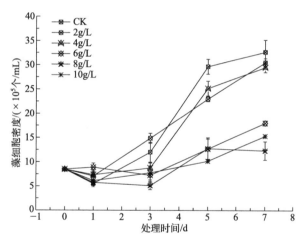

图8-5 有机融雪剂对小球藻细胞生长密度的影响

由图8-5可知，在有机融雪剂处理第1天时，各浓度实验组藻细胞密度均高于对照组。各浓度处理下的藻细胞生长速率随着处理时间增加均下降。2g/L实验组在融雪剂处理第3天时，藻细胞密度仍比对照组高，处理第7天时比对照组略低。当有机融雪剂处理浓度高于4g/L时，藻细胞生长受到较强的抑制作用，浓度高于6g/L的实验组小球藻生长受到极显著抑制（$P < 0.01$）（表8-6）。

表8-6 有机融雪剂处理第7天小球藻细胞生长密度

| 有机融雪剂浓度 /(g/L) | 藻细胞密度均值 /(×10⁵/mL) | 标准差 | 均值的95%置信区间 | | 显著性 |
| --- | --- | --- | --- | --- | --- |
| | | | 下限 | 上限 | |
| 0 | 32.6667 | 2.51661 | 26.4151 | 38.9183 | — |
| 2 | 30.5000 | 0.86603 | 28.3487 | 32.6513 | * |
| 4 | 29.5000 | 1.00000 | 27.0159 | 31.9841 | ** |

| 有机融雪剂浓度 /(g/L) | 藻细胞密度均值 /(×10⁵/mL) | 标准差 | 均值的95%置信区间 | | 显著性 |
|---|---|---|---|---|---|
| | | | 下限 | 上限 | |
| 6 | 18.0000 | 0.50000 | 16.7579 | 19.2421 | ** |
| 8 | 12.3333 | 1.89297 | 7.6309 | 17.0357 | ** |
| 10 | 15.3333 | 0.28868 | 14.6162 | 16.0504 | ** |

有机融雪剂对小球藻细胞的生长相对抑制率如图8-6所示。

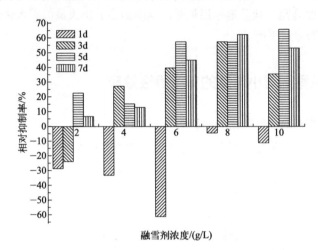

图8-6　有机融雪剂对小球藻细胞生长的相对抑制率

在融雪剂处理前3d内，2g/L融雪剂浓度的实验组对小球藻细胞的生长相对抑制率呈现负值，其余各组在第1天呈现负值。随着处理时间的延长，细胞生长受到抑制，相对抑制率逐渐增大，在处理第5天和第7天时可达到60%以上。随着有机融雪剂处理浓度的升高，对小球藻细胞的生长相对抑制率逐渐增大。

结合无机融雪剂对小球藻生长的影响，得出化学融雪剂对小球藻96h-EC$_{50}$的影响，结果见表8-7。

表8-7　化学融雪剂对小球藻96h-EC$_{50}$的影响

| 毒性物质 | 回归方程 | 96h-EC$_{50}$/(g/L) | 相关系数 |
|---|---|---|---|
| 无机融雪剂 | $y=1.024-1.47x$ | 4.973 | 0.9829 |
| 有机融雪剂 | $y=1.747-2.051x$ | 7.109 | 0.8321 |

**（2）有机融雪剂对小球藻生理特性的影响**

有机融雪剂处理小球藻7d后，测定实验组和对照组小球藻细胞内叶绿素a含量、蛋白质含量和多糖含量，结果见图8-7。

由图8-7（a）可知，小球藻细胞内叶绿素a含量随着培养基中有机融雪剂处理浓度增加逐渐下降，处理浓度为2～10g/L实验组藻细胞内叶绿素a含量呈线性下降趋势：$y=5.15343-0.27097x$（$R=0.9904$，$P<0.01$）。浓度为2g/L和4g/L的有机融雪剂处理下的小球藻细胞内叶绿素a含量显著高于对照组含量（$P<0.05$）。有机融雪剂处理浓度为10g/L时

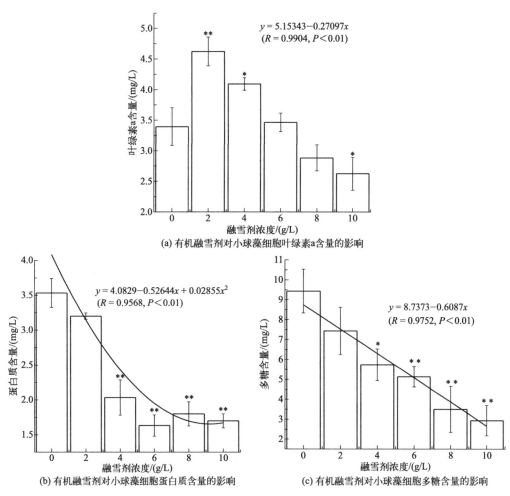

图8-7　有机融雪剂对小球藻细胞生化指标的影响

小球藻细胞内叶绿素a含量最低，为对照组含量的77.33%。

使用有机融雪剂处理后，小球藻细胞内蛋白质含量呈明显下降趋势如图8-7（b）所示。与对照组相比，浓度为2g/L的有机融雪剂处理下的藻细胞内蛋白质含量无明显变化，当有机融雪剂浓度高于4g/L时藻细胞内蛋白质含量较对照组含量呈现极显著差异（$P<0.01$），分别为对照组蛋白质含量的57.55%、46.23%、50.94%和56.04%。其下降趋势符合多项式拟合曲线：$y=4.0829-0.52644x+0.02855x^2$（$R=0.9568$，$P<0.01$）。

由图8-7（c）可知，随着有机融雪剂处理浓度的升高，小球藻细胞内多糖含量呈现逐渐下降趋势，其下降趋势符合拟合曲线：$y=8.7373-0.6087x$（$R=0.9752$，$P<0.01$）。有机融雪剂处理浓度高于4g/L时，小球藻细胞内多糖含量明显低于对照组（$P<0.05$）。浓度为10g/L的有机融雪剂处理下的藻细胞内多糖含量最低，仅为对照组多糖含量的31.1%。

综上所述，低浓度有机融雪剂在短时间处理下，小球藻细胞密度高于对照组，说明小球藻短时间暴露在低浓度有机融雪剂中时，有机融雪剂能对小球藻细胞表现出轻微的刺激生长作用。低浓度无机融雪剂对小球藻生长无明显影响，甚至在短时间内能促进小球藻生长，这是由于低浓度有机融雪剂可以作为一种补充有机碳源和能源，促进小球藻细胞生长繁殖，提高藻细胞产率。

当有机融雪剂浓度过高时，小球藻生长缓慢，说明高浓度有机融雪剂对小球藻有毒害作用，抑制小球藻生长繁殖，甚至导致藻细胞死亡。杜青平等研究发现低浓度的1,2,4-TCB在短时间内能促进斜生栅藻生长，高浓度1,2,4-TCB能显著抑制斜生栅藻生长繁殖。本研究中有机融雪剂对小球藻的毒性作用可能与1,2,4-TCB对斜生栅藻的毒性作用相同。

藻类通过光合作用来维持自身生长，光和色素是藻类光合作用的物质基础。小球藻细胞内叶绿素a含量在有机融雪剂处理浓度低于4g/L时明显比对照组高，说明少量的有机融雪剂可作为藻类光合作用的有机碳源，促进光合作用，提高光合色素的合成。有机融雪剂浓度升高，叶绿素a含量下降，说明高浓度有机融雪剂对小球藻生长的抑制作用限制了小球藻的光合作用，抑制其叶绿素a的合成。低浓度醋酸盐能促进螺旋藻细胞内叶绿素a合成，而随着处理浓度的升高，叶绿素a含量有所下降。从显微镜中可以观察到，小球藻的颜色随有机融雪剂浓度升高而逐渐由绿变黄。

使用高浓度有机融雪剂处理下小球藻细胞中蛋白质含量下降明显，产生这种现象的原因是大量有机融雪剂进入微生物细胞壁后，分解释放出阴阳离子能破坏藻细胞内蛋白质的合成，降低部分酶的活性，从而破坏藻细胞营养转运系统，影响藻类正常繁殖，甚至导致藻类死亡。有机融雪剂对小球藻细胞内蛋白质的抑制效应与五氯苯酚对蛋白核小球藻细胞内蛋白质合成的抑制效应相近。

高浓度有机融雪剂处理下小球藻细胞内多糖含量明显低于对照组，这种变化趋势与培养7d的小球藻生长趋势相吻合，这是由于过量有机融雪剂抑制小球藻生长，削弱小球藻的光合作用，从而减少了藻细胞内糖类物质的合成。

## 8.3 重金属离子对小球藻的单一毒性效应

### 8.3.1 铜离子对小球藻的单一毒性效应

#### （1）铜离子对小球藻生长的影响

$Cu^{2+}$对小球藻生长的影响结果如图8-8和图8-9所示。

当$Cu^{2+}$处理浓度低于0.5mg/L时，小球藻生长趋势与对照组趋势基本相同。在0.005mg/L和0.05mg/L浓度$Cu^{2+}$处理下的小球藻在生长第5～7天时，藻细胞迅速增殖，细胞生长速率升高。$Cu^{2+}$处理浓度为0.05mg/L实验组在处理第7d时藻细胞密度比对照组略高。$Cu^{2+}$处理浓度为5mg/L和50mg/L时，藻细胞密度明显低于对照组和其他浓度实验组，小球藻细胞受到强烈的抑制作用，细胞停止增殖，在处理第5天时甚至出现死亡率高于生长率的现象。

在$Cu^{2+}$处理第7天时，浓度为0.5mg/L的$Cu^{2+}$处理下的小球藻细胞密度与对照组相比呈现显著差异（$P<0.05$），浓度为5mg/L和50mg/L的$Cu^{2+}$处理下的小球藻细胞密度与对

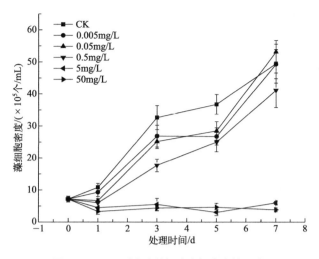

图8-8　Cu²⁺对小球藻细胞生长密度的影响

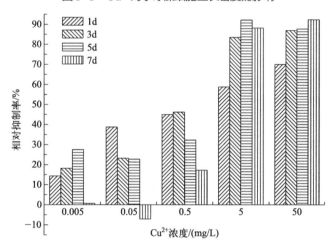

图8-9　Cu²⁺对小球藻细胞生长的相对抑制率

照组相比呈现极显著性差异（$P<0.01$）。随着处理时间的延长，处理浓度低于0.5mg/L时Cu²⁺对小球藻细胞生长的相对抑制率逐渐下降。在处理第7天时，Cu²⁺处理浓度为0.05mg/L实验组的相对抑制率呈现负值。Cu²⁺处理浓度高于5mg/L时，对小球藻细胞生长的相对抑制率达到80%以上，且随处理时间的延长呈现缓慢增长的趋势（表8-8）。

表8-8　Cu²⁺处理第7天小球藻细胞生长密度

| Cu²⁺浓度 /(mg/L) | 藻细胞密度均值 /(×10⁵/mL) | 标准差 | 均值的95%置信区间 | | 显著性 |
| --- | --- | --- | --- | --- | --- |
| | | | 下限 | 上限 | |
| 0 | 49.5000 | 6.06218 | 34.4407 | 64.5593 | — |
| 0.005 | 49.3333 | 4.53689 | 38.0631 | 60.6036 | — |
| 0.05 | 53.1667 | 3.54730 | 44.3547 | 61.9786 | — |
| 0.5 | 41.1667 | 5.39290 | 27.7700 | 54.5634 | * |
| 5 | 6.0000 | 0.50000 | 4.7579 | 7.2421 | ** |
| 50 | 3.8333 | 0.57735 | 2.3991 | 5.2676 | ** |

### （2）Cu²⁺对小球藻生理特性的影响

用Cu²⁺处理7d后，测定实验组和对照组小球藻细胞内叶绿素a含量，蛋白质含量和多糖含量，不同浓度的Cu²⁺对小球藻细胞生化指标的影响见图8-10。

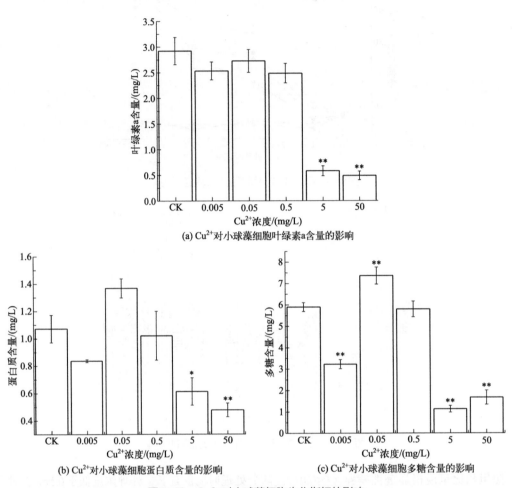

(a) Cu²⁺对小球藻细胞叶绿素a含量的影响

(b) Cu²⁺对小球藻细胞蛋白质含量的影响　　　(c) Cu²⁺对小球藻细胞多糖含量的影响

图8-10　Cu²⁺对小球藻细胞生化指标的影响

由图8-10可知，Cu²⁺处理浓度低于0.5mg/L时，小球藻细胞内叶绿素a含量与对照组相比无明显差异。当Cu²⁺处理浓度达到5mg/L和50mg/L时，小球藻细胞内叶绿素a含量呈下降趋势，与对照组相比呈现极显著差异，仅为对照组的19.87%和19.28%。各浓度Cu²⁺处理下的小球藻细胞内蛋白质含量和多糖含量变化趋势相似，随着Cu²⁺处理浓度升高均呈现先上升后下降趋势，且下降趋势明显。Cu²⁺处理浓度为0.05mg/L时，藻细胞内蛋白质和多糖含量达到最大值，分别为对照组的1.28倍和1.25倍。在Cu²⁺处理浓度为50mg/L和5mg/L时，藻细胞内蛋白质和多糖含量最低，仅占对照组含量的44.56%和20.25%。

### （3）讨论

低浓度Cu²⁺处理下小球藻细胞密度与对照组相比无显著差异，这说明低浓度Cu²⁺对小球藻生长无明显影响。低浓度$Cu^{2+}$对小球藻的生长抑制率随处理时间的延长而逐渐降低，这是由于藻细胞壁和膜上的脂类和糖类能提供许多官能团，这些官能团与$Cu^{2+}$结合，将$Cu^{2+}$束缚在细胞壁和膜上，降低$Cu^{2+}$毒性。死亡的藻类细胞含有更多的官能团，对$Cu^{2+}$的吸附作用更强，减弱了$Cu^{2+}$对小球藻细胞生长的抑制作用。当$Cu^{2+}$处理浓度过高时，藻细胞停止繁殖。这可能是由于过量的$Cu^{2+}$进入小球藻细胞，妨碍藻细胞内离子吸收、渗透和调节等方面的正常运行，破坏了细胞内部原有的离子平衡系统。造成藻细胞代谢紊乱，导致藻细胞生长缓慢，甚至死亡。产生这一现象的作用机理与$Cu^{2+}$抑制 *chlorella pyrenoidosa* 251 的生长基本类似。邱昌恩等研究发现，$Cu^{2+}$浓度低于 0.1mg/L 时，绿球藻生长趋势与对照组趋势大体相同；$Cu^{2+}$浓度在 1 ～ 10mg/L 范围内时绿球藻可以缓慢生长；当$Cu^{2+}$浓度高于 50mg/L 时会明显抑制绿球藻生长，导致绿球藻出现负增长现象。

低浓度$Cu^{2+}$处理下，小球藻细胞内叶绿素a含量变化与藻细胞生长密度变化趋势一致，与对照组相比无明显变化。而高浓度$Cu^{2+}$处理下小球藻细胞内叶绿素a含量显著降低，说明过量的$Cu^{2+}$不利于小球藻细胞内叶绿素a的合成与积累，这可能是由于$Cu^{2+}$能与藻细胞中的叶绿素结合形成配位化合物，$Cu^{2+}$浓度过高时，会损伤叶绿体，造成藻类叶绿素含量下降。另外，$Cu^{2+}$可能会取代叶绿素的中心镁原子，破坏光合作用的正常运行，降低光和色素含量。

铜是一种特殊金属，痕量的$Cu^{2+}$是藻细胞生长所必需的微量营养元素，而高浓度$Cu^{2+}$又会对藻细胞产生毒害作用。在安全浓度范围内，$Cu^{2+}$能作为酶的辅助因子，促进藻细胞的光合作用，有利于糖类和蛋白质等有机物的积累。本研究中$Cu^{2+}$浓度为 0.05mg/L 时，小球藻细胞内蛋白质和多糖含量最高，说明 0.05mg/L 时$Cu^{2+}$的安全浓度。$Cu^{2+}$浓度过高时，蛋白质和多糖含量下降明显，这是由于$Cu^{2+}$抑制率藻体中光和电子的传递，阻碍了光合作用中对碳的固定和同化，降低了光和能量利用和转化效率，抑制了藻细胞内蛋白质和糖类的合成。

### 8.3.2　锌离子对小球藻的单一毒性效应

#### （1）锌离子对小球藻生长的影响

由图 8-11 可以看出，不同浓度$Zn^{2+}$处理下，小球藻细胞密度在培养 7d 内整体上呈现增长趋势。$Zn^{2+}$处理浓度小于 0.5mg/L 时，各实验组在处理 7 天内藻细胞密度均高于对照组。$Zn^{2+}$处理浓度为 0.05mg/L 时，小球藻细胞生长密度为各组中最高。$Zn^{2+}$处理浓度为 5mg/L 时，在处理第 1 天小球藻细胞密度有所下降，随着处理时间延长，小球藻细胞密度增长趋势缓慢。处理浓度达到 50mg/L 时，$Zn^{2+}$会明显的抑制小球藻细胞的生长繁殖，在处理第 7 天时藻细胞出现负增长现象。

由图 8-12 可以看出，在处理第 7 天时，$Zn^{2+}$处理浓度大于 5mg/L 时藻细胞密度与对照组相比呈现显著性差异（$P<0.05$）。$Zn^{2+}$处理浓度低于 0.5mg/L 时，相对抑制率呈现负值。$Zn^{2+}$处理浓度为 50mg/L 时，小球藻细胞生长相对抑制率随时间延长而逐渐升高，在处理第 7 天达到 55.7%（表 8-9）。

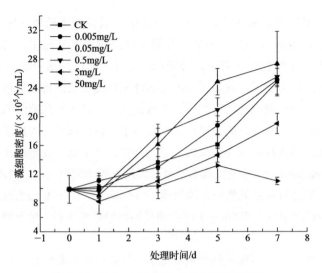

图8-11  $Zn^{2+}$对小球藻细胞生长密度的影响

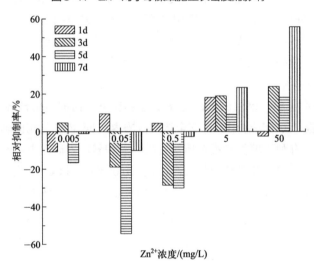

图8-12  $Zn^{2+}$对小球藻细胞生长的相对抑制率

表8-9  $Zn^{2+}$处理第7天小球藻细胞生长密度

| $Zn^{2+}$浓度 /(mg/L) | 藻细胞密度均值 /($\times 10^5$/mL) | 标准差 | 均值的95%置信区间 | | 显著性 |
|---|---|---|---|---|---|
| | | | 下限 | 上限 | |
| 0 | 24.8330 | 0.70711 | 18.4799 | 31.1861 | — |
| 0.005 | 25.0834 | 2.00345 | 7.08310 | 43.0836 | — |
| 0.05 | 27.3334 | 4.47832 | −12.9028 | 67.5694 | — |
| 0.5 | 25.4999 | 1.17825 | 14.9137 | 36.0860 | — |
| 5 | 19.0000 | 1.41421 | 6.29380 | 31.7062 | * |
| 50 | 10.9667 | 0.51852 | 6.30792 | 15.6254 | ** |

结合$Cu^{2+}$对小球藻生长的影响，得出重金属离子对小球藻的96h-$EC_{50}$影响结果见表8-10。

表8-10　重金属离子对小球藻的96h-EC$_{50}$影响结果

| 毒性物质 | 回归方程 | 96h-EC$_{50}$/(g/L) | 相关系数 |
|---|---|---|---|
| Cu$^{2+}$ | $y=-0.248-0.552x$ | 0.356 | 0.8518 |
| Zn$^{2+}$ | $y=0.190-0.301x$ | 24.244 | 0.9223 |

### （2）Zn$^{2+}$对小球藻生理特性的影响

不同浓度的Zn$^{2+}$对小球藻细胞生化指标的影响见图8-13。

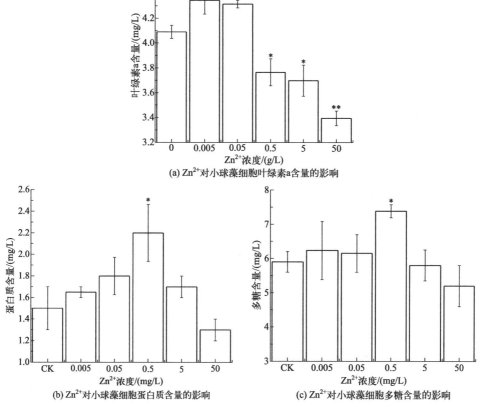

图8-13　Zn$^{2+}$对小球藻细胞生化指标的影响

由图8-13（a）可知，小球藻细胞内叶绿素a含量随Zn$^{2+}$处理浓度的升高而呈现逐渐下降趋势。与对照组相比，在Zn$^{2+}$处理浓度为0.005mg/L和0.05mg/L时藻细胞内叶绿素a含量略高，其余处理浓度实验组叶绿素a含量均有显著降低（$P<0.05$）。浓度为50mg/L的Zn$^{2+}$处理下的藻细胞中叶绿素a含量最低。

不同浓度Zn$^{2+}$处理下小球藻细胞内的蛋白质含量和多糖含量变化趋势一致，随着Zn$^{2+}$处理浓度升高呈现先上升后下降的趋势。除50mg/L外，其余浓度实验组蛋白质含量和多糖含量均高于对照组。在浓度为0.5mg/L的Zn$^{2+}$处理下，藻细胞内蛋白质和多糖含量高于其他实验组，与对照组相比呈现显著性差异（$P<0.05$）。随着Zn$^{2+}$浓度上升，蛋白质和多糖含量降低，Zn$^{2+}$处理浓度为50mg/L时含量最低，为对照组的86.67%和88.14%。

综上所述，低浓度$Zn^{2+}$处理下小球藻细胞密度高于对照组，说明作为藻类生长必需的微量营养元素，少量的$Zn^{2+}$能促进藻细胞生长繁殖。当处理浓度为5mg/L时，藻细胞生长受抑制，但仍能缓慢繁殖，这是由于细胞壁上的有机物分子含有—OH，—$NH_2$，—COOH等基团，能通过结合作用将$Zn^{2+}$吸附到细胞壁上，减少转运到藻细胞内的$Zn^{2+}$量，使小球藻的$Zn^{2+}$胁迫适应能力有所提高。高浓度$Zn^{2+}$对小球藻生长抑制作用明显，在处理时间延长时，$Zn^{2+}$对小球藻的毒害作用增强，导致藻细胞死亡。

藻细胞中叶绿素a含量变化能够反映藻细胞的生长情况是否正常。使用低浓度$Zn^{2+}$处理小球藻时，细胞中叶绿素a含量较高，与其生长曲线相吻合，表明$Zn^{2+}$在低浓度时能够促进小球藻细胞生长繁殖和细胞内叶绿素a合成。$Zn^{2+}$处理浓度升高时，叶绿素a含量下降，且趋势显著，这可能是由于$Zn^{2+}$对藻细胞的毒害作用抑制了其光合作用的进行，不利于光和色素的合成。

低浓度$Zn^{2+}$处理下各组藻细胞中蛋白质和多糖含量比对照组高，且在0.5mg/L浓度下含量最高，这是由于$Zn^{2+}$是藻类生长不可缺少的元素，$Zn^{2+}$浓度处于适当范围内可以提高藻体内某些酶的活性。有研究发现，$Zn^{2+}$可以激活植物中的葡萄糖-6-磷酸脱氢酶（G6PDH），能够促进细胞中NADPH的生成，有利于光合作用暗反应中糖类的合成。当$Zn^{2+}$浓度过高时，会与藻细胞表面的某些活性基团结合而导致其丧失活性，藻类无法正常进行新陈代谢和某些生化反应，导致蛋白质和多糖等有机物含量降低。

# 8.4 融雪剂与重金属对小球藻的联合毒性效应

## 8.4.1 联合毒性效应类型

国内外较为公认和普遍采用的联合作用分类方法由Plackett和Hewlett提出，该分类方法将混合物的联合作用划分为相加作用、协同作用、拮抗作用和独立作用4种类型。

① 相加作用。毒性物质联合作用毒性=毒性物质a单独作用的毒性+毒性物质b单独作用的毒性。即混合物中一种毒性物质被另一毒性物质物以同等比例取代后，其混合物的毒性不发生变化。

② 协同作用。毒性物质联合作用毒性>毒性物质a单独作用的毒性+毒性物质b单独作用的毒性。这可以理解为一种毒性物质的毒性被混合物中另一种毒性物质所增强。

③ 拮抗作用。毒性物质联合作用毒性<毒性物质a单独作用的毒性+毒性物质b单独作用的毒性。这可以理解为一种毒性物质抑制了混合物中另一种毒性物质的毒性。

④ 独立作用。混合物中几种毒性物质产生的毒性效应互不影响。混合物的毒性小于相加作用时的毒性，但大于其中单个毒性物质的毒性。

目前国内外对于毒性作用的联合评价方法较多，本书采用毒性单位法（TU）、指数相加法（AI）和混合毒性指数法（MTI）评价有机融雪剂和重金属对小球藻的联合毒性效应。

（1）毒性单位法（TU）

Sprague 和 Ramsay 最早提出了毒性单位法，并将其定义为：

$$TU_i = C_i / LC_{50,i} \tag{8-3}$$

式中　$TU_i$——混合物中 $i$ 组分的毒性单位；

　　　$C_i$——混合物在半数致死效应时化合物 $i$ 的浓度；

　　$LC_{50,i}$——化合物 $i$ 单独作用时的 $LC_{50}$。

混合物的毒性单位（$M$）是混合物中不同组分的毒性单位加和，即 $M=\Sigma TU_i$，$M_0=M/TU_{i,max}$（$TU_{i,max}$ 为混合物中毒性单位最大值），根据 $M$ 和 $M_0$ 对混合物的联合作用进行评价，标准如下：简单相加，$M=1$；协同作用，$M<1$；独立作用，$M=M_0$；拮抗作用，$M>M_0$；部分相加，$M_0>M>1$。

（2）指数相加法（AI）

Marking 于 1977 年系统阐述了指数相加法的概念，将其定义为：

$$AI = M-1 \quad (M=1) \tag{8-4}$$

$$AI = 1/M-1 \quad (M<1) \tag{8-5}$$

$$AI = 1-M \quad (M>1) \tag{8-6}$$

式中　$M$——混合物的毒性单位。

联合作用评价标准如下：拮抗作用，$AI<0$；简单相加，$AI=0$；协同作用，$AI>0$。

（3）混合毒性指数法（MTI）

Konemann 最早提出混合毒性指数法，将 MTI 定义为：

$$MTI = 1-\lg M/\lg M_0 \tag{8-7}$$

联合作用评价标准如下：拮抗作用，$MTI<0$；独立作用，$MTI=0$；简单相加，$MTI=1$；协同作用，$MTI>1$；部分相加，$0<MTI<1$。

将两种毒性物质混合后，其混合毒性与单一物质毒性加和相比会出现升高或降低。引起这种现象的原因有很多种，如毒性物质联合作用可能会改变细胞的结构，干扰细胞进行正常的生理活动，影响细胞转移、转化或代谢特定的化合物；或者抑制生物大分子的合成和代谢，影响某些酶的活性，降低污染物的代谢速度，改变污染物的转化情况，从而增加或降低污染物的毒性；也可能通过某些氨基酸和功能基团，如—OH，—NH$_2$，—COOH 等与污染物发生一些物理化学反应，改变污染物之间原有的作用形式，使污染物的形态和生物可利用性等发生变化。

化学融雪剂和重金属毒性单位配比为 1:4、1:1 和 4:1 时对小球藻的联合毒性数据见表 8-11。

由表 8-11 可知，采用毒性单位法（TU）和混合毒性指数法（MTI）进行评价时，其评价结果一致。

$Cu^{2+}$ 与无机融雪剂以不同毒性配比混合时，对小球藻表现出不同的联合毒性作用。

$Cu^{2+}$ 与无机融雪剂毒性配比为1∶4时，$M>1$，MTI<1，联合毒性表现为拮抗作用；配比为1∶1时，$M>1$，MTI<1，其联合毒性表现为部分相加作用；配比为4∶1时，$M$值为0.996，MTI值为1.018，均接近1，可以认为其联合毒性表现为近似于相加作用的弱协同作用。随着 $Cu^{2+}$ 在混合物中比例上升和无机融雪剂在混合物中比例下降，混合物的毒性作用逐渐增强。

表8-11 化学融雪剂和重金属离子混合物对小球藻的联合毒性

| 混合物 | 配比 | $M$ | AI | MTI |
|---|---|---|---|---|
| $Cu^{2+}$+无机融雪剂 | 1∶4 | 15.21 | −14.21 | −11.198 |
| | 1∶1 | 1.416 | −0.416 | 0.498 |
| | 4∶1 | 0.996 | 0.004 | 1.018 |
| $Cu^{2+}$+有机融雪剂 | 1∶4 | 0.396 | 1.525 | 5.166 |
| | 1∶1 | 0.994 | 0.006 | 1.009 |
| | 4∶1 | 1.195 | −0.195 | 0.202 |
| $Zn^{2+}$+无机融雪剂 | 1∶4 | 0.48 | 1.083 | 4.289 |
| | 1∶1 | 0.808 | 0.238 | 1.308 |
| | 4∶1 | 0.511 | 0.957 | 4.015 |
| $Zn^{2+}$+有机融雪剂 | 1∶4 | 0.485 | 1.062 | 4.243 |
| | 1∶1 | 0.836 | 0.196 | 1.25 |
| | 4∶1 | 0.672 | 0.488 | 2.787 |

$Cu^{2+}$ 与有机融雪剂配比为1∶4和1∶1时，$M<1$，MTI>1，联合毒性表现为协同作用，且配比为1∶1时 $M$ 值和MTI值均接近于1，可以认为其协同作用为近似相加作用的弱协同作用。配比为4∶1时，$M>1$，0<MTI<1，联合毒性表现为部分相加作用。随着 $Cu^{2+}$ 在混合物中比例上升和有机融雪剂在混合物中比例下降，混合物的毒性作用逐渐减弱。

$Zn^{2+}$ 与无机融雪剂和有机融雪剂分别以不同毒性配比混合后，其 $M$ 值在0.48～0.836之间，均小于1，MTI值在1.25～4.289之间，均大于1，联合毒性表现为协同作用。毒性配比为1∶1时，其 $M$ 值和MTI值均接近1，可以认为其联合毒性表现为近似相加作用的弱协同作用。用 $M$ 值和MTI方法评价其协同作用强弱顺序，结果表明，$Zn^{2+}$ 与无机融雪剂混合时，其协同作用大小顺序表现为1∶4>4∶1>1∶1，$Zn^{2+}$ 与有机融雪剂混合时，其协同作用大小顺序表现为：1∶4>4∶1>1∶1。

采用指数相加法（AI）进行评价后评价结果与 $M$ 值和MTI法略有不同。$Cu^{2+}$ 与无机融雪剂混合物毒性配比为1∶4和1∶1时，AI值均小于0，联合毒性表现为拮抗作用，且在配比为1∶1时，AI值接近0，可以认为其拮抗作用为近似于相加作用的弱拮抗作用；毒性配比为4∶1时，AI值大于0且接近于0，可以认为其联合毒性表现为近似于相加作用的弱协同作用。

$Cu^{2+}$ 与有机融雪剂混合物毒性配比为1∶4时，AI>0，其联合毒性表现为协同作用；配比为1∶1时，AI值为0.006，接近于0，可以认为其联合毒性表现为近似相加作用的弱协同作用；配比为4∶1时，AI值为−0.195，接近于0，可以认为其联合毒性表现为近似相加作用的弱拮抗作用。

Zn²⁺与无机融雪剂和有机融雪剂分别以不同毒性配比混合后，其AI值在0.196～1.083之间，均大于0，联合毒性表现为协同作用，且毒性配比为1∶1时，其AI值为0.238和0.196，均接近0，可以认为其联合毒性表现为近似相加作用的弱协同作用。用AI值法评价其协同作用大小，结果与$M$值和MTI方法评价结果相同。

比较不同评价法发现，毒性单位法（TU）与混合毒性指数法（MTI）的评价结果相一致，而指数相加法（AI）评价结果略有不同，说明选取不同的评价方法会不同程度上影响联合毒性结果。这主要是由于毒性单位法（TU）和混合毒性指数法（MTI）划分联合毒性作用类型评价标准时较细致，与指数相加法（AI）不同引起的。所以，在不同配比下，化学融雪剂和重金属混合体系作用类型用不同的评价方法评价结果会有一定的区别。总的来说，大部分化学融雪剂和重金属混合体系其联合作用类型都接近于协同作用和相加作用。

从以上结果可以看出：化学融雪剂与重金属离子组成的混合体系联合毒性主要表现为相加作用或近于相加作用的弱协同作用。可能是相互之间对毒性物质的生物代谢过程无干扰或者干扰作用较小，其具体的联合作用机理还有待进一步研究。

### 8.4.2　无机融雪剂与重金属对小球藻生长的影响

在不同浓度配比的无机融雪剂和Cu²⁺共同暴露下，小球藻的细胞生长密度变化情况见图8-14。

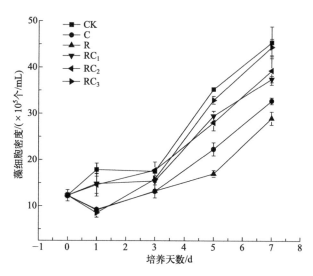

图8-14　无机融雪剂与Cu²⁺联合毒性对小球藻细胞生长密度的影响

如图8-14所示，在小球藻的整个生长过程中，各实验组藻细胞密度均低于对照组。三个联合毒性实验组藻细胞密度大于单一毒性处理下的小球藻细胞密度。在短时间内，联合毒性实验组RC₁和RC₂的藻细胞密度高于RC₃实验组，随着处理时间的延长，RC₃实验组藻细胞生长速率增大。

在融雪剂与重金属联合处理第7天时，RC₃实验组藻细胞密度明显高于其他两个联合毒性实验组。单一毒性实验组对小球藻生长的相对抑制率明显高于联合毒性实验组，相对抑制率最高值可达到50%。在处理第1天时，$RC_3$实验组的相对抑制率较高，随后相对抑制率降低，且下降趋势明显（图8-15）。

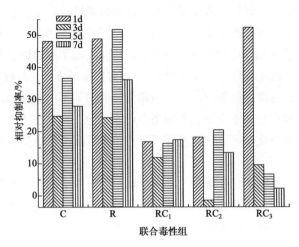

图8-15 无机融雪剂与$Cu^{2+}$联合毒性对小球藻细胞生长的相对抑制率

光合色素是藻类进行光合作用的物质基础，叶绿素含量变化能够反映藻类的生长繁殖情况。对外缘污染物最敏感的光和色素为叶绿素a。细胞中的叶绿素a在少数特殊状态下，可以在光合作用系统（包括系统Ⅰ和系统Ⅱ）中作为组成捕光色素的重要成分。在系统Ⅱ中先发生电子传递，叶绿素a可作为光合电子传递链的电子供体。因此相比与其他光合色素，叶绿素a对污染更为敏感。

本研究中化学融雪剂与重金属复合污染时藻细胞中的叶绿素a含量变化与其生长情况基本一致，当藻细胞生长情况良好时叶绿素a含量高，而藻细胞生长受抑制时，叶绿素a含量下降。

无机融雪剂和$Cu^{2+}$联合处理下小球藻细胞内叶绿素a含量、蛋白质含量和多糖含量变化结果见图8-16。

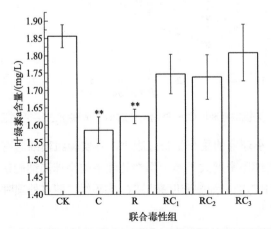

(a) 无机融雪剂与$Cu^{2+}$联合毒性对小球藻细胞叶绿素a含量的影响

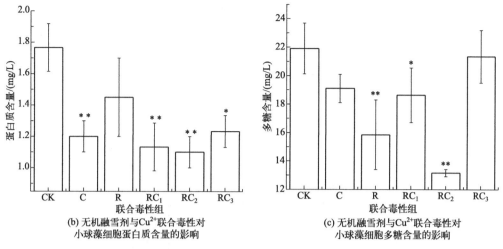

图8-16　无机融雪剂与Cu²⁺联合毒性对小球藻细胞生化指标的影响

三个联合毒性实验组的藻细胞内叶绿素a含量与对照组相比无明显变化，RC₃实验组的藻细胞内叶绿素a含量略高于其他两个联合毒性实验组。两个单一毒性实验组的藻细胞内叶绿素a含量低于对照组，呈现极显著性差异（$P<0.01$）。两个单一毒性实验组C和R每毫升藻细胞液中叶绿素a含量分别比对照组低0.2713mg和0.2317mg。三个联合毒性实验组的藻细胞内叶绿素a含量均高于单一毒性实验组。

除R实验组外，其余各组藻细胞内蛋白质含量与对照组相比呈显著性差异（$P<0.05$）。三个联合毒性实验组中RC₃组胞内蛋白质含量最高。单一毒性实验组蛋白质含量高于RC₁和RC₂两个联合毒性实验组。

R、RC₁和RC₂实验组藻细胞内多糖与对照组相比含量较低（$P<0.05$）。RC₃实验组藻细胞内多糖含量高于单一毒性实验组和其他两个联合毒性实验组。

不同毒性配比的无机融雪剂和Zn²⁺联合暴露下小球藻的细胞密度变化如图8-17所示。

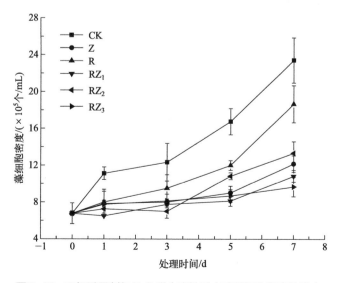

图8-17　无机融雪剂与Zn²⁺联合毒性对小球藻细胞密度的影响

在处理7d内，单一毒性实验组R与对照组藻细胞生长趋势基本相同，其余实验组藻细胞生长均受到不同程度的抑制。三个联合毒性实验组中，$RZ_2$组的藻细胞生长率略高于其他两组。

由图8-18可知，联合毒性实验组在处理7d内对小球藻生长的相对抑制率高于单一毒性实验组，$RZ_3$实验组在处理第7天时小球藻生长的相对抑制率最高，达到58.72%。

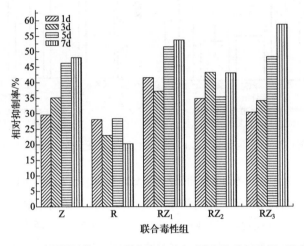

图8-18 无机融雪剂与$Zn^{2+}$联合毒性对小球藻细胞生长的相对抑制率

无机融雪剂和$Zn^{2+}$联合处理下小球藻细胞内叶绿素a含量，蛋白质含量和多糖含量变化结果见图8-19。

由图8-19可知，各实验组均比对照组的藻细胞叶绿素a含量低。单一毒性实验组R藻细胞中叶绿素a含量高于三个联合毒性实验组和单一毒性实验组Z。三个联合毒性实验组藻细胞内叶绿素含量无明显差异，分别占对照组含量的50.71%、48.63%和47.08%。

联合毒性实验组$RZ_2$和$RZ_3$藻细胞内蛋白质含量低于$RZ_1$组和两个单一毒性实验组，与对照组相比呈现极显著性差异（$P<0.01$），占对照组蛋白质含量的50%和

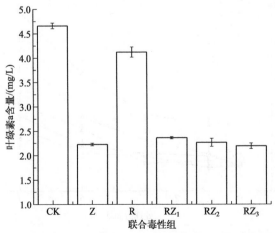

(a) 无机融雪剂与$Zn^{2+}$联合毒性对小球藻细胞叶绿素a含量的影响

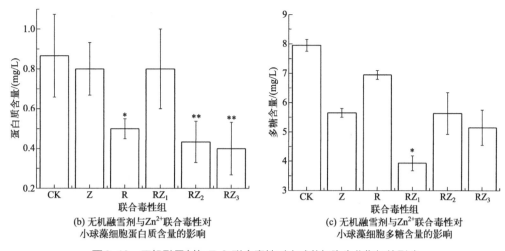

(b) 无机融雪剂与 Zn²⁺联合毒性对
小球藻细胞蛋白质含量的影响

(c) 无机融雪剂与 Zn²⁺联合毒性对
小球藻细胞多糖含量的影响

图8-19　无机融雪剂与 $Zn^{2+}$ 联合毒性对小球藻细胞生化指标的影响

46.15%。$RZ_1$ 组藻细胞内蛋白质含量高于两个单一毒性实验组，是单一毒性实验组 R 蛋白质含量的1.6倍。

联合毒性实验组藻细胞内多糖含量小于对照组和两个单一毒性实验组，$RZ_1$ 组多糖含量最低，仅为对照组的49.48%。

### 8.4.3　有机融雪剂与重金属对小球藻生长的影响

在不同毒性配比的有机融雪剂和 $Cu^{2+}$ 联合暴露下，小球藻的细胞密度变化情况如图8-20所示。

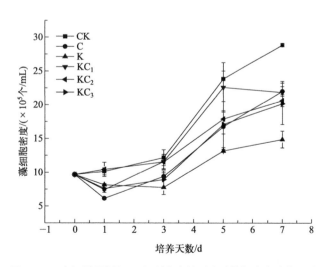

图8-20　有机融雪剂与 $Cu^{2+}$ 联合毒性对小球藻细胞密度的影响

对照组和各实验组藻细胞生长速率在处理前3d时均较低，随着处理时间的延长，各组的藻细胞生长速率加快。除 K 实验组藻细胞生长速率较低外，其余各组生长趋势基本相同。单一毒性实验组 K 对小球藻的相对抑制率高于其他实验组，最高达到48.41%。

3 个联合毒性实验组中，KC$_3$组对小球藻的相对抑制率高于其他两组。

不同毒性配比的有机融雪剂和Cu$^{2+}$联合暴露下小球藻细胞生长的相对抑制率如图8-21所示。

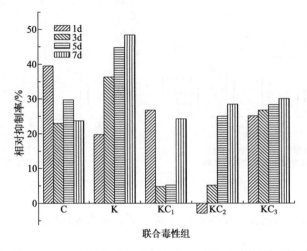

图8-21 有机融雪剂与Cu$^{2+}$联合毒性对小球藻细胞生长的相对抑制率

对照组和各实验组藻细胞生长速率在处理前3d时均较低，随着处理时间的延长，各组的藻细胞生长速率加快。除K实验组藻细胞生长速率较低外，其余各组生长趋势基本相同。单一毒性实验组K对小球藻的相对抑制率高于其他实验组，最高达到48.41%。3个联合毒性实验组中，KC$_3$组对小球藻的相对抑制率高于其他两组。

有机融雪剂和Cu$^{2+}$联合处理下小球藻细胞内叶绿素a含量，蛋白质含量和多糖含量变化结果见图8-22。

由图8-22可知，单一毒性实验组的藻细胞内叶绿素a含量低于对照组，呈现显著性差异（$P<0.05$）。联合毒性实验组KC$_1$的叶绿素a含量高于其他两个联合毒性实验组和两个单一毒性实验组。

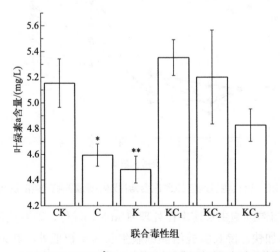

(a) 有机融雪剂与Cu$^{2+}$联合毒性对小球藻细胞叶绿素a含量的影响

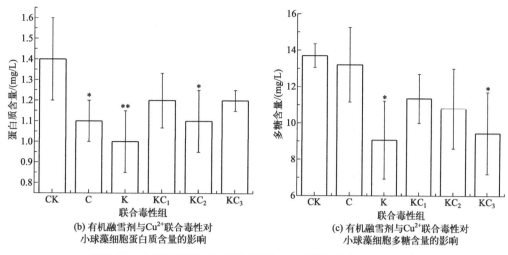

(b) 有机融雪剂与Cu²⁺联合毒性对
小球藻细胞蛋白质含量的影响

(c) 有机融雪剂与Cu²⁺联合毒性对
小球藻细胞多糖含量的影响

图8-22　有机融雪剂与$Cu^{2+}$联合毒性对小球藻细胞生化指标的影响

三个联合毒性实验组中，$KC_2$组蛋白质含量低于其他两组，与对照组相比呈现显著性差异（$P<0.05$）。单一毒性实验组蛋白质含量低于联合毒性实验组，与对照组呈现显著性差异（$P<0.05$）。

两个单一毒性实验组中C组多糖含量高于联合毒性实验组；K组多糖含量低于联合毒性实验组，与对照组相比呈显著性差异，仅为对照组含量的66.18%。三个联合毒性实验组中，$KC_3$组多糖含量低于其他两组。

不同毒性配比的有机融雪剂和$Zn^{2+}$联合暴露下小球藻的细胞密度变化如图8-23所示。

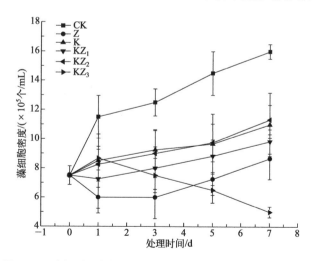

图8-23　有机融雪剂与$Zn^{2+}$联合毒性对小球藻细胞密度的影响

处理7d内各实验组小球藻细胞生长均受到强烈抑制作用。联合毒性实验组$KZ_3$受抑制作用最明显，在处理1d后，藻液中细胞死亡率大于生长率，出现负增长现象。其他4个实验组藻细胞生长趋势大体相同。单一毒性实验组Z和联合毒性实验组$KZ_3$对小球藻生长的相对抑制率高于其他实验组，$KZ_3$组在处理第7天时相对抑制率达到最大值，为68.75%（图8-24）。

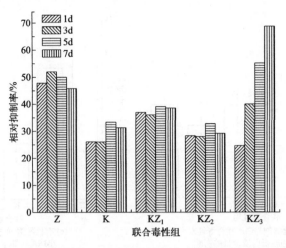

图8-24 有机融雪剂与$Zn^{2+}$联合毒性对小球藻细胞生长的相对抑制率

有机融雪剂和$Zn^{2+}$联合处理下小球藻细胞内叶绿素a含量，蛋白质含量和多糖含量变化结果见图8-25。

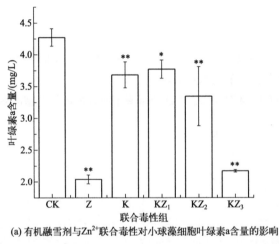

(a) 有机融雪剂与$Zn^{2+}$联合毒性对小球藻细胞叶绿素a含量的影响

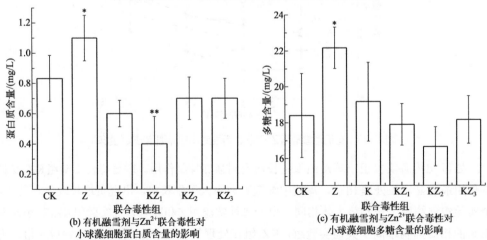

(b) 有机融雪剂与$Zn^{2+}$联合毒性对
小球藻细胞蛋白质含量的影响

(c) 有机融雪剂与$Zn^{2+}$联合毒性对
小球藻细胞多糖含量的影响

图8-25 有机融雪剂与$Zn^{2+}$联合毒性对小球藻细胞生化指标的影响

单一毒性实验组 $TU_{Zn}$ 藻细胞内叶绿素 a 含量低于 3 个联合毒性实验组和 K 组，与对照组相比呈极显著差异（$P<0.01$），仅为对照组叶绿素 a 含量的 47.76%。单一毒性实验组 Z 的藻细胞内蛋白质含量和多糖含量高于对照组和其他实验组。3 个联合毒性实验组中，$KZ_1$ 组和 $KZ_2$ 组藻细胞内叶绿素 a 含量高于 $KZ_3$，为其含量的 1.74 倍和 1.54 倍；$KZ_1$ 组蛋白质含量低于其他两组；$KZ_2$ 组多糖含量低于其他两组。

## 8.5　融雪剂对斑马鱼的毒性效应

### 8.5.1　融雪剂对斑马鱼的急性毒性效应

鱼类处于水生生态系统食物链的重要节点，是维持水生态系统结构与功能的重要水生生物之一，且对水体污染物常具有重要指示作用。水体中的污染物经鱼吸收后，可明显影响其生理特征、体内生化过程及正常新陈代谢。

在一定盐度范围内，大部分鱼类均能通过自身的调节其生理机制，使其适应水体环境，但如果超出这一范围则会影响鱼的生长，甚至导致死亡。盐度对鱼体的影响是多方面的，其中包括引起渗透压调节机制会的变化。盐浓度不仅会对鱼受精卵的分布造成影响，而且对其孵化率、畸形率均会造成影响。研究表明盐度会引起真鲷幼鱼摄食量的变化，在适当的盐度范围内，如果盐度增加，摄食量也会增加。

本研究选取对环境污染物较为敏感，对环境污染物的检测具有重要的指示作用，被誉为生物学研究中理想的脊椎水生动物模型——斑马鱼作为研究对象，探究斑马鱼对融雪剂水污染的状况是否能够迅速、完整、真实地反映出来，而且斑马鱼含有的基因数与人类接近，其中大部分与人体基因一一对应。

**（1）斑马鱼的中毒症状**

各实验组斑马鱼呈现明显的中毒症状，呼吸加快，游动速度加快，上窜、跳跃，击壁；对照组中斑马鱼在整个试验过程中，表现正常；高浓度组斑马鱼表现出侧游、身体呈 S 形、在水中悬浮、仰泳、身体逐渐失去平衡、鳃部充血、呼吸微弱、反应缓慢等中毒症状；中浓度组中斑马鱼也表现出相同症状，但没有高浓度组中表现强烈。

在浓度较低的融雪剂处理中，斑马鱼出现的中毒症状时间较迟。4h 后 15.99g/L 浓度组中的斑马鱼行动缓慢，不做挣扎、躺卧、呼吸减慢，开始出现死亡；24h 内 14.21g/L、14.78g/L、15.37g/L 浓度组中斑马鱼均有死亡，15.99g/L 浓度组中的斑马鱼的死亡率达到 100%；48h 内 13.66g/L 浓度组中开始出现死亡。斑马鱼死后身体僵直，鳃部及眼部出现充血现象。

**（2）融雪剂对斑马鱼的急性毒性**

急性毒性试验参照《水质　物质对淡水鱼（斑马鱼）急性毒性测定方法》（GB/T 13267—1991）方法。在预实验基础上，设置 5 个融雪剂质量浓度组分别为 13.70g/L、14.21g/L、14.78g/L、15.37g/L、15.99g/L，另设一空白对照组。每组设 2 个平行样品，每组投放10条斑马鱼，在33cm×25cm×17cm的鱼缸中进行实验。试验期间不喂食，然后观察24h、48h、72h、96h斑马鱼死亡的数目，并及时清出死鱼。计算暴露24h、48h、72h和96h时融雪剂对斑马鱼的$LC_{50}$和Sc值。

$$S_c = 48hLC_{50} \times 0.3 / (24hLC_{50} / 48hLC_{50})^2 \qquad (8\text{-}8)$$

式中　$S_c$——安全浓度，g/L；

　　$LC_{50}$——半致死浓度，g/L；

　$48hLC_{50}$——48h半致死浓度，g/L；

　$24hLC_{50}$——24h半致死浓度，g/L。

斑马鱼在不同浓度融雪剂中暴露不同时间的死亡率如表8-12所列。

表8-12　斑马鱼在不同浓度融雪剂中暴露不同时间的死亡率

| 浓度/(g/L) | 平均死亡率/% | | | | |
|---|---|---|---|---|---|
| | 12h | 24h | 48h | 72h | 96h |
| 0 | 0 | 0 | 0 | 0 | 0 |
| 13.66 | 0 | 0 | 10.00 | 36.67 | 46.67 |
| 14.21 | 0 | 13.33 | 16.67 | 53.33 | 66.67 |
| 14.78 | 40.00 | 43.33 | 46.67 | 86.67 | 96.67 |
| 15.37 | 43.33 | 80.00 | 90.00 | 90.00 | 99.67 |
| 15.99 | 90.00 | 100.00 | 100.00 | 100.00 | 100.00 |

从表8-12可知，随着融雪剂浓度的增加，斑马鱼死亡率逐渐增大；随着暴露时间的延长，斑马鱼死亡率也逐渐增加。可见斑马鱼死亡率与融雪剂浓度及暴露时间成正相关的关系。

融雪剂对斑马鱼的$LC_{50}$值和回归方程如表8-13所列。

表8-13　融雪剂对斑马鱼的急性毒性作用

| 时间/h | 回归方程 | $R^2$ | $LC_{50}$/(g/L) | $LC_{50}$的95%可信限 | $S_c$/(g/L) |
|---|---|---|---|---|---|
| 24 | $y=0.22x-0.39$ | 0.97 | 14.89 | 1.16～1.18 | |
| 48 | $y=0.22x-0.32$ | 0.97 | 14.66 | 1.15～1.17 | |
| 72 | $y=0.20x-0.07$ | 0.96 | 14.20 | 1.14～1.16 | 4.26 |
| 96 | $y=0.19x+0.01$ | 0.99 | 13.49 | 1.12～1.14 | |

在96h内，随着暴露时间的延长，斑马鱼$LC_{50}$逐渐降低，24h、48h、72h和96h的$LC_{50}$值分别为14.89g/L、14.66g/L、14.20g/L和13.49g/L。可见融雪剂的浓度（$x$）与斑马鱼死亡率（$y$）之间的回归关系具有明显的相关性，说明融雪剂的浓度与斑马鱼的死亡情况密切相关。根据公式（8-8）求得安全浓度（$S_c$）为4.26g/L。

本研究结果表明，在48h内，各浓度组中斑马鱼均出现死亡现象，可见不同浓度的融雪剂对斑马鱼有不同程度的损伤。随着融雪剂浓度的增加，斑马鱼死亡率逐渐增大，说明在一定浓度范围内，融雪剂对斑马鱼存在急性毒性效应；随着暴露时间的延长，斑马鱼死亡率也逐渐增加，说明融雪剂在斑马鱼体内具有累积效应，可见斑马鱼死亡率与融雪剂浓度及暴露时间成正相关的关系。

不同浓度融雪剂对斑马鱼的急性毒性实验表明，融雪剂对斑马鱼96h-LC$_{50}$值为13.49g/L。本研究使用的融雪剂的主要组成成分是氯化钠。郑闽泉等通过研究得出氯化钠对黑脊倒刺鲃的24h、48h和96h LC$_{50}$分别为14.167g/L、12.632g/L和12.500g/L。氯化钠对哲罗鱼的24h、48h、72h和96h LC$_{50}$分别为13.3660g/L、10.9144g/L、10.1391g/L和9.4189g/L。氯化钠对银鲫幼鱼的96h LC$_{50}$为8.58g/L。氯化钠对白鲳幼鱼的96h LC$_{50}$为10.4g/L。由此可见，不同种类鱼对氯化钠的耐受性不同，可能与鱼体内所产生的毒性、酶含量及其代谢等有关。从本研究结果可知，斑马鱼对氯盐型融雪剂（主成分为氯化钠）的耐受性相对较高。

### 8.5.2　鳃和肌肉组织中超氧化物歧化酶活性

不同浓度融雪剂对斑马鱼鳃中SOD活性的影响的结果如图8-26所示。

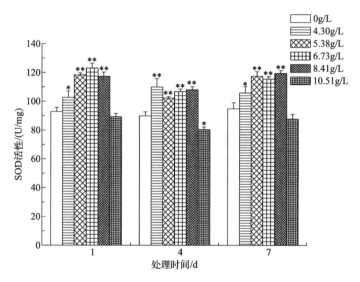

图8-26　不同浓度融雪剂作用下斑马鱼鳃中SOD活性
（处理组与对照组比较，*$P$<0.05，**$P$<0.01）

随着融雪剂浓度的增加，斑马鱼鳃中SOD活性呈先上升后下降的趋势，并且高浓度组中SOD活性降低到最小。

当斑马鱼暴露于融雪剂的时间为1d时，与对照组相比，4.30g/L浓度组中SOD活性表现为显著诱导（$P$<0.05），其活性比对照组升高11%，5.38g/L、6.73g/L和8.41g/L浓度组则均表现极显著诱导（$P$<0.01），其活性分别升高28%、33%和26%，在浓度为10.51g/L时，SOD活性下降，与对照接近，无显著差异（$P$>0.05）。

当斑马鱼暴露于融雪剂的时间为4d时，4.30g/L、5.38g/L、6.73g/L和8.41g/L浓度组中SOD活性与对照组相比均表现为极显著诱导（$P$<0.01），其活性分别比对照组升高22%、14%、19%和20%，10.51g/L浓度组中SOD活性显著下降，并且与对照组比有显著抑制作用（$P$<0.05），其活性降低11%。

当斑马鱼暴露于融雪剂的时间为7d时，与对照组相比，4.30g/L浓度组中SOD活性均表现为显著诱导（$P<0.05$），其活性比对照组升高12%，5.38g/L、6.73g/L和8.41g/L浓度组则均表现极显著诱导（$P<0.01$），各浓度组中SOD活性分别升高24%、22%和26%，10.51g/L浓度组中SOD活性下降，与对照接近，无显著差异（$P>0.05$）。

不同浓度融雪剂对斑马鱼肌肉组织中SOD活性的影响的结果如图8-27所示。

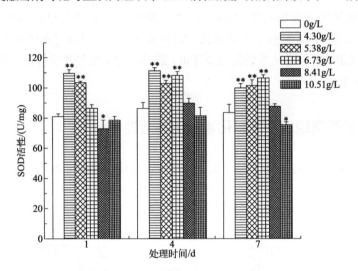

图8-27　不同浓度融雪剂作用下斑马鱼肌肉组织中SOD活性
（处理组与对照组比较，*$P<0.05$，**$P<0.01$）

随着融雪剂浓度的增加，斑马鱼肌肉组织中SOD活性呈先上升后下降的趋势，并且高浓度组中SOD活性降低到最小。

当斑马鱼暴露于融雪剂的时间为1d时，4.30g/L和5.38g/L浓度组中SOD活性高于对照组，均表现为极显著诱导（$P<0.01$），各浓度组中SOD活性分别比对照组升高36%和28%，6.73g/L和10.51g/L浓度组中SOD活性降低接近对照组，并无显著差异（$P>0.05$），而8.41g/L浓度组则表现显著抑制（$P<0.05$），比对照组降低10%。

当斑马鱼暴露于融雪剂的时间为4d时，4.30g/L、5.38g/L和6.73g/L浓度组中SOD活性高于对照组，均表现为极显著诱导（$P<0.01$），其活性分别比对照组升高29%、19%和25%，8.41g/L和10.51g/L浓度组中SOD活性下降并接近对照组，无显著差异（$P>0.05$）。

当斑马鱼暴露于融雪剂的时间为7d时，4.30g/L、5.38g/L和6.73g/L浓度组中SOD活性高于对照组，均表现为极显著诱导（$P<0.01$），其活性分别比对照组升高20%、21%和27%，8.41g/L浓度组中SOD活性接近对照组，无显著差异（$P>0.05$），10.51g/L浓度组SOD活性则明显下降表现显著抑制（$P<0.05$），比对照组降低10%。

本研究中，斑马鱼鳃和肌肉组织中SOD活性无明显差异，但整体变化趋势一致。随着融雪剂浓度的增加，呈先上升后下降的趋势。在低浓度组中SOD活性均出现显著诱导（$P<0.05$），高浓度组中SOD活性表现抑制。这可能是由于斑马鱼体可以通过自身的代谢调节作用，来清除体内的氧自由基，使酶活性上升，随着融雪剂胁迫程度的增加，SOD活性下降，说明斑马鱼自我调节能力是有限的，当胁迫程度增加，对斑马鱼机体造成严重损伤，破坏其抗氧化系统。

### 8.5.3 鳃和肌肉组织中过氧化氢酶活性

不同浓度融雪剂对斑马鱼鳃中CAT活性的影响如图8-28所示。

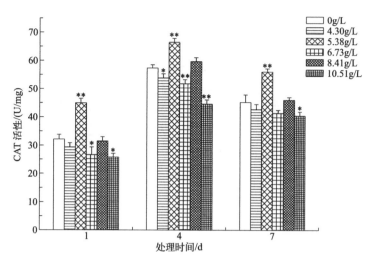

图8-28 不同浓度融雪剂作用下斑马鱼鳃中CAT活性
（处理组与对照组比较，*$P<0.05$，**$P<0.01$）

随着暴露时间的延长，斑马鱼鳃中CAT活性呈先上升后下降的趋势，并且高浓度组中CAT活性降低到最小。

当斑马鱼暴露于融雪剂的时间为1d时，4.30g/L和8.41g/L浓度组中CAT活性接近对照组，差异性不显著（$P>0.05$），5.38g/L浓度组中CAT活性高于对照组，表现为极显著诱导（$P<0.01$），其活性比对照组升高40%；6.73g/L和10.51g/L浓度组中CAT活性则低于对照组，表现为显著抑制（$P<0.05$），分别比对照组降低17%和20%。

当斑马鱼暴露于融雪剂的时间为4d时，各浓度组中CAT活性达到最大值，4.30g/L浓度组中CAT活性低于对照组，表现为显著抑制（$P<0.05$），比对照组降低6%，5.38g/L浓度组中CAT活性则高于对照组，表现为极显著诱导（$P<0.01$），比对照组升高16%，6.73g/L和10.51g/L浓度组则低于对照组，表现为极显著抑制（$P<0.01$），分别比对照组降低10%和22%，8.41g/L浓度组中CAT活性接近对照组，无明显差异（$P>0.05$）。

当斑马鱼暴露于融雪剂的时间为7d时，4.30g/L、6.73g/L和8.41g/L浓度组中CAT活性接近对照组，无显著差异（$P>0.05$），5.38g/L浓度组中CAT活性高于对照组，表现为极显著诱导（$P<0.01$），其活性升高24%，10.51g/L浓度组中CAT活性则低于对照组，表现为显著抑制（$P<0.05$），比对照组降低11%。

不同浓度融雪剂对斑马鱼肌肉组织中CAT活性的影响如图8-29所示。

结果表明，随着融雪剂的增加，斑马鱼肌肉组织中CAT活性呈先上升后下降的趋势，各个浓度组相比对照组均有明显的诱导作用。

当斑马鱼暴露于融雪剂的时间为1d时，各个浓度组中CAT活性与对照组相比均表现为极显著诱导（$P<0.01$），其活性分别比对照组升高249%、324%、370%、279%和116%。

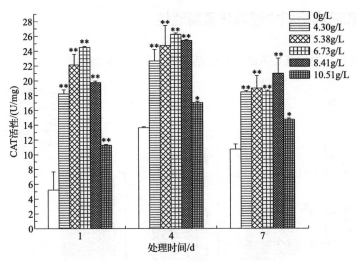

图8-29 不同浓度融雪剂作用下斑马鱼肌肉组织中CAT活性
（与对照组比较，*P<0.05，**P<0.01）

当斑马鱼暴露于融雪剂的时间为4d时，各浓度组中CAT活性达到最大值，4.30g/L、5.38g/L、6.73g/L和8.41g/L浓度组中CAT活性与对照组相比均表现为极显著诱导（P<0.01），分别比对照组升高66%、81%、93%和87%，10.51g/L浓度组中CAT活性有所下降，表现为显著诱导（P<0.05），比对照组升高25%。

当斑马鱼暴露于融雪剂的时间为7d时，4.30g/L、5.38g/L、6.73g/L和8.41g/L浓度组中CAT活性与对照组相比均表现为极显著诱导（P<0.01），分别比对照组升高72%、77%、73%和95%，10.51g/L浓度组中CAT活性有所下降，表现为显著诱导（P<0.05），比对照组升高37%。同时CAT活性表现出了组织器官差异性，在相同的暴露条件下，斑马鱼鳃中CAT的活性高于肌肉组织中。

研究结果表明，在斑马鱼鳃和肌肉组织中CAT活性变化趋势一致，随时间的延长呈先上升后下降的趋势。说明短时间暴露下，斑马鱼的鳃和肌肉组织会对融雪剂产生抗性，随着时间的延长，融雪剂在其体内不断地积累，会对机体造成持久性伤害，所以CAT活性下降。随融雪剂浓度的增加，CAT的活性表现为先升高后又下降趋势，这一结果与沈盘绿等关于96h柴油对斑马鱼肌肉组织中CAT活性趋势研究结相一致。这说明低浓度融雪剂暴露下，会刺激斑马鱼产生大量氧自由基，诱导CAT活性增强。

随着融雪剂浓度的增加，CAT活性显著下降，并且斑马鱼鳃中CAT活性表现显著抑制（P<0.05），说明高浓度的融雪剂对抗氧化酶系统造成影响，使其清除活性氧的能力有所下降。暴露条件相同时，斑马鱼鳃中CAT的活性高于肌肉组织中。说明鳃起到有效清除自由基的作用，而肌肉组织受到损害比鳃严重是清除自由基能力下降所导致的。

### 8.5.4 鳃和肌肉组织中过氧化物酶活性

不同浓度融雪剂对斑马鱼鳃中POD活性的影响如图8-30所示。

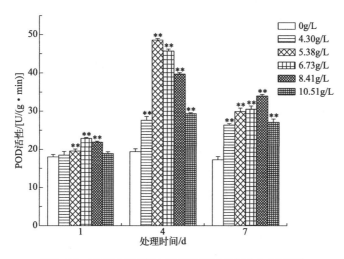

图 8-30 不同浓度融雪剂作用下斑马鱼鳃中 POD 活性
（处理组与对照组比较，**$P<0.01$）

随着暴露时间的延长，斑马鱼鳃中 POD 活性呈先上升后下降的趋势。与对照组相比，各个浓度组均有明显的诱导作用。

当斑马鱼暴露于融雪剂的时间为 1d 时，4.30g/L 和 10.51g/L 浓度组中 POD 活性与对照组相比差异性不显著（$P>0.05$），5.38g/L、6.73g/L 和 8.41g/L 浓度组中 POD 活性与对照组相比均表现为极显著诱导（$P<0.01$），其活性分别比对照组升高 8%、27% 和 22%；暴露 4d 时，各浓度组中 POD 活性最大，与对照组相比均表现为极显著诱导（$P<0.01$），分别比对照组升高 42%、150%、136%、105% 和 51%；暴露 7d 时，各浓度组中 POD 活性与对照组相比也均表现为极显著诱导（$P<0.01$），分别比对照组升高 53%、73%、77%、97% 和 57%。

不同浓度融雪剂对斑马鱼肌肉组织中 POD 活性的影响如图 8-31 所示。随着暴露时间的延长，斑马鱼肌肉组织中 POD 活性呈先上升后下降的趋势。

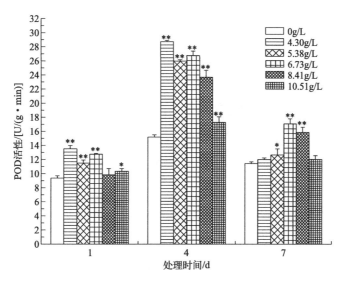

图 8-31 不同浓度融雪剂作用下斑马鱼肌肉组织中 POD 活性
（处理组与对照组比较，*$P<0.05$，**$P<0.01$）

当斑马鱼暴露于融雪剂的时间为1d时，4.30g/L、5.38g/L和6.73g/L浓度组中POD活性高于对照组，均表现为极显著诱导（$P<0.01$），其活性分别比对照组升高44%、23%和36%，8.41g/L浓度组中CAT活性接近对照组，无显著差异（$P>0.05$），10.51g/L浓度组则表现为显著诱导（$P<0.05$），比对照组升高10%；暴露4d时，各浓度组中POD活性最大，表现为极显著诱导（$P<0.01$），分别比对照组升高89%、71%、76%、56%和14%；暴露7d时，4.30g/L和10.51g/L浓度组中POD活性接近对照组，无显著差异（$P>0.05$），5.38g/L浓度组中POD活性表现为显著诱导（$P<0.05$），比对照组升高11%，6.73g/L和8.41g/L浓度组则均表现为极显著诱导（$P<0.01$），其活性分别比对照组升高49%和39%。

实验结果显示，斑马鱼鳃和肌肉组织中POD活性无明显差异，但整体变化趋势一致。随着融雪剂浓度和时间的增加，呈先上升后下降的趋势，并出现显著诱导（$P<0.05$）。这结果与迟君等关于重金属镉离子对草鱼POD活性在鳃中的变化趋势一致。说明在短时间内，低浓度融雪剂胁迫下，斑马鱼的鳃和肌肉组织会对融雪剂产生抗性，并通过自身的调解代谢，来清除过剩的氧自由基，而随着融雪剂浓度和时间的增强，会对其机体造成具有持久性影响，其清除活性氧的能力有所下降，所以高浓度组中POD活性表现急剧下降。

### 8.5.5 鱼鳃和肌肉组织中丙二醛含量

不同浓度融雪剂对斑马鱼鳃中MDA含量的影响如图8-32所示。随着融雪剂浓度的增加，斑马鱼鳃中MDA含量大致呈逐渐上升的趋势。

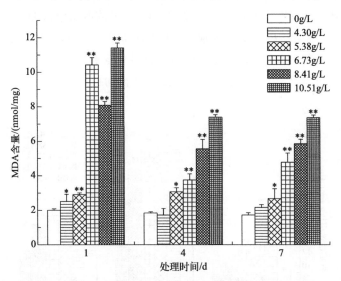

图8-32 不同浓度融雪剂作用下斑马鱼鳃中MDA含量
（处理组与对照组比较，*$P<0.05$，**$P<0.01$）

当暴露于融雪剂的时间为1d时，各浓度组斑马鱼鳃中MDA含量达到最大值，其中4.30g/L浓度组MDA含量表现为显著诱导（$P<0.05$），其MDA含量比对照组升高25%，5.38g/L、6.73g/L、8.41g/L和10.51g/L浓度组中MDA含量均表现为极显著诱导（$P<0.01$），分别比对照组升高45%、419%、302%和499%。

　　当暴露于融雪剂的时间为4d时，4.30g/L浓度组MDA含量与对照组相比无显著差异（$P>0.05$），5.38g/L、6.73g/L、8.41g/L和10.51g/L浓度组中MDA含量均表现为极显著诱导（$P<0.01$），分别比对照组升高66%、103%、201%和300%；暴露7d时，4.30g/L浓度组MDA含量与对照组相比无显著差异（$P>0.05$），5.38g/L、6.73g/L、8.41g/L和10.51g/L浓度组中MDA含量均表现为极显著诱导（$P<0.01$），分别比对照组升高55%、176%、239%和326%。

　　不同浓度融雪剂对斑马鱼肌肉组织中MDA含量的影响如图8-33所示。随着融雪剂浓度的增加，斑马鱼肌肉组织中MDA含量大致呈逐渐升高的趋势。

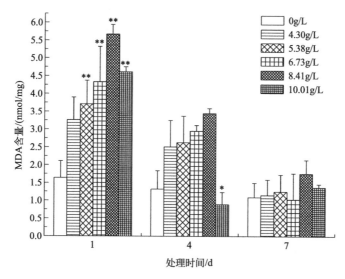

图8-33　不同浓度融雪剂作用下斑马鱼肌肉组织中MDA含量
（与对照组比较，*$P<0.05$，**$P<0.01$）

　　当暴露于融雪剂的时间为1d时，各浓度组斑马鱼肌肉组织中MDA含量达到最大值，其中4.30g/L浓度组MDA含量与对照组相比差异性不显著（$P>0.05$），5.38g/L、6.73g/L、8.41g/L和10.51g/L浓度组中MDA含量均表现为极显著诱导（$P<0.01$），分别比对照组升高126%、164%、246%和181%。

　　当暴露于融雪剂的时间为4d时，4.30g/L、5.38g/L、6.73g/L和8.41g/L浓度组中MDA含量呈逐渐上升的趋势，但与对照组相比差异性不显著（$P>0.05$），10.51g/L浓度组中MDA含量则表现为显著抑制（$P<0.05$），比对照组降低33%；暴露7d时，各浓度组中MDA含量变化趋势不明显，与对照组相比差异性不显著（$P>0.05$）。

　　本研究中，斑马鱼鳃中MDA含量变化趋势是随着融雪剂浓度的增加，而不断上升。说明融雪剂在斑马鱼体内不断增加，使抗氧化酶活性逐渐减少，不能有效清除自由基，使机体受到氧化损伤。斑马鱼肌肉组织，4.30g/L、5.38g/L、6.73g/L和8.411g/L浓度组中MDA含量是逐渐上升，但在10.01g/L浓度组中MDA含量明显降低，与武焕阳等研究硫丹胁迫作用下，48h和96h草鱼肝脏MDA含量的变化具有相似性，说明在10.01g/L浓度下，融雪剂对斑马鱼的氧化损伤具有可逆性。高于该浓度的融雪剂是否会引起斑马鱼发生不可逆的氧化损伤，值得进一步研究。

## 8.6 融雪剂与铅离子对斑马鱼红细胞微核的影响

### 8.6.1 融雪剂对斑马鱼红细胞微核的影响

正常的斑马鱼红细胞核呈椭圆形，表面光滑，位于细胞的中心位置，经Giemsa染色液染色后，呈蓝紫色。斑马鱼红细胞微核呈圆形，存在于细胞质中，并脱离主核，其大小为主核的1/10～1/5。融雪剂作用下斑马鱼的红细胞正常核和微核如图8-34所示。

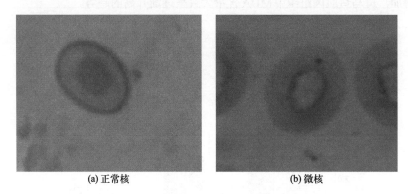

(a) 正常核　　　　　　　　　　　(b) 微核

图8-34　融雪剂作用下斑马鱼的红细胞正常核和微核

暴露96h，融雪剂对斑马鱼红细胞微核率的影响见图8-35。

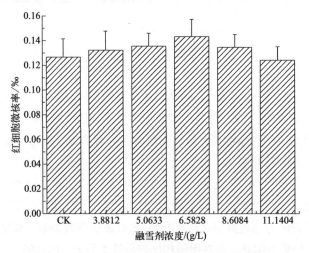

图8-35　融雪剂对斑马鱼红细胞的微核率影响

各浓度组中斑马鱼的红细胞微核细胞率随浓度融雪剂浓度的增加表现为上升—下降。但是，各浓度组中斑马鱼红细胞微核率与对照组相比差异性不显著（$P>0.05$）。

### 8.6.2 铅离子对斑马鱼红细胞微核的影响

在重金属铅离子作用下，斑马鱼红细胞的正常核和微核见图8-36。

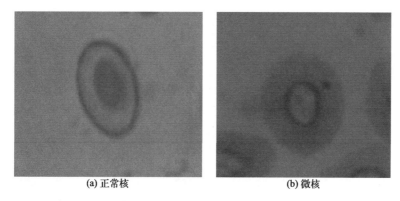

(a) 正常核　　　　　　　　　　　(b) 微核

图8-36　重金属铅离子作用下斑马鱼的红细胞正常核和微核

铅离子对斑马鱼红细胞微核率的影响见图8-37。

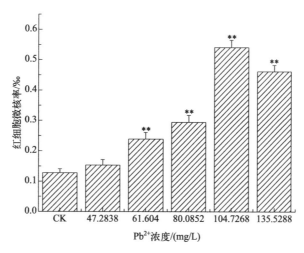

图8-37　重金属铅离子对斑马鱼红细胞的微核率影响
（处理组与对照组比较，**$P<0.01$）

随重金属铅离子浓度的增加，斑马鱼红细胞的微核率呈先上升后下降趋势，104.7268mg/L组中红细胞微核率达到最大值。47.2838mg/L组中斑马鱼红细胞的微核率与对照组比差异性不显著（$P>0.05$），61.604mg/L、80.0852mg/L、104.7268mg/L和135.5288mg/L组中斑马鱼红细胞的微核率与对照组比均显著上升（$P<0.01$）。

### 8.6.3　融雪剂与铅离子联合作用对斑马鱼红细胞微核的影响

融雪剂和重金属铅离子复合作用下斑马鱼红细胞的正常核和微核见图8-38。

融雪剂与重金属铅离子复合对斑马鱼红细胞微核率的影响见图8-39。

斑马鱼的红细胞微核率在对照组中比较低，随着融雪剂与重金属铅离子联合浓度的增加，呈明显先升高后下降的趋势。在浓度1组中，细胞微核率与对照组相比差异性显著（$P<0.05$），在浓度2～5组中，细胞微核率有了明显的升高，与对照组相比均表现极显著差异性（$P<0.01$）。浓度4组中，斑马鱼的红细胞微核率最大。与重金属铅离子单一

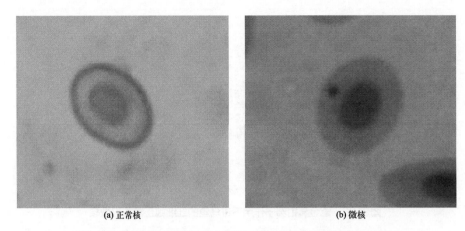

(a) 正常核　　　　　　　　　　　(b) 微核

图8-38　融雪剂与铅离子复合作用下斑马鱼红细胞的正常核和微核

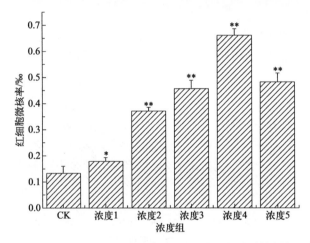

图8-39　融雪剂与铅离子复合作用对斑马鱼红细胞微核率的影响
（处理组与对照组比较，*P<0.05；**P<0.01）

作用斑马鱼的微核率变化趋势抑制。对应浓度组中，融雪剂和重金属铅离子复合作用下斑马鱼的红细胞微核率大于单一作用。

　　本研究中，在融雪剂的作用下，斑马鱼红细胞微核率与对照组比无显著差异（P>0.05），说明融雪剂对斑马细胞微核的影响不大。重金属铅离子对斑马鱼的红细胞微核率影响显示，其微核率是随重金属铅离子浓度的增加，呈现先上升后下降的趋势，这与亚硝基胍对泥鳅红细胞微核及核异常的诱发结果具有相似性。上升说明重金属铅离子对斑马鱼的细胞造成了遗传损伤，而后又下降是由于高浓度的重金属铅离子，抑制其细胞分裂或者是染色体发生畸形变异。在融雪剂和重金属铅离子复合作用下，随复合浓度的增加，斑马鱼红细胞中微核率的变化趋势与重金属铅离子单一作用下微核率的变化趋势一致。在对应浓度组中，复合效应大于单一效应。说明融雪剂和重金属铅离子复合后毒性大于单一毒性。

　　综上所述，融雪剂对水生生物的毒性效应如下。

### （1）融雪剂对小球藻的单一毒性效应

　　① 无机融雪剂对小球藻细胞生长的毒性作用高于有机融雪剂。无机融雪剂处理浓

度低于0.7g/L时对小球藻生长无影响，处理浓度达到2g/L时对小球藻生长产生明显抑制作用，处理浓度达到5g/L时，对小球藻生长的抑制率达到50%。有机融雪剂处理浓度低于2g/L时对小球藻生长无影响，处理浓度高于到4g/L时对小球藻生长产生明显抑制作用，处理浓度达到7g/L时，对小球藻生长的抑制率达到50%。无机融雪剂对小球藻细胞生长繁殖的96h-$EC_{50}$值为4.973g/L，有机融雪剂对小球藻细胞生长繁殖的96h-$EC_{50}$值为7.109g/L。因此，需控制冬季化学融雪剂的使用量，保障水体中化学融雪剂的浓度低于2g/L，并尽量使用环保型融雪剂。

② 无机融雪剂处理浓度高于4g/L时抑制小球藻细胞内叶绿素和蛋白质的合成，无机融雪剂处理浓度低于2g/L时促进小球藻细胞内多糖的合成。

③ 有机融雪剂处理浓度低于6g/L时促进小球藻细胞内叶绿素合成，有机融雪剂浓度升高，叶绿素合成量减少。有机融雪剂处理浓度高于4g/L时对胞内蛋白质和多糖的合成有抑制作用。

### （2）重金属对小球藻的单一毒性效应

① $Cu^{2+}$对小球藻细胞生长繁殖的毒性作用高于$Zn^{2+}$。$Cu^{2+}$处理浓度低于0.05mg/L时可以促进小球藻生长繁殖，当处理浓度高于0.5mg/L时，对小球藻细胞生长产生明显抑制作用，当处理浓度达到5mg/L时，对小球藻生长抑制率达到70%以上，小球藻细胞基本停止生长繁殖。$Zn^{2+}$处理浓度低于0.5mg/L时，可以促进小球藻生长繁殖，当处理浓度达到5mg/L时对小球藻生长产生明显抑制作用。$Cu^{2+}$对小球藻细胞生长繁殖的96h-$EC_{50}$值为0.356mg/L，$Zn^{2+}$对小球藻细胞生长繁殖的96h-$EC_{50}$值为24.244mg/L。

② $Cu^{2+}$处理浓度低于0.5mg/L时对小球藻细胞内叶绿素含量无影响，高浓度$Cu^{2+}$会抑制藻细胞内叶绿素合成。藻细胞内蛋白质和多糖含量在$Cu^{2+}$浓度为0.05mg/L时达到最大值，整体上呈现先上升后下降的趋势。

③ $Zn^{2+}$浓度低于0.05mg/L时会促进小球藻细胞内叶绿素合成，$Zn^{2+}$浓度高于0.5mg/L时叶绿素合成会受抑制。藻细胞内蛋白质和多糖含量随$Zn^{2+}$浓度升高呈现先上升后下降趋势，在$Zn^{2+}$浓度为0.5mg/L时达到最大值。

### （3）融雪剂和重金属联合作用对小球藻生长的影响

无机融雪剂与$Cu^{2+}$以不同毒性配比混合，处理7d内对小球藻细胞生长的毒性效应强弱与联合毒性效应评价一致。复合污染时无机融雪剂与$Cu^{2+}$毒性单位配比为4:1时对小球藻生长毒性最小，随着混合物中$Cu^{2+}$比例的升高，混合物对小球藻生长的毒性逐渐增大。这可能是由于无机融雪剂比例高时，高浓度的$Cl^-$可以优先进入藻胞体内，与相关解毒作用化合物的合成酶发生作用，增强酶的活性，促进具有螯合作用的化合物加速合成，减弱了$Cu^{2+}$对小球藻细胞的毒害效应。

无机融雪剂与$Zn^{2+}$以不同毒性配比混合后，处理7d内复合污染物对小球藻生长的毒性作用大于单一污染时的毒性作用，毒性效应的强弱顺序与联合毒性效应评价结果一致。当混合物中无机融雪剂与$Zn^{2+}$以不同含量配比时，其毒性大于配比为1:1时的毒性。这可能是由于这两种毒性物质对藻类产生毒性影响时都需要相关官能团，这些官能团能参与藻细胞中的离子交换过程或氧化还原过程。因此，无机融雪剂和$Cu^{2+}$会存在一定竞争作用，其毒性单位配比为1:1时毒性会小于其他配比。

单一毒性作用时K组对小球藻抑制作用高于C组。有机融雪剂与$Cu^{2+}$以不同毒性配比混合后，处理7d内复合污染物对小球藻生长的毒性作用大于$Cu^{2+}$单一污染时的毒性作用。随着有机融雪剂在复合污染配比中比例升高，混合物对小球藻的毒性作用逐渐增大，这可能时由于低浓度HCOOK分解出的—COOH可以与$Cu^{2+}$结合，减少进入藻细胞的$Cu^{2+}$含量，降低$Cu^{2+}$毒性。高浓度的有机融雪剂与$Cu^{2+}$联合作用于藻细胞，破坏其结构，造成藻细胞死亡。

有机融雪剂与$Zn^{2+}$毒性单位配比为4:1时，复合污染物对小球藻生长的毒性作用大于配比1:1和1:4，毒性效应的强弱与联合毒性效应评价一致。这可能是由于低浓度$Zn^{2+}$与高浓度有机融雪剂联合作用下会影响藻细胞中某些酶的活性，降低藻体对HCOOK的代谢速度，从而增加混合污染物的毒性。

### （4）融雪剂和重金属联合作用对小球藻生理特性的影响

① 叶绿素。无机融雪剂与$Cu^{2+}$以不同毒性配比混合后，对小球藻细胞内叶绿素a的毒性效应低于无机融雪剂和$Cu^{2+}$的单一污染时的毒性。无机融雪剂与$Zn^{2+}$以不同毒性配比混合后，对小球藻细胞内叶绿素a的毒性效应低于无机融雪剂单一污染毒性，与$Zn^{2+}$单一污染毒性强弱相似。

有机融雪剂与$Cu^{2+}$以不同毒性配比混合后，对小球藻细胞内叶绿素a的毒性效应低于无机融雪剂和$Cu^{2+}$的单一污染时的毒性，说明有机融雪剂和$Cu^{2+}$联合毒性对小球藻叶绿体的破坏作用小于单一污染。有机融雪剂与$Zn^{2+}$以不同毒性配比混合后，毒性单位配比4:1时叶绿素a含量最低，说明其对小球藻细胞内叶绿素a合成的抑制作用明显，毒性作用最强。这与小球藻细胞生长情况和联合毒性效应评价结果一致。

② 蛋白质。蛋白质是藻类细胞内一种非常重要的高分子有机物，对调节藻类生理功能、维持细胞新陈代谢有重要作用。因此外源污染物对藻类的胁迫作用会对藻细胞中蛋白质含量产生影响。

无机融雪剂与$Cu^{2+}$毒性单位配比为1:1和1:4混合处理下小球藻细胞内蛋白质含量低于其单一污染时蛋白质含量，说明无机融雪剂与$Cu^{2+}$复合污染对小球藻细胞蛋白质合成的毒性效应大于单一污染。无机融雪剂与$Cu^{2+}$毒性单位配比为4:1时，藻细胞内蛋白质含量高于$Cu^{2+}$单一污染，与联合毒性效应评价结果一致。R组藻细胞内蛋白质含量低于Z组，说明无机融雪剂对小球藻细胞内蛋白质的毒性作用大于$Zn^{2+}$。当无机融雪剂和$Zn^{2+}$以毒性单位配比1:1和4:1混合后，对小球藻细胞内蛋白质的破坏作用高于单一污染，无机融雪剂在复合污染物中比例越高，毒性作用越强。无机融雪剂和$Zn^{2+}$毒性单位配比为1:4时，藻细胞内蛋白质含量高于配比1:1和4:1组的含量，可能是由于$Ca^{2+}$可以在细胞膜表面形成保护膜，使细胞膜表面致密，减少$Zn^{2+}$渗入细胞，即对$Zn^{2+}$产生解毒作用。

有机融雪剂与$Cu^{2+}$以不同毒性配比混合后，小球藻细胞内蛋白质高于无机融雪剂和$Cu^{2+}$的单一污染，这可能是因为有机融雪剂与$Cu^{2+}$联合作用时，藻细胞为维持自身正常新陈代谢而合成大量蛋白质。有机融雪剂与$Zn^{2+}$毒性单位配比为1:1时，藻细胞内蛋白质含量高于配比1:4和4:1，说明配比为1:1时毒性低于其他两组，与联合毒性效应评价结果一致。毒性单位配比为4:1时，藻细胞内蛋白质含量高于配比为1:4时的含量，这可能与蛋白质调节生物生理功能、维持细胞新陈代谢有关。

③ 多糖。无机融雪剂与$Cu^{2+}$毒性单位配比为4:1混合处理下小球藻细胞内多糖含量高于配比1:1和1:4组及单一污染时多糖含量，说明配比为4:1时混合物毒性小于配比为1:1和1:4及单一污染时的毒性，对小球藻细胞内多糖的合成抑制作用较弱，这与联合毒性效应评价结果一致。

无机融雪剂与$Cu^{2+}$毒性单位配比为1:4时多糖含量高于配比1:1，可能是由于复合污染物中$Cu^{2+}$浓度较高，藻细胞为降低$Cu^{2+}$对自身伤害，分泌出大量糖类物质，对$Cu^{2+}$起螯合作用，降低其毒性。无机融雪剂与$Zn^{2+}$以不同毒性配比混合处理下小球藻细胞内多糖含量低于无机融雪剂和$Zn^{2+}$单一污染时多糖含量，说明复合污染物对小球藻的毒性大于单一污染时的毒性作用，对藻细胞内糖类合成的抑制作用更强。无机融雪剂与$Zn^{2+}$毒性单位配比为1:1时多糖含量高于配比1:4和4:1，说明配比为1:1时毒性小于配比为1:4和4:1的毒性，与联合毒性效应评价结果一致。

无机融雪剂与$Zn^{2+}$毒性单位配比为4:1时多糖含量高于配比1:4，可能是由于混合物中无机融雪剂浓度升高，提高了藻细胞外环境中的盐度，促使藻细胞分泌大量糖类来维持自身渗透平衡。有机融雪剂与$Cu^{2+}$以不同毒性配比混合后，小球藻细胞内多糖变化趋势与小球藻细胞生长趋势一致，说明小球藻细胞内多糖含量变化可能与藻类细胞生长繁殖有关。多糖含量变化也与联合毒性效应评价结果一致，有机融雪剂与$Cu^{2+}$毒性单位配比为4:1时对小球藻毒性较大，藻细胞生长受抑制，光合作用等生理功能减弱，导致糖类合成减少。

有机融雪剂与$Cu^{2+}$毒性单位配比为1:4时毒性小于其他两组，藻细胞生长情况也较好，多糖含量相应的高于其他两组。有机融雪剂与$Zn^{2+}$以不同毒性配比混合后，藻细胞内多糖含量低于有机融雪剂和$Zn^{2+}$单一污染时多糖含量，说明复合污染物对小球藻细胞内多糖的毒性效应高于单一污染时的毒性，与联合毒性效应评价结果一致。有机融雪剂与$Zn^{2+}$毒性单位配比为1:1时多糖含量低于配比1:4和4:1，这可能是由于等毒性单位比混合时，有机融雪剂与$Zn^{2+}$相互发生作用，改变了有机融雪剂与$Zn^{2+}$的形态和生物可利用性等，从而增强了混合物的毒性。

**（5）融雪剂与重金属对小球藻联合毒性类型**

① 在不同浓度比例的融雪剂和重金属联合暴露下，对小球藻的联合作用大部分都表现为协同作用类型。无机融雪剂与$Cu^{2+}$联合暴露于小球藻时，在比例为4:1，1:1，1:4时其联合毒性分别为拮抗，部分相加和协同作用。有机融雪剂与$Cu^{2+}$联合暴露于小球藻时，在比例为4:1，1:1，1:4时其联合毒性分别为协同，协同和部分相加作用，且比例为4:1时协同效应最强。无机融雪剂和有机融雪剂与$Zn^{2+}$联合暴露于小球藻时，均呈现协同作用，且在比例为4:1时协同作用最强。因此，为避免融雪剂与重金属之间发生协同等联合作用，应减少融雪剂的使用量，在重金属污染严重的区域尽量避免使用融雪剂。同时，开发新型环保融雪剂，降低其与重金属的联合毒性。

② Cu$^{2+}$与融雪剂复合污染下小球藻细胞密度高于单一污染，其联合毒性对小球藻生长的胁迫作用基本低于单一毒性。Zn$^{2+}$与融雪剂复合污染下小球藻细胞密度基本低于单一污染，其联合作用对小球藻生长的胁迫作用基本高于单一毒性。融雪剂与重金属联合作用对藻类的毒性危害更大，危害水生态平衡和水体生态系统健康，对于其联合污染的治理办法有待于进一步研究开发。

③ Cu$^{2+}$与融雪剂联合暴露对小球藻叶绿素合成的抑制作用弱于单一毒性。Zn$^{2+}$与融雪剂联合暴露对小球藻叶绿素合成的抑制作用强于单一毒性。Cu$^{2+}$与有机融雪剂联合暴露和Zn$^{2+}$与融雪剂联合暴露对小球藻蛋白质的抑制作用强于单一毒性，重金属与融雪剂联合暴露对小球藻细胞多糖合成的抑制作用强于单一毒性。

### （6）融雪剂对斑马鱼的毒性效应

① 在一定浓度范围内，斑马鱼死亡率与融雪剂浓度及暴露时间成正相关的关系。融雪剂对斑马鱼96h-LC$_{50}$值为13.49g/L，安全浓度值为4.26g/L。

② 斑马鱼鳃和肌肉组织中SOD、CAT和POD活性随胁迫程度增加，表现为先上升后下降，并且在高浓度组中均呈现显著差异（$P<0.05$），说明高浓度对其机体造成严重影响。CAT活性表现出了组织器官差异性，在相同的暴露条件下，斑马鱼鳃中CAT活性高于肌肉组织中。MDA含量随融雪剂浓度增加而逐渐增多，与抗氧化酶活性变化趋势相符，并且对融雪剂的反应都比较敏感。因此，斑马鱼鳃和肌肉组织中SOD、CAT、POD活性和MDA含量结合起来，可作为融雪剂污染的生物标志物，以期为融雪剂对环境的影响作出准确的生态毒理学预测。

③ 融雪剂对斑马鱼红细胞微核的影响不大，重金属铅离子对斑马鱼的红细胞微核率影响显著，对细胞具有明显的遗传损伤。在相同的浓度组中，融雪剂和重金属铅离子复合效应大于单一效应，说明融雪剂和重金属铅离子复合后毒性大于单一毒性，进一步说明融雪剂和铅离子复合会对斑马鱼遗传物质造成更为严重的遗传伤害。

## 第 9 章

# 城市环境中融雪剂的污染防控

## 9.1 城市路域土壤－植物－水－大气系统调查与评估

当前，大都市圈城市密集区人口正持续增加，高密度人类聚集区生物、人工结构和物理环境之间相互作用关系正成为城市生态学的重要研究内容。其中，道路和建筑物是主要的人工结构，城镇及毗连的建成区是重要的人类聚集区，高密度的道路路网建设是城市生态系统中物质、能量和信息快捷良性流动的重要保障。

道路生态学是研究道路系统和自然环境之间相互关系的一门科学。路域生态系统是其重要的研究对象，该系统主要由道路及其相关设施、车辆交通流组成的道路系统，以及动植物生命有机体与自然环境组成的路域生态系统（图9-1），在空间上呈现明显的三维结构。

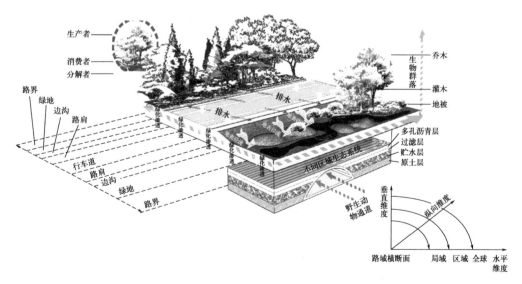

图9-1 路域生态系统三维结构示意

路域生态系统在组成上包括大气、水、土壤等非生物组分，以及由生产者、消费者和分解者组成的生物组分，二者的相互作用共同促进路域生态系统的物质循环和能量流动。对于城市而言，尤其要注重高密度人群的生活和生产活动对区域内路域生态系统的强烈干扰作用。

如前所述，在高纬度寒冷地区，融雪剂的长期使用引发的土壤、植被、地下水和流域等一系列生态环境问题已越来越受到各国植物、生态和环境科学研究者的关注。在中国北方城市，大量使用融雪剂后引发的城市道路绿化植物大量死亡的现象时有发生。在我国东北地区中心城市辽宁省沈阳市调查分析结表明，融雪剂主要成分已在城市绿化土壤、水环境和绿化植物蓄积，与老工业基地局部地区的重金属污染演变成复合污染问题，已引发了融雪剂抑制绿化植物生长、城市地表水系盐分离子污染及土壤中重金属加速向地下迁移的潜在环境风险。

当前是实现我国社会经济实现高质量发展的关键时期。我国《国家公路网规划（2022～2035年）》指出，到2035年，基本建成覆盖广泛、功能完备、集约高效、绿色智能、安全可靠的现代化高质量国家公路网，国家公路网规划总规模约46.1万公里，这标志着我国公路建设里程在未来十余年中仍将呈现持续增长的趋势。以上海为例，全市2017年的公路总里程为13322km，随着长江三角洲经济一体化的快速推进，道路路网密集成了大城市圈区域的重要人工景观特点。

道路路网建设对区域内陆地生态系统景观的破碎化切割而导致动物栖息地破坏、路域土壤-水-大气环境的污染控制与环境修复等一系列问题。道路路网在提供交通便利性的同时，道路交通产生的水、热、光、声、气、振动等环境污染，直接污染路域水、土环境，并对生物物种的空间分布产生深刻的影响。

我国与欧美、日本等发达国家相比较，我国在路域生态系统结构与功能、道路对生态系统的动态影响评估、水土环境污染综合控制、土壤-植物系统良性循环及生态要素优化调控等方面的技术研究起步较晚，研究还相对薄弱。路域生态学理论的发展，不但促进了道路系统规划技术方法的发展，而且使生态学家和交通运输行业更加重视道路系统及其生态学效益的研究。

近年来，运用大数据提高路域生态系统中生物栖息地和生物保护评价的精确性研究正日益受到重视。综合运用生态学调查研究方法及现代分析监测技术，结合不同区域路域生态系统结构与功能特点，开展城市路域土壤-植物-水-大气系统-长期定位监测与调查，系统评估并科学预测长期使用融雪剂对城市生态环境的影响，为规范融雪剂使用及建立路域生态工程技术标准体系提供科学依据，进而促进"人-车-路"与路域生态系统协调发展。

综上所述，立足新发展阶段，践行"人民城市人民建，人民城市为人民"重要理念，针对当前城市路域生态系统结构与功能定量评估缺乏定位监测大数据支撑的实际情况，对我国北方地区冬季长期使用融雪剂除雪化冰的城市，基于生态城市建设要求，定期系统开展城市路域土壤-植物-水系统调查系统评价与风险评估极为迫切。

科学建立城市路域生态系统定位监测网络，对城市路域土壤-植物-水系统开展系统调查评价与风险评估，一方面可为科学分析路域生态系统结构与功能提供大数据支撑，另一方面可为构建健康、宜居、可持续及有韧性的城市生态系统提供科学依据。

## 9.2　城市融雪剂标准与使用技术规程

### 9.2.1　融雪剂标准与使用技术规程

在高纬度地区的城市管理中，冬季道路除冰是一项事关交通和人民生命安全的重要工作。相较传统机械除雪的费时费力，融雪剂的使用极大解决了冬季道路除雪的难题。然而，目前我国融雪剂使用由于缺乏相关标准与技术规程的科学指导，长期使用融雪剂已引发了生态环境的严重不良影响，并加重了对市政交通设施的腐蚀和损坏，构建融雪剂相关标准与技术规程是平衡道路交通安全与生态环境保护关系的重要技术支撑。

当前，我国大部分城市使用的融雪剂产品单一，不同的降雪量、温度和路段一般均使用同种融雪剂。使用融雪剂时，操作人员尚不能根据降雪量精准核定融雪剂的使用量和清除残雪的时间，降低了融雪剂的化冰融雪效率，并可能加重对市政设施腐蚀和损坏。

#### （1）融雪剂撒布量

融雪剂的使用量一直是备受关注的问题，除雪时精准核定融雪剂使用量是发挥其融雪效果的重要关键技术之一。融雪剂撒布量与降雪大量、气温高低和降雪时长密切相关。融雪剂撒布量过小，不能快速实现冰雪融化；使用融雪剂过量，则不但加重其对环境的污染，而且还容易造成路面湿滑，并同时带来新的交通安全隐患。

研究表明，融雪剂的融雪化冰效率与温度、降雪量和车流量具有密切相关性。气温低于融雪剂冰点，融雪剂不能融雪化冰。北京市环境卫生管理部门发现，在降雪前，当室外温度降至-10℃左右，按$20g/m^2$撒布，不但能有效避免路面积雪形成硬雪层，极大地降低雪天对交通的影响，而且还可以节省融雪剂的使用量。降雪后，若气温在0℃左右，当车流量较大时，可直接通过车辆的摩擦和排热实现融雪，无需增施融雪剂。当雪层厚度在50mm以上时，可用推雪铲先将积雪铲至10mm，再按$60g/m^2$撒布融雪剂除雪效果较好，但这种融雪剂使用方式对桥梁和城市快速路除雪效果欠佳。

根据路面温度、降雪量精确核定融雪剂的使用量，并与其他除雪作业方式有机结合，可以有效降低融雪剂使用量，实现高效除雪。此外，迅速清理残雪也能有效降低化学融雪剂对城市环境的污染，降低道路的除雪成本。

#### （2）融雪剂撒布作业时间

科学安排融雪剂的撒布作业时间是实现高效除雪的关键技术之一，也是实现融雪剂精细化使用的重要工作任务。城市川流不息的车辆将降雪压实，在路面后形成硬雪层，反而将加大道路除雪的难度。因此，因地制宜精准核定融雪剂撒布量和时间，是构建城市融雪剂使用技术标准的重要内容。

#### （3）融雪剂撒布作业方式

早期使用融雪剂除雪时，大多采用人工抛撒的方式撒布融雪剂，受作业人员主观影响较大，难以精准量化，且撒布不均匀。为了减轻作业人员劳动强度，提高融雪剂撒布效率，将输送装置和撒布装置安置在环卫作业车上，通过汽车底盘驱动撒布融雪剂，以行车速度控制融雪剂撒布量，不但极大避免了人员撒布不均匀的问题，而且有力推进了融雪剂撒布的机械化，提高了融雪剂的撒布效率。当融雪剂撒布车遇到交通拥堵或行车条件较差的路段时，作业人员须及时调整发动机的转速，降低融雪剂的撒布密度，避免道路融雪剂撒布聚堆的问题。

### （4）融雪剂撒布路径优化

当前，我国城市还存在除雪机械储备和作业人员相对不足、资源配置不合理及除雪效率不高的问题，科学调度融雪剂撒布车及科学规划撒布路径有效的解决技术手段。Lemieux 和 Campagna 以道路等级和转弯限制为依据，最大限度地减少融雪剂撒布车的 U 形转弯数，建立了有向分层邮路问题模型。Perrie 等采用"先分群后路径"的策略，优化规划了宾夕法尼亚州的除雪车除雪路径，先根据道路的等级划分不同作业区，保证撒布车连续性。

目前，我国对融雪剂撒布车规划研究尚处于起步阶段。刘敏从城市道路网、路段车辆路径的特性划分作业区，分析了融雪剂撒布车路径规划的影响因素，用容量限制的弧路径问题（capacitated arc routing problem，CARP）规划了融雪剂撒布车的作业路线。考虑到突发事件，建立了带有临时补充点的撒布车的路径规划模型，将撒布车的空驶总路程降低了 80.7%。

综上所述，结合降雪情况精准确定融雪剂的撒布量、撒布时间、作业方式、合理规划撒布车路线，以及迅速清理道路残雪，是推进城市精细化除雪的技术关键。针对寒冷地区冬季城市除雪使用融雪剂的实际问题，设计融化后的雪水和雨水收集专用通道，冬季来临之前在道路绿化带布置挡盐板，为行道树安放隔离布，防止道路积雪中融雪剂溅入对植物生长的不良影响，都是加强融雪剂对城市环境污染防治的有效措施。

## 9.2.2　融雪剂相关的地方与国家技术标准

### （1）北京市地方标准《融雪剂》

2002年，由北京市市政市容管理委员会提出，北京市率先发布了《融雪剂》（DB11/T 161—2002）地方标准。2012年，北京市环境卫生设计科学研究所对该标准进行了修订，北京市于2012年5月7日正式发布了《融雪剂》（DB11/T 161—2012）标准。

该融雪剂地方标准主要包括融雪剂相关的术语与定义、分类、技术要求、试验方法、检验规则、标志以及包装、运输、贮存和使用说明等内容。如在标准的术语和定义部门，将融雪剂定义为能使冰、雪融化的化工产品；施洒方式划分为固体播撒和液体喷洒2个类型；融雪剂按氯化物含量不同，分为氯化物类和非氯化物类。按融雪剂使用浓度时溶液的冰点不同，分为Ⅰ型和Ⅱ型2个类型。北京市地方标准《融雪剂》（DB11/T 161—2012）技术指标见表9-1。

表9-1　《融雪剂》（DB11/T 161—2012）技术指标

| 项目 | 指标 | | 试验方法条款 |
| --- | --- | --- | --- |
| | 固体播撒类 | 液体喷洒类 | |
| 性状 | 颗粒均匀，6～8mm粒径的占融雪剂总质量的90%（包括90%）以上 | 液体融雪剂：均一的流体，不得分层或有沉淀物质；配制成溶液使用的固体颗粒融雪剂：颗粒均匀，小于10mm粒径的占融雪剂总质量的90%（包括90%）以上 | 6.2 |
| 气味 | 无令人不快的气味 | 无令人不快的气味 | 6.3 |
| 固体溶解时间/s | ≤720 | 配制成溶液使用的固体颗粒融雪剂：≤720 | 6.4 |
| 溶液色度、颜色 | 色度≤30度，无色或浅色 | 色度≤30度，无色或浅色 | 6.5 |
| 水不溶物/% | ≤5 | ≤5 | 6.6 |
| 固体水分/% | ≤5 | 配制成溶液使用的固体颗粒融雪剂：≤5 | 6.7 |
| 冰点/℃ | Ⅰ型：−15.0<冰点≤−10.0 | | 6.8 |
| | Ⅱ型：冰点≤−15.0 | | |
| 相对融雪化冰能力 | Ⅰ型：≥氯化钠融雪化冰能力的90% | | 6.9 |
| | Ⅱ型：≥二水氯化钙融雪化冰能力的90% | | |
| 碳钢腐蚀率/(mm/a) | ≤0.11 | | 6.10 |
| 路面摩擦衰减率/% | 湿基≤10 | | 6.11 |
| | 半湿基≤6 | | |
| 皮肤刺激性 | 无刺激性 | | 6.12 |
| 植物种子相对受害率/% | ≤50 | | 6.13 |
| pH值 | 6.5～9.0 | | 6.14 |
| 亚硝酸盐氮*$w$/% | ≤0.006 | | 6.15 |
| 硝酸盐氮*$w$/% | ≤0.05 | | 6.16 |
| 氯化物（Cl⁻）*$w$/% | 非氯化物类：≤0.3 | | 6.17 |
| | 氯化物类：>0.3 | | |
| 汞（Hg）*$w$/% | ≤0.0001 | | 6.18 |
| 镉（Cd）*$w$/% | ≤0.0005 | | 6.19 |
| 铬（Cr）*$w$/% | ≤0.0015 | | 6.20 |
| 铅（Pb）*$w$/% | ≤0.0025 | | 6.21 |
| 砷（As）*$w$/% | ≤0.0005 | | 6.22 |

注：*表示以固体融雪剂质量或液体融雪剂原液（未经稀释）质量计算百分含量。

### （2）国家标准《融雪剂》

2009年5月，由中国石油和化学工业协会提出，我国发布了国家标准《道路除冰融雪剂》（GB/T 23851—2009）。该标准于2017年由中国石油与化学工业联合会提出，修订为《融雪剂》（GB/T 23851—2017），并于2018年4月1日起实施。

在融雪剂的国家标准中，融雪剂定义为通过降低冰雪融化温度促使冰雪融化的化工产品。与北京市地方标准《融雪剂》（DB11/T 161—2012）一样，按照使用浓度时溶液的冰点不同，融雪剂也分为Ⅰ型和Ⅱ型2个类型。其中Ⅰ型融雪剂是指冰点在−10～−15℃的融雪剂，Ⅱ型指冰点小于−10℃的融雪剂。按照该标准的试验方法，国家标准《融雪剂》（GB/T 23851—2017）技术指标见表9-2。

表9-2 《融雪剂》（GB/T 23851—2017）技术指标

| 项目 | | | 固体 | 液体 |
|---|---|---|---|---|
| 固体溶解速度/(g/min) | | ≥ | 6.0 | — |
| 相对融雪化冰能力/% | Ⅰ型对照氯化钠 | ≥ | 90 | |
| | Ⅱ型对照二水氯化钙 | | | |
| 冰点/℃ | | | 供需双方协商 | |
| pH值 | | ≤ | 6.0～10.0 | |
| 碳钢腐蚀率/(mm/a) | | ≤ | 0.11 | |
| 路面摩擦衰减率/% | | ≤ | 10 | |
| 植物种子相对受害率/% | | ≤ | 50 | |
| 汞（Hg）/(mg/kg) | | ≤ | 1 | |
| 镉（Cd）/(mg/kg) | | ≤ | 5 | |
| 铬（Cr）/(mg/kg) | | ≤ | 15 | |
| 铅（Pb）/(mg/kg) | | ≤ | 25 | |
| 砷（As）/(mg/kg) | | ≤ | 5 | |
| 固体水分 $\omega$/% | | ≤ | 5 | |
| 水不溶物 $\omega$/% | | ≤ | 5 | |
| 氯化物（Cl⁻）$w$/% | 非氯化物类 | ≤ | 1.0 | |
| | 氯化物类 | > | | |

注：汞、镉、铬、铅、砷指标计算时以固体融雪剂干基质量或液体融雪剂原液（未经稀释）质量计算含量。

**（3）其他融雪剂相关标准**

2015年，我国交通运输部发布了交通运输行业标准《路用非氯有机融雪剂》（JT/T 973—2015）。2017年，河北省质量技术监督局修订并发布了《公路融雪剂》（DB13/T 1411—2017）地方标准。以上融雪剂相关标准的编制与发布，对科学规范融雪剂的使用提供了重要的技术支持。

目前我国融雪剂相关标准中对植物危害的市场准入指标较薄弱，仅以种子发芽率难以准确表征融雪剂对植物的影响。融雪剂相关标准中缺失对城市土壤危害的检测指标和限值。亟需开展融雪剂对城市绿化植物、水体和土壤综合影响研究，完善检测标准内容，制定科学检测方法，建立合理融雪剂评价方法和标准，对融雪剂产品进行质量评价和环境影响评价，拒绝高污染的融雪剂产品上路，从根源上阻断融雪剂对城市环境的污染。

## 9.3　城市融雪剂合理使用管理制度

规范城市道路除雪中融雪剂的使用，政府主管部门出台相关使用制度是重要保证。2002年，北京市率先出台了我国首个融雪剂地方管理办法《融雪剂使用管理办法》。2005年，黑龙江省哈尔滨市政府发布了《哈尔滨市融雪剂使用管理细则（试行）》，2012年12月正式出台了《哈尔滨市融雪剂使用管理办法》。

融雪剂产品的市场准入检测管理不但是城市规范融雪剂使用的第一道关卡，而且对于促进环境友好型融雪剂的开发具有重要促进作用。为了合理使用融雪剂，减轻其对市政设施和生态环境危害，我国已经制定的国家标准与地方标准等，相关标准对融雪剂的融雪化冰性能、植物种子相对受害率，以及含氯化物、水不溶物、重金属Pb等含量均有指标规定，一些融雪剂标准中明确了不同降雪条件下融雪剂的撒布量。这为科学使用融雪剂，为政府主管部门对融雪剂产品准入市场监管提供了技术支撑。

我国北方大部分地区降雪时地面温度在−10℃以上，河北省和辽宁省地方标准将冰点定为−15～−20℃，极大限制了一些环保型融雪剂的市场准入。按照现有相关标准对融雪剂产品进行检测，检测结果仅分为合格或不合格，尚不能对合格产品的性价比进行优劣遴选。因此，应尽快出台相关管理制度，因地制宜按照融雪剂成分和使用地分类限定产品的冰点，在融雪剂基本性状、融雪剂化冰能力和环境影响等方面，依据融雪剂检测结果对其进行性价比排序，通过融雪剂市场准入管理，为促进环境友好型融雪剂的研发提供坚实的制度保障。

## 9.4　融雪剂高抗性城市绿化植物筛选与种质创新

### 9.4.1　融雪剂高抗性城市绿化植物筛选

道路除雪撒布的融雪剂以径流和飞溅等方式扩散到城市道路绿化土壤中，导致绿化带土壤Cl⁻和Na⁺集聚，pH值升高，N和P等营养缺失或不平衡，保水保肥能力降低，微生物数量减少，土壤酶活性降低，加剧了绿化带土壤盐碱化，对绿化带植物生长和发育造成危害，严重时甚至枯死。一方面，合理规范使用融雪剂是减轻其对道路绿化植物生长危害的有效途径。另一方面，筛选对融雪剂高抗性的道路绿化植物，也是降低融雪剂对城市绿化植物生长不良影响的有效措施。

在城市绿化草种筛选方面，张营等比较了我国东北地区中心城市沈阳市黑麦草、白三叶和早熟禾3种草坪草对融雪剂的耐受性，发现黑麦草和早熟禾对氯盐类融雪剂抗性更高。其他一些研究也发现早熟禾可以耐受浓度为25g/L的氯盐融雪剂胁迫。牛菊兰研究发现早熟禾中的优异、梅里安和爱肯尼三个早熟禾品种耐盐性显著高于瓦巴斯、菲尔金和梅里安。可见，早熟禾可作为寒冷地区融雪剂使用城市的绿化草种。

对道路绿化带植物进行系统调查和筛选，根据植物对融雪剂的耐受能力，在使用融雪剂的城市道路绿化中，参考不同植物品种的耐盐碱能力选择中国北方城市道路绿化耐盐碱植物品种（表9-3）。

表9-3　中国北方城市道路绿化耐盐碱植物品种

| 耐盐碱性能 | 植物名 | 科属 | 主要用途 |
| --- | --- | --- | --- |
| 强度耐盐碱 | 紫穗槐 | 豆科<br>紫穗槐属 | 紫穗槐抗风力强，生长快，生长期长，枝叶繁密，是防风林带紧密种植结构的首选树种 |
| | 刺槐 | 豆科<br>刺槐属 | 刺槐对二氧化硫、氯气、化学烟雾等具有一定的抗性，可作为行道树、庭荫树、景观树 |
| | 火炬树 | 漆树科<br>盐肤木属 | 火炬树原产北美洲，对土壤适应强，是良好的护坡、固堤、固沙的水土保持和薪炭林树种 |
| | 臭椿 | 苦木科<br>臭椿属 | 臭椿树干通直高大，春季嫩叶紫红色，秋季红果满树，是良好的观赏树和行道树 |
| | 馒头柳 | 杨柳科<br>柳属 | 馒头柳为阳性树种，喜温凉、耐寒、耐湿、耐旱、耐盐碱、耐污染、速生、适应性强，是良好的行道树、护岸树 |
| | 珠美海棠 | 蔷薇科<br>苹果属 | 珠美海棠原产日本，抗逆性强、耐盐碱，春季3月至4月开花 |
| | 构树 | 桑科<br>构属 | 构树耐盐碱，用作为荒滩、偏僻地带及污染严重的工厂的绿化树种，也可用作行道树及造纸原料用树 |
| | 柽柳 | 柽柳科<br>柽柳属 | 柽柳具有极强的抗盐碱能力，能在含盐碱0.5%～1%的盐碱地上生长，是改造盐碱地的优良灌木植物 |
| 中度耐盐碱 | 白蜡 | 木犀科<br>梣属 | 白蜡树枝叶繁茂，根系发达，可在轻度盐碱地生长，是防风固沙和护堤护路的优良树种 |
| | 垂柳 | 杨柳科<br>柳属 | 垂柳具有一定的抗盐碱性，宜配植在水边，如桥头、池畔、河流、湖泊等水系沿岸处，可作庭荫树、行道树、公路树，也适用于企业厂区绿化 |
| | 黄栌 | 漆树科<br>黄栌属 | 黄栌适合于城市大型公园、天然公园、半山坡上、山地风景区内群植成林，可以单纯成林 |
| | 榆叶梅 | 蔷薇科<br>桃属 | 榆叶梅枝叶茂密，花繁色艳，是中国北方园林、街道、路边绿化的重要观花灌木，色花争相斗艳，景色宜人 |
| | 紫薇 | 千屈菜科<br>紫薇属 | 紫薇是夏秋季优良的观赏花卉树种，具有较高的观赏和经济价值 |
| | 丰花月季 | 蔷薇科<br>蔷薇属 | 丰花月季新叶和秋叶红艳，非常适宜装饰街心、道旁，作沿墙的花篱、独立的画屏或花圃的镶边 |
| | 木槿 | 锦葵科<br>木槿属 | 木槿是夏、秋季两季重要的观花灌木，南方多作为花篱、绿篱植物，北方多作为庭园点缀及室内盆栽植物 |
| | 连翘 | 木犀科<br>连翘属 | 连翘树姿优美、生长旺盛，早春先叶开花，花期长、花量多，盛花时满枝金黄，芬芳四溢 |
| | 迎春 | 木犀科<br>素馨属 | 迎春耐寒，适应性强，宜配置于湖边、溪畔、桥头、墙隅，或草坪、林缘、坡地，是早春重要的观花植物 |
| | 沙枣 | 胡颓子科<br>胡颓子属 | 沙枣抗旱、防风沙、耐盐碱及耐贫瘠，可用于营造防护林、防沙林、用材林和风景林 |

续表

| 耐盐碱性能 | 植物名 | 科属 | 主要用途 |
|---|---|---|---|
| 轻度耐盐碱 | 河南桧 | 柏科<br>桧属 | 河南桧因四季常青，树冠美观，在公园及庭院中可孤植、行植或丛植，作绿篱、行道树，耐修剪 |
| | 金丝柳 | 杨柳科<br>柳属 | 金丝柳特别适合在河岸、湖边、池畔栽植，是一种优良的园林绿化树种，也是庭院中主要的观赏树种 |
| | 毛白杨 | 杨柳科<br>杨属 | 毛白杨材质好、生长快、寿命长，是优良的庭园绿化或行道树，也是华北地区速生用材造林树种 |
| | 金枝国槐 | 豆科<br>槐属 | 金枝槐树木通体呈金黄色，是公路、校园、庭院、公园、机关单位等绿化的优良品种 |
| | 紫叶李 | 蔷薇科<br>李属 | 紫叶李整个生长季节都为紫红色，于建筑物前栽植 |
| | 珍珠梅 | 蔷薇科<br>珍珠梅属 | 珍珠梅具有耐阴的特性，因而是北方城市高楼大厦及各类建筑物北侧阴面绿化的花灌木树种 |
| | 红瑞木 | 山茱萸科<br>山茱萸属 | 红瑞木园林中多丛植草坪上或与常绿乔木相间种植，有红绿相映效果 |
| | 金叶女贞 | 木犀科<br>女贞属 | 金叶女贞叶色金黄，观赏性较佳。园林中常片植或丛植，或做绿篱栽培 |
| | 红叶小檗 | 小檗科<br>小檗属 | 红叶小檗园林绿化中色块组合的重要树种，亦可盆栽观赏或剪取果枝瓶插供室内装饰用 |
| | 葛藤 | 旋花科<br>银背藤属 | 葛藤枝繁叶茂，被覆度大，是公路护坡、干旱地区水土保持的良好植物 |
| | 野牛草 | 乔本科<br>野牛草属 | 野牛草是全年生长的饲用植物，应用于低养护的地方 |
| | 麻黄 | 麻黄科<br>麻黄属 | 麻黄多数种类含生物碱，为重要的药用植物，生于荒漠及土壤瘠薄处，有固沙保土的作用，也可作燃料 |

在耐盐性植物筛选方面，调查、植物耐性生理生化特性分析及耐性植物适生验证是重要的研究内容。高度重视融雪剂高抗性城市绿化植物筛选，加强融雪剂使用所在区域道路适生的绿化植物调查，对调查植物进行耐低温、抗盐碱性、生理生态响应、生物量及生长周期等综合评价，结合道路植物配置与景观布局需要，筛选乔木、灌木和草本等不同类型的耐盐碱性植物应用于城市道路绿化，建立耐寒融雪剂高抗性绿化植物种质资源圃，是解决融雪剂对城市道路绿化植物危害，降低绿化养护成本，提高城市绿化质量的重要技术支撑。

## 9.4.2　城市绿化耐盐碱植物种质保护与创新

绿化植物种质资源是园林和生态城市建设优良植物品种选育的重要基础，也是推动城市园林绿化产业高质量发展与技术创新的种源"芯片"。我国是世界上植物多样性资源最为丰富的国家之一，不同气候带迥异的自然环境与长期的自然进化选择，形成了我国城市绿化植物丰富而宝贵的遗传资源特性，是开展抗逆和抗病等绿化植物遗传育种与种质资源创新的重要基因宝库。

需要特别注意的是，由于融雪剂主要在高纬度寒冷地区城市或高速公路使用，高抗性城市绿化植物种质资源创新必须同时考虑耐寒和耐盐碱两个重要因素。此外，满足人民对城市绿化高品质景观美化的需求也是需要关注的重要因素。在这方面，组织开展我国北方寒冷地区城市绿化植物资源普查与评价，加强区域性城市植物种质资源库和资源圃建设，构建种质资源特性和分子信息库，探索建立耐寒、抗盐碱绿化植物优质种源选育与应用的新机制，推动我国城市绿化植物种质的国产化及景观植物应用的乡土化。

## 9.5　环境友好型新型融雪剂产品研发

氯盐型融雪剂长期使用引发的路域生态环境与交通基础设施危害问题，以及由此造成的直接和间接巨大经济损失，对加快环境友好型新型融雪剂产品研发提出了迫切的现实需求。与氯化型融雪剂相比较，成本相对高昂是限制现有的非氯化物型和混合型融雪剂品使用的重要因素。

融雪剂产品标准对其环境影响的重视度不足，是限制环境友好型新型融雪产品研发和推广的重要因素。太平洋西北战雪者协会（The Pacific Northwest Snowfighters Assocation，PNSA）制定了环保型融雪剂的相关技术指标（表9-4）。

从表9-4可知，该协会有关环保型融雪剂相关指标主要是对其含有对环境有毒有害的污染物质限值进行了规定。值得特别关注的是，融雪剂导致桥梁、道路、交通车辆腐蚀危害，引起重金属类污染物质的溶出，进而导致污染物质与融雪剂共同作用产生复合污染问题。美国腐蚀工程师协会（National Association of Corrosion Engineers，NACE）曾颁布了实验室金属浸泡腐蚀测试标准指南（standard guide for laboraroty immersion corrosion testing of metals, TM0169/G31-12a）。

表9-4　太平洋西北战雪者协会关于环保型融雪剂的技术指标

| 项目 | 技术指标 | 项目 | 技术指标 |
|---|---|---|---|
| 酸碱度 | pH=6.0～8.0 | Hg | ≤0.05mg/kg |
| 密度、浓度和冰点关系曲线 | — | Cd | ≤0.50mg/kg |
| 腐蚀性 | ≤盐的30% | Ba | ≤10.00mg/kg |
| 氰化物 | ≤0.20mg/kg | Se | ≤5.00mg/kg |
| As | ≤5.00mg/kg | Zn | ≤10.00mg/kg |
| Cu | ≤0.20mg/kg | Ga | ≤0.20mg/kg |
| Pb | ≤1.00mg/kg | Zn | ≤25.00mg/kg |

在满足融雪要求的基础上，为最大限度地降低融雪剂产品对交通设施和路域环境产生的影响，环境友好型新型融雪剂产品研发一直备受关注。非氯型融雪剂和混合型融雪剂是新型融雪剂产品的主要研发方向。

基于安全和环保的融雪剂标准既是融雪剂产品检测的技术依据，也是推动环境友好型新型融雪剂研发的重要驱动力。谭小龙等对比了中国和韩国的融雪剂标准，除了融雪剂的融雪化冰、钢铁腐蚀性等主要性能指标外，中国对融雪剂产品的冰点、pH值、溶解速度、固态水分进行了规定，韩国对融雪剂产品的粒度、有毒物质使用、混凝土冻融损失等方面进行了规定。中、韩两国的融雪剂标准中，有关环保的检测项目基本一致。在重金属检测指标方面，中国检测汞、镉、铬、铅、砷5种，韩国检测汞、镉、铬、铅、砷、铜、镍、锰8种，且标准的控制值要求更严。对融雪剂中的水不溶物，中国标准要求≤5%，韩国标准要求≤1%。与我国融雪剂产品标准相比较，韩国对融雪剂的融雪化冰能力、重金属最低量、水不溶物及混凝土冻融损失提出了更高的要求。

醋酸钙镁作为一种已得到实际应用的非氯型环保融雪剂，限制其广泛应用的主要因素是价格，其中醋酸是影响CMA价格的主要因素，获得低廉的醋酸原材料是降低其生产成本的关键。目前，已有研究者利用煤化工和造纸糖渣等废料研制融雪剂，进一步降低环保型融雪剂的生产成本。然而，环保型融雪剂的价格仍远远高于氯盐型融雪剂，短期内大范围使用仍面临困难。开发高效低廉低污染的非氯型环保融雪剂具有较好的应用前景。

在各种类化学融雪剂中，混合型融雪剂具有替代传统氯盐型融雪剂的发展趋势，通过与非氯环保型融雪剂复配，研发阻锈剂和防锈剂，以及添加高效复合型缓蚀剂，改善腐蚀性是该类融雪剂的研发重点。该类融雪剂价格优势明显，在未来融雪剂市场中具有较好的竞争优势。

环境友好型环保融雪剂是融雪剂行业未来的发展趋势。

中国近年环保型融雪剂发明专利公开数与授权数见图9-2。由图9-2可知，自2012年以来，虽然我国环保型融雪剂国家发明授权数呈现上升的趋势，但授权总数均在10项以下。另外，有关环保型融雪剂国家发明专利公开数自2018年达到最高数量以后，近几年专利公开数量均在15项以下，加强环境友好型新型融雪剂研发任重而道远。

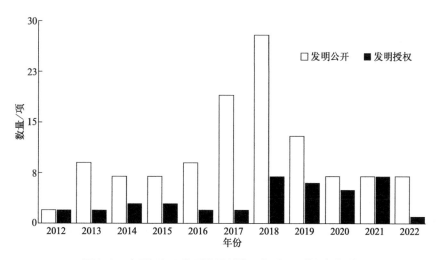

图9-2　中国近年环保型融雪剂发明专利公开数与授权数

在"碳达峰碳中和"的双碳背景下，生物炭作为一种在缺氧条件下经热裂解产生的蓬松多孔状物质，不但可以实现农业废弃物的资源化利用，而且具有比表面积大、结构孔隙发达、表面官能团丰富、阳离子交换量高及成本低等优点，其正被逐渐应用于治理环境中多环芳烃、多氯联苯、酚类化合物、醛类、有机农药和重金属等多种污染物质。生物质热解生产生物炭过程中所产生的木醋液中富含分子量较小的有机酸，但木醋液所含杂质太多，分离纯化的成本较高，可用于生产有机融雪剂。生物质发酵过程中所产生的生化腐植酸等分子量较小的有机酸，也可作为生产有机型融雪剂的原材料。

可见，以国家标准为环境友好型新型融雪剂的研发依据，加大新型非氯环保融雪剂的研发力度，采用农作物（稻草、秸秆等）、工业生产废料（造纸废液、木醋液等）为原料，优化生产路线、工艺条件以及融雪剂产品剂型，采用液体融雪剂，实现降低生产成本，将是未来降低生产成本研发的重要方向。

综上所述，通过广泛调研和深入分析交通设施特点，以及不同环境敏感区域对融雪剂产品的性能要求，因地制宜从环境友好型融雪剂本身的物理和化学性质、交通设施安全和生态环境影响等方面，完善技术标准指标，制定或改进融雪剂检测规范，规范融雪剂的应用技术规程，长期跟踪监测环境友好型融雪剂使用对道路基础设施和生态环境的影响，为环境友好型融雪剂产品分类细化及制定行业准入标准提供科学依据和技术支撑。

# 9.6　城市路域生态工程技术与智慧管理

## 9.6.1　路域绿色低碳生态工程技术

当前，路域生态学在路域生态系统的植物和野生动物栖息地评价和保护、道路系统与水生态系统的相互作用机理、路域化学物质的迁移和管理、路域土壤质量和修复、道路生态学网络理论、道路网对土地利用格局的驱动、道路生态可持续发展等方面开展了一系列研究。道路工程学、交通工程学、水文学、土壤学、野生生物学、水生生物学、景观生态学、植被与种群生态学、资源科学、环境科学等学科发展为路域生态工程技术的创新发展提供了理论支持和科学依据。针对融雪剂对路域生态系统结构与功能的影响，以多学科的交叉、融合为途径，开展路域生态工程技术的创新发展，将为优化、调控路域生态系统结构和功能提供重要的技术支撑。

### （1）从传统的道路绿化工程技术向全面提升路域生态系统服务功能的综合集成技术体系发展

道路生态系统作为典型的线性生态系统，不同区域路域土壤物理、化学和生物学特征不同，生态环境条件各异，国内路域生态工程技术在实际工程应用过程中，普遍存在植被设计不配套、客土养分失调、植物群落稳定性差，自我维持和更新能力弱、忽视乡土植物应用等问题亟待解决。因此，针对融雪剂使用城市所在地的区域生态环境特点与立地条件，改变传统的道路绿化工程理念，筛选并应用融雪剂高抗性绿化植物，加强绿化带土壤改良，建立面向路域生态系统结构改善与服务功能提升的综合技术体系集成，将有效减轻融雪剂对路域生态系统结构与功能的危害。

**（2）面向生态文明建设的资源节约型和环境友好型路域生态工程技术研发**

道路路域土壤质量是确保道路绿化植物健康生长的重要物质基础，其质量高低与植物生长及其景观功能发挥息息相关。在公路建设快速发展过程中，路域绿化植被与生态建设所需土壤绝大部分都是依靠客土解决，对宝贵的土地资源造成了巨大的异位破坏。

2016年，国家发展改革委和住房城乡建设部联合印发的《"十三五"全国城镇污水处理及再生利用设施建设规划》提出鼓励采用能源化、资源化技术手段，尽可能回收利用污泥中的能源和资源。鼓励经过稳定化、无害化的污泥制成符合相关标准的有机碳土，用于荒地改造、苗木抚育、园林绿化等的要求。2016年5月，国务院印发的《土壤污染防治行动计划》也同样明确提出鼓励将处理达标后的污泥用于园林绿化。据统计，2018年上海市城镇污水处理厂污泥产生量总计112.9万吨（干基35.4万吨），日均3092t（干基968.6t），城市污泥的产生总量和环境容量之间存在巨大的差距。城市园林绿化养护与管理会产生大量的枯枝、落叶、衰败花草、碎草、绿化修剪物及部分死树等园林废弃物，城市绿化面积的持续扩大势必导致城市园林废弃物日益增加。

结合公路路网建设，亟需研发基于资源循环利用的环境友好型立体化路域生态工程技术，一方面采用能源化和资源化技术手段，加强利用污泥转化为绿化有机碳土的稳定化和无害化关键技术研发。另一方面，资源化处理与综合利用园林废弃物含有的丰富有机质已迫在眉睫。优化集成基于资源循环利用的环境友好型路域生态产品研发，不仅可解决城市大量污泥处理处置难题，同时还可有效解决路域系统立体化生态建设所需大量土壤基质的问题，为提高道路土壤有机质含量提供丰富有机碳源，有效改善城市道路绿化土壤的生物学性质，提高路域土壤环境对融雪剂的缓冲能力。

**（3）基于路域生态系统长期监测的大数据环境风险定量评估技术研发**

近年来，运用有效数据提高路域生态系统中生物栖息地和生物保护评价的精确性研究正日益受到生态环境研究者们的重视。鉴于路域生态工程技术标准体系在培育、规范和引领路域生态产业发展，以及促进"人-车-路"与路域生态系统协调发展方面具有重要的推动作用，综合运用生态学调查研究方法及现代分析监测技术，结合不同区域路域生态系统结构与功能特点，开展路域生态系统长期定位监测与调查，基于路域生态系统长期监测大数据，研发路域生态系统完整性技术评估技术，构建路域生态建设相关技术标准体系和生态系统评估技术方法体系正成为该领域未来重要发展方向。

综上所述，交通安全、生态道路建设与绿色发展是交通运输行业未来发展的重要方向，这必将为带动环境友好型融雪剂等路域生态保护相关产品生产能力的增加提供广阔的市场发展空间。全面加强路域生态工程技术研发，不但可以在环境友好型新型融雪剂、生物质资源化高值利用、道路立体绿化土壤基质、路域水、土和大气环境污染控制等方面形成新的产业领域，而且还将有力促进社会经济与生态环境的可持续协调发展。

## 9.6.2　路域生态智慧管理

目前，我国的生态环境监管体系仍主要采用传统的管理方式，工作繁杂，数据量大且形式复杂多样，不易统计、查询与统计，也不便于保存与共享，在获取路域生态环境信息的及时性、全面性以及推进相关部门之间协同和数据共享、决策支持手段现代化等方面，亟待利用现代信息技术，推动实现路域生态智慧管理，全面提升路域生态环境保护能力。

在现代信息技术的有力推动下，我国的生态环境保护体系正逐渐从以基础设施建设和空间应用为主的早期阶段，转向以知识管理和智能决策为中心的发展阶段过渡。在新发展阶段的智能化趋势大背景下，实现路域生态的智慧管理势在必行。绿色城市道路规划设计、绿化植物资源循环再利用以及"互联网+"智慧生态环境保护等方式逐渐成为城市生态建设的重要任务。

所谓路域生态智慧管理，指的是在技术上全面应用大数据（big data）、云计算（cloud computing）、物联网（internet of things，IoT）、移动互联网（mobile internet）、人工智能（artificial intelligence，AI）等前沿科技，形成精准、科学、多方协作的路域生态管理新模式，从结构和效能上全面重塑路域生态环境监管方式，从而最大限度地实现路域生态环境监管的信息化、自动化与智能化。在当前数字化转型时代，路域生态智慧管理是在一系列前沿信息技术基础上，打造的生态系统管理发展新趋势，也是路域生态管理信息化的高级形式。

开展路域生态智慧管理，通常需要建立在环保、交通和其他有关部门已有的多源异类信息资源的基础之上，基于地理信息系统技术，采用物联网整体架构，利用云端服务作为集中管理中心，将相关路域生态数据进行统一整合，并结合各类算法技术进行分析，最终对结果做出展示或自动化决策响应。可见，路域生态智慧管理的实现并非依靠某种单一技术，而是对不同现代信息技术的全面综合应用，从而在架构上以物联网的形势形成一个感知、传输、处理技术相融合的体系。

### （1）感知技术

在路域智慧管理体系中，感知技术主要承担对系统相关信息的采集功能，通常基于各类传感技术。不同的感知技术可以从水、陆、空多方位获取道路交通及其周边环境的各种属性信息，在路域生态管理中起着重要作用。目前，与路域生态智慧管理相关的感知技术主要包括监测传感器技术、智能视频分析技术以及遥感技术。其中，各类监测传感器技术主要是对道路及周边环境进行感知，从而对土壤、空气、噪声以及道路周边水域进行监测。例如，通过物理传感器可以收集温度、湿度、风速、风向、噪声等一系列相关环境数据。通过化学传感器，可以监测路域环境中的污染物，如道路沿线区域空气中的有害气体、$PM_{10}$、$PM_{2.5}$颗粒物，或路域水环境中的化学需氧量、氢离子浓度、重金属等。

相比之下，智能视频分析技术则是基于人工智能对监测视频影像画面中不同的目标和行为做出判断和识别，从而发现异常做出响应。例如，利用智能视频分析技术可以监测外来物种入侵，也可以通过色度分析来监测路域环境中的异常变化，从而智能判断潜在污染的情况。

遥感技术（remote sensing，RS）是应用各种传感仪器对远距离目标所辐射和反射的电磁波进行收集处理从而实现对空间景物对象探测识别的一项技术，往往以卫星或其他飞行器作为载具从空中对地面进行大范围、连续、动态的监测。遥感技术不仅可以对地表土地覆盖情况进行精确分类，还可以对地表植被结构、覆盖度、生物量、土壤水分、地表温度、污染气体等许多关键环境参数进行长期动态监测。结合遥感技术的优势，可以实现对路域宏观生态环境的大范围、全天候、长时序的动态监测，从而提高对路域生态环境变化的监控能力以及相关评估的科学性与准确性。

**（2）传输技术**

在路域智慧管理体系中，传输技术在主要承担信息的传递与共享，通常基于各类通信技术。传输技术主要包括有线网络，如现场总线，也包括有无线网络，如百米范围内的近距离无线网络（如Wi-Fi、蓝牙、近场通信等），或可以覆盖从几千米到几十千米范围的远距离无线传输技术（如LPWAN、5G等）。结合不同网络技术，可以构建城市路域环境信息栅格，为智慧管理的实现提供基础保障。

**（3）处理技术**

处理技术是一个广义的概念，在智慧管理体系中，其主要承担对信息一切形式的处理，可以包括对数据的预处理、整合、分析、可视化展示以及后期的自动化决策响应等，对应着路域生态智慧管理架构中的基础支撑和智慧应用，因此会涉及大数据、云计算、人工智能等计算机、数据科学及信息技术领域的前沿技术。路域生态管理的对象包括道路、车辆、噪声、空气、土壤、周边水域、植被、野生动物等多个目标和层面，涉及海量多源异类数据信息，因此经常需要通过大数据计算平台，经过深度的数据挖掘（data mining）和分析技术来精确、动态地实现管理和决策的智慧化。

由于路域生态学领域的许多研究问题通常是面向大范围、长时序的时空问题，地理信息系统（geographic information systems，GIS）在路域生态数据处理中起到重要的支撑作用。地理信息系统作为一种集空间数据的采集、存储、检索、分析、显示、预测和更新等功能于一身的综合系统平台，可以以地图为载体将各种多源异类数据信息进行统一整合，为实现数据的存储、查询、展示和分析等功能提供基础环境。例如，地理信息系统可以整合不同基础信息资源，针对道路周边区域的水土保持功能、水土流失脆弱性、水源涵养功能、生物多样性维护功能及生态系统服务功能等进行单项及综合评价，从而评价判断不同路段区域的生态保护重要性，并以此为依据为道路交通运维管理中融雪剂的使用范围提供指导，从而最大程度减少道路沿线融雪剂污染对生态环境的影响。

城市路域生态系统智慧管理架构示意图如图9-3所示。

城市路域生态系统智慧管理架构主要参考生态环境物联网的设计理念，通过感知技术获取路域生态环境相关基础信息，通过传输技术实现信息资源的传递和共享，通过处理技术建设共享平台来提供计算、存储、网络等基础设施资源的统一管理，并通过综合分析展示、智能模型和数据挖掘来实现管理应用的联动、调控和智慧决策，从而最终实

图9-3　城市路域生态系统智慧管理架构示意

现路域生态环境信息资源的集中管控、精准监测、整合互联、开发共享和智慧应用。

生态文明是新时代全面推进"五位一体"总体布局的重要内容，城市路域生态建设是全面贯彻生态文明思想的基本要求。随着生态文明国家战略的实施，我国资源节约型和环境友好型社会建设取得重大进展，生态文明建设的重要领域和关键环节取得了突破，生产方式绿色化和生活方式绿色化正成为社会经济生活的主旋律。党的二十大报告明确指出，中国式现代化是人与自然和谐共生的现代化。面对人民群众对优美生态环境的需要，以及加快提高生态环境质量成为热切期盼，构建人与自然和谐相处的城市路域生态系统是全面落实生态文明建设的重要任务。

全面推进生态文明建设，国民经济和社会发展领域各项事业发展对城市路域生态系统结构与功能提出了更高的要求。以绿色发展原则为指导，贯彻低碳发展理念，运用现代信息与大数据分析技术，加强城市生态环境保护，人与自然和谐、资源节约和绿色低碳的发展之路是实现生态城市建设与智慧管理的重要途径。

# 9.7　国内外融雪剂污染防控实例

## 9.7.1　中国沈阳市

辽宁省沈阳市是我国东北中心城市，沈阳市下辖10个区、3个市县，2021年全市生产总值7249.7亿元。据统计，2003～2004年沈阳市区化学融雪剂的使用量为6000t，2004～2005年超过8000t，2005～2006年达到9000t，2006～2007年更是超过10000t，全市冬季化学融雪剂的使用量呈现逐年增加的态势。为了减轻融雪剂逐年累积使用对城市生态环境及公共基础设施的不良影响，辽宁省发布了城市除雪规定、除运雪工作方案、融雪剂质量与使用技术规程、融雪剂采购与管理、道路绿化带融雪剂残留量监测等相关规定和标准。

**（1）《沈阳市城市除雪规定》**

为了加强城市除雪管理，确保道路畅通、交通安全和环境整洁，沈阳市人民政府于1997年发布《沈阳市城市除雪规定》，经2006年10月28日沈阳市人民政府第18次常务会议讨论修改，于2006年11月6日以沈阳市人民政府令第65号令发布施行《沈阳市城市除雪规定》（以下简称《规定》）。《规定》适用于沈阳市行政区内一切单位和个人。《规定》要求全市除雪工作实行分级管理和区域负责制，明确了市城市建设行政管理部门是全市除雪工作的主管部门，市除雪指挥部办公室具体负责组织、协调和监督检查工作。区、县（市）人民政府及街道办事处成立除雪指挥部，具体负责本辖区内的除雪工作。

2011年12月9日，沈阳市人民政府发布《关于加强社会化除雪工作的实施意见》（沈政办发〔2011〕116号）（以下简称《意见》）。《意见》要求，为了规范社会化除运雪行为，全市在除运雪工作中要坚持"以雪为令，雪停即除""门前自扫、以人定量""属地管理、责任到位"的原则，以"以雪为令、边下边除、保护设施、安全第一"为宗旨，遵循"先通后净"的原则，按沈阳市各等级降雪和除雪预案按时限完成除雪任务；每年11月1日至次年4月1日是全市除雪期，要求每年10月25日前将除雪设备检修保养完毕，并进行1次演练；在冬季降雪期前，桥梁养护单位要做好桥梁混凝土部位的物理防渗保护工作。每年除雪期间，各区除雪指挥部负责本区桥梁除运雪工作的组织实施和调度工作。

在除运雪质量标准方面，《意见》要求：达到无空段、漏段、无雪条、冰包；一、二级街道要达到见路面、见道线、见边石的标准；三、四级街道及人行道或其他区域要达到每平方米除净率达到95%以上及露出边石的标准。

在融雪剂贮存方面，全市各行政区域应根据桥梁面积贮备桥梁融雪剂，按2场雪用量贮存，每场雪按80g/m²，并根据使用情况及时补充融雪剂。对于往年剩余的融雪剂要提前进行粉碎和筛分，补充缓蚀剂后，报市除雪办检验，合格后方可使用。融雪剂存放地点要设置合理，并配备适量应急使用物资。

**（2）除运雪工作方案**

为确保雪天道路通行畅通，为城市居民出行创造优质交通环境，2020年10月12日，沈阳市除雪指挥部印发《沈阳市2020年除运雪工作方案》（以下简称《方案》）。《方案》要求"以机械除雪为主，融雪剂融雪为辅""以雪为令"，按照"先重点后一般"和"先打通后清除"的作业顺序，做到"雪前准备、雪中作业，雪后除净"的要求。

《方案》提出的"重点任务"要求，在融雪剂采购及管理时，融雪剂供应商实行目录备案，严禁采购目录外融雪剂产品，落实采购进货检验制度，一律不得使用不合格融雪剂。除区除雪办及环卫、交通作业企业外，其他单位不得采购使用融雪剂，特殊需要需报市除雪办审批。

《方案》要求对融雪剂实行"定量贮存、规范抛洒"。当降雪为中雪或大雪时，应先进行积雪清除，再根据路面上的剩余雪量，按规定进行融雪剂的撒布。融雪剂撒布范围限定在全市"436段坡路、弯道和重要交通节点（两横两环三纵、主干道口、浑南有轨混行段），小雪至中雪，大雪、暴雪和冻雨 80 ～ 100g/m²。"

使用融雪剂清除道路积雪，应根据环境温度、积雪量合理选择融雪剂的种类，且应严格控制融雪剂的撒布量。对于城市的重要交通枢纽（含立交桥和坡道），根据雪情天气预报，可在降雪前、初撒布少量融雪剂。当降雪量不大于 1cm/次时，融雪剂撒布量不得大于 10g/m²。零星小雪和路面薄冰，可采取直接撒布融雪剂的作业方式。对不含融雪剂的积雪，应因地制宜就地及时处理；对含有高浓度融雪剂的积雪，应单独收集、运输和处理。

① 融雪剂使用范围。为了尽可能降低融雪剂对城市生态环境的不良影响，沈阳市要求严控融雪剂的使用范围。在全市所有的街路中，175条主要一、二级街路和66座桥梁，总面积约为1497万平方米，由各区环卫专业队伍负责除雪，允许使用融雪剂。入冬头两场雪一般容易出现先雨后雪，在雪后结冰的情况下，全市交通一横（东西快速干道及延长线）、二环（一环路、二环路）、三纵（青年大街延长线、南京街黄河大街及延长线、南北二干线及延长线）主干道可使用融雪剂。其他降雪区域除全市10°以上坡路、145°以下弯道和重要交通节点（两横两环三纵主干道路口、浑南有轨混行段）外，其他任何路段不得使用融雪剂。除专业化除雪街道、桥梁及个别坡路外，其他社会化除雪街路、所有人行道、广场、住宅小区均不得使用融雪剂除雪，采取机械和人工除雪方式进行作业。特殊天气及冻雨根据市除雪办指令范围使用。

② 融雪剂撒布方式及用量。近年来，沈阳市民要求少用或不用融雪剂的呼声越来越高。全市环卫专业化除雪采用机械推雪、人工清扫和抛撒融雪剂相结合的方法，取得了良好的效果。为了在减少融雪剂使用量的同时，还能提高除雪效率，要求主要道路机械化除雪方式为用推雪铲推雪作业后，再用除雪滚刷清理道路残雪。

《方案》要求，除雪作业播撒固体融雪剂颗粒时，应做到播撒均匀，融雪剂颗粒应符合产品说明书的要求，融雪剂结块时应及时破碎。融雪剂应具有降低水的冰点，促使冰雪融化的化学性能，符合除雪作业的技术要求。

目前，沈阳市要求除雪作业时，均应采用带有定量撒布融雪剂装置的撒布车抛撒融雪剂，确保融雪剂撒布均匀和用量准确。抛撒融雪剂以疏松积雪，防止结冰为目的，严禁超量抛撒。融雪剂抛撒量应以作业时的气温和融雪剂产品说明书为主要依据。

《方案》要求，当降雪量不超过中雪时，一次抛撒量不超过100g/m²；在大到暴雪时，可在适当增加抛撒量。小雪融雪剂的抛撒量≤40g/m²；中雪融雪剂的抛撒量为50 ～ 60g/m²；大雪、暴雪先进行推雪减量后按中雪量抛撒；先雨后雪及冻雨时，融雪剂的抛撒量不得大于80g/m²。在城市重要交通枢纽点，除雪责任单位应根据雪情预报采取"预防在前"的措施，在降雪前或降雪初始时，视情况抛撒少量融雪剂。除应急抢险及处理投诉点位外，所有融雪剂撒布作业要求均须采用机械撒布。

**（3）辽宁省地方标准《融雪剂质量与使用技术规程》**

辽宁省为推动城市除雪过程中规范使用融雪剂，于2007年11月发布了《融雪剂质量与使用技术规程》（DB21/T 1558—2007）。该标准主要包括融雪剂的术语和定义、要求、检验方法、检验规则、产品标志、包装、贮运及使用说明。该标准规定的融雪剂性能指标见表9-5。24h降水量按等级划分单位面积融雪剂使用量见表9-6。

表9-5 辽宁省地方标准（DB21/T 1558—2007）规定的融雪剂性能指标

| 序号 | 项目 | | 性能要求 |
|---|---|---|---|
| 1 | 基本要求 | 嗅味 | 无不快感觉的嗅味 溶液呈无色或浅色的均一状态 固体粒径（1～6mm）占总量的90%以上 固体溶解后沉淀物<3% |
| | | 颜色 | |
| | | 粒径 | |
| | | 溶解性 | |
| 2 | 固体溶解速度/(g/min) | | ≥4.0 |
| 3 | 200g/L溶液冰点/℃ | Ⅰ类 | 冰点<-20.0 |
| | | Ⅱ类 | -20.0≤冰点<-15.0 |
| | | Ⅲ类 | -15.0≤冰点<-10.0 |
| 4 | 相对融雪化冰能力 | | ≥一级工业盐氯化钠融雪化冰能力的90% |
| 5 | 碳钢腐蚀率/(mm/a) | | ≤0.18 |
| 6 | 混凝土抗盐冻质量损失/(kg/m²) | | ≤0.3 |
| 7 | 路面摩擦衰减率/% | 湿基 | ≤10 |
| | | 半湿基 | ≤15 |
| 8 | 植物种子相对受害率/% | 1.0g/L溶液处理 | ≤10 |
| | | 5.0g/L溶液处理 | ≤75 |
| 9 | pH值 | | 6.0～9.0 |
| 10 | 亚硝酸盐氮含量/(mg/kg) | | ≤250 |
| 11 | 总汞含量/(mg/kg) | | ≤0.15 |
| 12 | 总铅含量/(mg/kg) | | ≤35 |
| 13 | 总镉含量/(mg/kg) | | ≤2.5 |
| 14 | 总砷含量/(mg/kg) | | ≤15 |
| 15 | 总铬含量/(mg/kg) | | ≤50 |

表9-6 24h降水量按等级划分单位面积融雪剂使用量

| 雪量等级 | 24h降水量/mm | 融雪剂撒布量/(g/m²) |
|---|---|---|
| 零星小雪、小雪、阵雪 | 0.1～2.4 | ≤100 |
| 小雪～中雪 | 1.3～3.7 | ≤150 |
| 中雪 | 2.5～4.9 | 清雪后按小雪～中雪的撒布量撒布 |
| 中雪～大雪 | 3.8～7.4 | 清雪后按小雪～中雪的撒布量撒布 |
| 大雪 | 5.0～9.9 | 清雪后按小雪～中雪的撒布量撒布 |
| 大雪～暴雪 | 7.5～15.0 | 清雪后按小雪～中雪的撒布量撒布 |
| 暴雪 | ≥10.0 | 清雪后按小雪～中雪的撒布量撒布 |

　　在撒布融雪剂方式方面，该标准要求，冬季道路桥梁等公共设施除雪应使用专业化机械撒布融雪剂，不应采用人工抛撒方式。在含盐积雪的处理方面，技术规程要求含有融雪剂的雪水或含盐积雪应收集及集中处理，不允许向道路两侧绿化带倾倒或堆放。技术规程根据降雪大小，对除雪方式和融雪剂使用量明确要求：融雪剂应在降水量为3.7mm（小雪～中雪）以下时使用，降水量在3.7mm（小雪～中雪）以上时，应采用机

械或人工除雪后再按降水量为3.7mm（小雪～中雪）以下使用融雪剂。

在融雪剂抛撒（布）作业方面，该标准提出了"雪前预撒融雪剂"的作业方法，较好地避免了硬雪层形成。据统计，雪前预撒融雪剂，能有效减少融雪剂的使用量，减少融雪剂对环境的损害。

**（4）融雪剂采购与管理**

沈阳市要求每年使用的融雪剂应通过招投标方式采购，融雪剂实行目录制管理。全市使用的融雪剂产品必须是正规企业生产的合格产品，且应由具有资质的实验室出具的检测报告认定。

2012年，沈阳市城乡建设局印发的对融雪剂的贮存和准备有明确规定，要求全市各区必须使用经市除雪指挥部招标准入企业的融雪剂产品，融雪剂入库前还要报市除雪办抽样检验，检验不合格的一律予以退货，并按照《沈阳市融雪剂使用管理办法》进行处理。

沈阳市城市环境卫生监测站是被市除雪指挥部认可，具备融雪剂相关检测能力的检测实验室。融雪剂检测原则上按照《融雪剂质量与使用技术规程》（DB21/T 1558—2007）的要求，以融雪剂性能15项指标，如冰点、相对融雪剂化冰能力、碳钢腐蚀率、混凝土抗盐冻损失等和融雪剂组成成分作为评判融雪剂质量高低的主要指标。融雪剂检测完毕后，检测实验室将封存好剩余的融雪剂样品，以备复检。按检测结果对投标企业进行排名，如融雪剂投标企业数量小于10家企业时，采取80%的企业入围的方式；如融雪剂投标企业数量大于10家时，采取60%的企业入围的方式。最终按上述方法选出的企业，作为沈阳市冬季使用融雪剂的准入供货商。

沈阳市现已建立了规范化的融雪剂采购和质量管理工作流程（图9-4）。

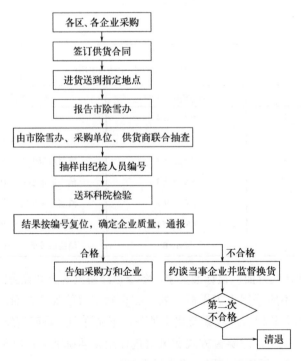

图9-4 沈阳市融雪剂采购与质量管理工作流程

沈阳市除雪指挥部每年7月在网上发布公告，参与投标的融雪剂生产企业准备5kg融雪剂样品，经过指定实验室检测，检测时间一般在8～9月。融雪剂生产企业产品经指定有资质检验单位化验合格后，择优纳入融雪剂供应商目录，纳入目录的生产企业可在沈阳市从事融雪剂销售业务，销售融雪剂质量必须与送检产品理化指标一致，融雪剂供应商目录每两年调整一次。全市各中标企业可在目录企业中自主采购融雪剂，采购融雪剂质量必须达到规定要求。各企业按本标段融雪剂使用范围面积和规定用量于每年10月25日前贮备不少于3场降雪融雪剂，并根据降雪情况及时增补，融雪剂供应企业负责本公司上年度陈余板结融雪剂的粉碎和保质工作。

**（5）道路绿化带融雪剂残留量监测**

每年冬季降雪，沈阳市城市环境卫生监测站会在撒布融雪剂的街路采集雪样。采样时间为每次下雪撒完融雪剂后，采样点根据市除雪指挥部提供的各区除雪街路、桥梁的情况确定，共设175个采样点。将含融雪剂的雪水收集于塑料盒，将其室温放置变成液体后，用电导率仪测定其电导率，根据每个采样点所在区域，以及各区使用融雪剂的电导率与浓度的关系曲线，计算该区域单次融雪剂的使用量。根据规定，对融雪剂使用量超过100g/m²区域的除雪责任单位给予通报批评。

抛撒融雪剂的过程中，一旦不慎将融雪剂撒入绿化带，或者在除雪作业过程中，将含有融雪剂的雪堆入绿化带，含盐融雪水将在绿化带土壤中逐渐积累，导致土壤盐分过高，从而对植物的生理作用带来严重不良影响。测定道路绿化带土壤中盐含量，可以反映道路绿化带融雪剂残留量，为融雪剂对道路绿化带植物影响的定量评价提供重要的基础数据。

在当年降雪前及次年度春季期间，沈阳市城市环境卫生监测站在全市主要绿化带土壤开展2次取样调查，每次一般采集80个样点土壤样品。多点混合法采集土壤样品时，在0～20cm深度的土壤采集3～5个样品进行混合，每个样品质量控制在1kg左右。同时利用GPS定位仪定位采样点坐标，通过Arcview和MapSever地理信息系统在电子地图上标注采样点。土壤样品中与融雪剂成分密切相关的Ca、Na、K、Mg阳离子含量，采用原子吸收光谱仪测定，采用离子选择电极法测定Cl⁻含量。

## 9.7.2　日本北海道

北海道是日本最北的一个一级行政区，属典型温带季风气候，冬季寒冷干燥，每年1月气温均在−4℃以下，当年12月至次年3月均有积雪，有时积雪可深达4m。道路除雪是北海道每年需要解决的重要问题。早从1945年开始，当时驻日美军就开始使用专用除雪车清除跑道的积雪。

**（1）北海道使用融雪剂情况**

日本于1961年开始制定有关降雪地域对策特别措施法。1963年，北海道开发局开始研究盐化物清除道路冰雪，并首次使用撒布车抛撒防冻剂应对交通事故。1965年，融雪剂在日本使用逐渐普及，融雪剂使用的经费随之也不断攀升。

1970年以后，公路路面的磨损和雨雪引发的交通事故受到北海道居民的广泛关注。北海道地区的冬季，一旦交通因积雪而瘫痪，将会直接产生严重的经济损失。防滑轮胎安装简单，成本低廉，能够直接解决冰雪路面车辆行驶的滑动问题，减少交通事故的发生，其使用在一定程度上延缓了北海道地区除雪剂的研发和使用进展。然而，防滑轮胎的表面金属杆易损伤道路路面，导致路面养护费用升高，进而增加政府财政负担。

1990年，北海道颁布防止防滑轮胎的限制法案。法案规定在该地区禁止安装防滑轮胎。该限制令出台之前，在北海道地区整个冬季期间，防滑轮胎在有效降低车辆交通事故发生率方面起到了良好的作用。该法案施行后，防滑轮胎安装受到限制。1992年，北海道冬季指定地域内防滑轮胎安装率为2%～3%，由于车辆没有装载防滑轮胎，狭窄和急转路段等易发交通事故的地方，冬季交通事故发生率急剧增加。

北海道地区禁止使用防滑轮胎后，为了保障交通安全，政府部门和科研人员开始研究新的对策，曾被人一度冷落的除雪剂又开始出现在日本公众的眼前。当地政府开始依靠除雪剂融化冰，导致融雪剂的使用量急剧增加（图9-5）。从1992年开始，日本氯化钠和氯化钙为主的融雪剂使用量急剧增加。1993年，日本开始试验和使用非盐化物融雪剂，如醋酸钙镁盐（CMA）。

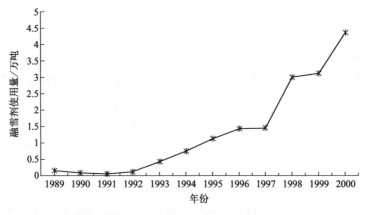

图9-5 20世纪日本北海道地区融雪剂使用量

**（2）融雪剂使用对路域生态环境的影响**

在北海道的冬季，使用融雪剂解决道路积雪和交通畅通问题后，融雪剂大量使用后对生态环境的影响，尤其是其对路域土壤环境质量的损害逐渐凸显出来。1968年，日本学者曾经提到，美国的道路在大量使用融雪剂后，导致土壤盐度改变，直接抑制植物生长。

1960年，日本开始使用氯化钠盐为融雪剂，随后发现钠盐融雪剂损害道路路面、腐蚀钢结构设施、危害树木植物、污染水土环境等现象，当时的新闻报纸报道了融雪剂引发的相关危害。据新闻报道，日本北部城市市区的树木出现提早枯死，绿化带的正常绿化效果难以维持等问题，提出应降低氯化钠融雪剂的使用量，尤其是对融雪剂使用后对地下水的影响应予以特别关注。

日本学者对靠近道路的受损树木和远离高速公路的健康树木展开比较调查，发现不同地点生长的云杉针叶寿命、光合能力、水势与蒸腾速率存在明显差异，近道路边的土壤和雪水中含有大量的$Na^+$和$Cl^-$，且这两种离子在云杉的针叶存在富集现象。

### （3）融雪剂污染防控

日本作为一个岛屿国家，其国内的淡水主要依靠地下水供应。融雪剂对环境的影响不仅限于道路养护和土壤环境，融雪剂对地下水环境的影响一直在日本备受关注。地下水一旦受到融雪剂的污染，会对日本社会经济和人民生活造成巨大冲击。北海道大学学者试验发现，融雪剂还会与混凝土中的添加剂发生化学反应，缩短建筑物的使用寿命。目前，日本国内还没有彻底找到消除融雪剂对地下水污染的解决方法，常采用以下措施来尽可能降低融雪剂对生态环境的不良影响。如降低融雪剂的使用量，减少融雪剂的非必要施用区域，控制地下水渗透等措施常被应用于减少融雪剂对地下水环境的影响。采用蔬菜废污水热转化为乙酸的新工艺，生产乙酸钙等新型有机融雪剂减少其对环境影响。采用碳平衡方法估算表明，来自蔬菜废物约21.3%的有机碳可被用作环保型CMA融雪剂。

## 9.7.3　美国马里兰州

马里兰州（Maryland）地处美国东海岸，东部濒临大西洋与特拉华州（Delaware）接壤，西部的阿巴拉契亚（Appalachian）山脉为森林覆盖。北部接宾夕法尼亚州（Pennsylvania），南部与弗吉尼亚州（Virginia）及哥伦比亚特区（District of Columbia）毗连，距纽约、华盛顿很近。马里兰州约二分之一的陆地面积属大西洋海岸平原。南北长达320km的切萨皮克湾（Chesapeake Bay）由南向北伸入内陆，将马里兰州分为东西两部分，其东部地区为潮湿的亚热带气候，西部地区为大陆性气候，山地冬季气温常在0℃以下，雪量较多。马里兰州的首府安纳波利斯市（Annapolis）是美国的重要贸易港口。

1938年，美国新罕布什尔州（New Hampshire）首次使用融雪剂进行道路除冰化雪。1941～1942年，美国每年在高速公路上撒施融雪盐约为5000t。1970年，调查发现大量的道路桥梁及路面出现腐蚀受损现象。1981年，调查表明美国约有15.2万座混凝土桥梁受融雪剂的腐蚀，腐蚀占比达32.4%。1993年，调查发现有57.5万座混凝土桥梁被腐蚀，被严重腐蚀的桥梁甚至发生了坍塌。2013年，美国每年使用融雪剂量超过1000万吨。

### 9.7.3.1　加强水环境中氯离子浓度标准制定与监测

美国地质勘查局（United States Geological Survey，USGS）曾对全美13个北方地区、4个南部地区的都市圈水质历史数据研究，发现一般在上年度的11月至下年度的4月期间，在美国北部大都市区的168个监测点中，55%（标准连续浓度）和25%（标准最高浓度）的氯离子浓度超过了美国环境保护署（U.S. Environmental Protection Agency，USEPA）的水质标准。同一年度的5～10月间，一般只有16%（标准连续浓度）和1%（标准最高浓度）监测点氯离子超标。在美国南部地区大都市区，一般水环境样品中氯离子浓度极少超过国家水质标准。

美国对水环境中氯离子浓度的控制一直非常重视。USEPA和国内许多州都设定有氯化物的水质限制标准。1988年，USEPA发布的水质标准要求淡水中氯离子的标准最高浓度（短期接触）限值应低于860mg/L。标准连续浓度（长期接触）应低于230mg/L。

美国各州都有不同的设定氯化物浓度标准，马里兰州环境部（Maryland Department of the Environment，MDE）汇总美国国内部分州的氯化物水质标准见表9-7。

表9-7 马里兰州环境部汇总美国部分州水环境中氯化物浓度标准　　单位：mg/L

| 序号 | 州 | 标准最大浓度 | 标准浓度连续 |
|---|---|---|---|
| 1 | 亚拉巴马州（Alabama，AL） | N/A | N/A |
| 2 | 阿拉斯加州（Alaska，AK） | 860 | 230 |
| 3 | 亚利桑那州（Arizona，AZ） | N/A | N/A |
| 4 | 阿肯色州（Arkansas，AR） | 特定场域 | 特定场域 |
| 5 | 加利福尼亚州（California，CA） | N/A | N/A |
| 6 | 科罗拉多州（Colorado，CO） | 特定场域（多数为250） | |
| 7 | 康涅狄格州（Connecticut，CT） | N/A | N/A |
| 8 | 特拉华州（Delaware，DE） | N/A | N/A |
| 9 | 佛罗里达州（Florida，FL） | 250（或10%偏差） | |
| 10 | 乔治亚州（Georgia，GA） | N/A | N/A |
| 11 | 夏威夷州（Hawaii，HI） | N/A | N/A |
| 12 | 爱达荷州（Idaho，ID） | N/A | N/A |
| 13 | 伊利诺伊州（Illinois，IL） | N/A | N/A |
| 14 | 印第安纳州（Indiana，IN） | 860 | 230 |
| 15 | 艾奥瓦州（Iowa，IA） | 新数据 | 新数据 |
| 16 | 堪萨斯州（Kansas，KS） | 860 | 调查中 |
| 17 | 肯塔基州（Kentucky，KY） | 1200 | 600 |
| 18 | 路易斯安那州（Louisiana，LA） | 特定场域 | |
| 19 | 缅因州（Maine，ME） | 860 | 230 |
| 20 | 马里兰（Maryland，MD） | N/A | N/A |
| 21 | 马萨诸塞州（Massachusetts，MA） | 860 | 230 |
| 22 | 密歇根州（Michigan，MI） | N/A | N/A |
| 23 | 明尼苏达州（Minnesota，MN） | 860 | 230 |
| 24 | 密西西比州（Mississippi，MS） | 特定场域 | |
| 25 | 密苏里州（Missouri，MO） | 艾奥瓦方程 | |
| 26 | 蒙大拿州（Montana，MT） | N/A | N/A |
| 27 | 内布拉斯加州（Nebraska，NE） | 860 | 230 |
| 28 | 内华达州（Nevada，NV） | 250 | |
| 29 | 新汉普郡州（New Hampshire，NH） | 860 | 230 |

续表

| 序号 | 州 | 标准最大浓度 | 标准浓度连续 |
|---|---|---|---|
| 30 | 新泽西州（New Jersey，NJ） | 860 | 230 |
| 31 | 新墨西哥州（New Mexico，NM） | 一些特定场域（250） | |
| 32 | 纽约州（New York，NY） | 250 | |
| 33 | 北卡罗来纳州（North Carolina，NC） | 230 | |
| 34 | 北达科他州（North Dakota，ND） | 100 或 250（一些特定场域） | |
| 35 | 俄亥俄州（Ohio，OH） | N/A | |
| 36 | 俄克拉何马州（Oklahoma，OK） | 特定场域 | |
| 37 | 俄勒冈州（Oregon，OR） | 860 | 230 |
| 38 | 宾夕法尼亚州（Pennsylvania，PA） | 250 | |
| 39 | 罗得岛州（Rhode Island，RI） | 860 | 230 |
| 40 | 南卡罗来纳州（South Carolina，SC） | N/A | N/A |
| 41 | 南达科塔州（South Dakota，SD） | N/A | N/A |
| 42 | 田纳西州（Tennessee，TN） | 250 | |
| 43 | 得克萨斯州（Texas，TX） | 特定场域 | |
| 44 | 犹他州（Utah，UT） | N/A | N/A |
| 45 | 佛蒙特州（Vermont，VT） | N/A | |
| 46 | 弗吉尼亚州（Virginia，VA） | 860 | 230 |
| 47 | 华盛顿州（Washington，WA） | 860 | 230 |
| 48 | 西弗吉尼亚州（West Virginia，WV） | 860 | 230 |
| 49 | 威斯康星州（Wisconsin，WI） | 757 | 395 |
| 50 | 怀俄明州（Wyoming，WY） | 860 | 230 |

注：N/A 代表无相关法律规定。

对马里兰州巴尔的摩（Baltimore）市饮用水的早期监测表明，该市水体中氯离子浓度呈现明显上升的趋势。淡水河流水体中盐浓度与河流大小相关，小型河流一般常表现出具有更高盐分浓度的趋势。此外，融雪剂使用地点的距离远近也显著影响水体中盐的浓度。在纽约州 Adirondack 河流中，发现其下游水体中盐浓度比上游水体高出约 31 倍。研究还发现，氯化物毒性与水的硬度及硫酸盐等阴离浓度有关。对马里兰州河流的 2482 个点位进行生物调查表明，氯离子浓度可以准确反映水中氯化钠的含量，钙离子浓度是影响氯化物毒性的主要因素之一。减少硫酸盐含量能降低离子基质的总体毒性，但对氯化物本身的毒性影响很小。有关氯离子对水体中非生物和生物过程的长期影响研究较少，在长时间和大空间尺度上加强流域内水生态系统系统调查研究极为必要。

目前，马里兰州环境部正在致力于开发地表水体中氯化物或氯化钠的标准，要求冬季应在州内某些区域控制融雪剂的过度使用，一些市区或州公路管理部门应报告融雪剂的使用量，以使其能满足国家污染排放消除系统（National Pollutant Discharge Elimination

System，NPDES）许可的要求。

2013年1月，切萨皮克湾委员会（Chesapeake Bay Commission，CBC）审查了马里兰州、宾夕法尼亚州和弗吉尼亚州使用融雪剂的相关政策，进而确定是否有必要采取必要的政策措施保护湾区水生态环境。随着融雪剂使用成本的不断增加，平衡公共安全与融雪剂应用应当符合当地运输机构的最佳利益。在这方面，CBC承认道路使用融雪剂会对环境和饮用水造成威胁，认为有效控制雨水径流，尽最大可能减少不透水表面的形成是降低冰雪清除影响环境的最佳选择。

### 9.7.3.2 融雪剂污染环境生态修复与管理

#### （1）水生态系统修复与管理

融雪剂对路域环境的影响受到美国社会及国内相关利益方的广泛关注。调查监测与研究表明，道路使用融雪剂对流域水环境质量及水生态系统结构具有直接影响。马里兰州自然资源部（Maryland Department of Natural Resources, DNR）调查表明，河流中大型底栖无脊椎动物的生物完整性指数（index of biotic integrity, BIBI）随水体中氯离子浓度的升高而降低。当水体中氯离子浓度超过190mg/L时，绝少有河流的BIBI指数超过4.0。调查也发现，在道路除雪中过量使用融雪剂，导致河流水体中氯离子浓度升高，会直接降低水体中鱼的摄食、生长速度和种类多样性。

两栖动物较其他动物对盐分更具有敏感性。根据马里兰生物河流调查（Maryland Biological Stream Survey，MBSS）数据，两栖动物蝾螈的种类多样性随河流水体中氯离子浓度升高而降低。当水体中氯离子浓度超过440mg/L时，蝾螈几乎绝迹。当水体中氯离子浓度小于190mg/L时，河流中能观察到的蝾螈种类均小于2种。2000～2001年间，对马里兰179条河流801个样点采集的贝类调查表明，在氯离子浓度大于85mg/L的水环境中绝少发现淡水贝类。

在水生态系统和生态系统服务功能方面，基于马里兰州自然资源部的调查研究，USEPA（1988）在水质标准中，要求淡水中氯离子的短期暴露最大浓度值不能超过860mg/L，长期暴露最大浓度应当低于230mg/L。

为了降低融雪剂对生态环境的不良影响，马里兰州公路管理局（Maryland State High Administration, MSHA）与马里兰州环境部（MDE）合作制定了盐资源管理计划。2010年，马里兰州议会通过众议院法案0903、参议院法案0775两项法案，要求MSHA与MDE共同制定全州的盐管理计划。该计划方案提供了最佳的盐资源管理践方案供州和地方政府使用，以期最大限度地减少融雪剂使用后产生的地表径流对环境产生不良影响。该计划中最佳的盐资源管理实践，可以视为最大限度地减少融雪剂对马里兰州环境影响的新起点，融雪剂管理的最佳实践将会定期得到更新。事实上，MSHA一直在测试和评估用于冬季道路的新材料、设备和策略，不断努力提高冬季风暴期间向驾车者提供更加安全高效的服务，尽可能将道路运维对环境的影响降至最低程度。

加强氯化钠型融雪剂对水生态的不良影响，加强其替代新产品的研发与应用十分关键。虽然一些新型融雪剂成本更高，但不会导致污染物水平增加，能使生态系统的自我净化过程更加高效。持续优化融雪剂使用的技术解决方案，可以有助于减少冬季融雪剂中氯含量。一些环境功能材料或具有修复功能的植物可以作为减少融雪剂氯污染的自然解决补充方案。在路域设置沉降生物过滤系统，也是进一步减少融雪剂对城市水生态系统破坏的有效防治措施。

### （2）土壤近自然生态修复

美国喀斯喀特山口路域生态系统由于长期使用融雪剂，导致土壤污染和贫瘠，肥力持续下降，被侵蚀风险显著增加。利用盐生植物和微生物对氯化物进行生物降解，是一项进行融雪剂污染土壤环境的近自然修复技术。通过采用积极的修复措施与人工管理，可以降低耐盐的外来植物入侵路域生态环境的风险，促进原生植被重建。

2006 年，美国 73 号公路的除雪开始实施医用防冰剂替代方案，并种植耐盐植物。纽约交通部通过使用卤水等多种除冰方式，将道路融雪剂的使用量减少 20%。

草原绳草（*Spartina pectinata*）是一种多产的多年生耐盐草本植物，原产于北美，可用于重金属和盐污染土壤修复，并作为高寒地区的燃料使用。2007 年，纽约交通部扩种原产于阿迪朗达克地区的草原绳草，在喀斯喀特湖 73 号公路路边开展保护性修复播种，初步成功恢复了路域植被。通过动态监测土壤和植被变化，开展土壤肥力和本地植物群落的恢复情况评估。结果表明，草原绳草可以稳定路域土壤，减少侵蚀，增加土壤有机质含量。在融雪剂污染土壤修复中，盐生植物在一个生长季节内具有将大量的盐分从土壤中转移出去的潜力。

在融雪剂替代新产品研发与应用中，有必要采用一种更加全面的方法综合分析成本效益。在以自然为基础的解决方案基础上，通过政策制定者、环保人士、社会工作者、科学家和运输专业人员等不同团体或利益相关方的参与，在系统解决方案的实施和维护中，发挥当地社区的参与积极性，可以最大程度降低融雪剂的负面影响及其造成的损失。

## 9.7.4 加拿大魁北克市

加拿大位于北美洲北部，西北部与美国阿拉斯加地区接壤，东接大西洋，西临太平洋，北部靠近北冰洋，其大部分领土属湿润大陆性气候和亚寒带针叶林气候。加拿大的冬季漫长而寒冷，气温通常在 0℃以下，一些地区气温甚至会达到 −50℃左右，一年中大部分时间被冰雪覆盖。

### （1）建立高效完备的除雪流程

为保证冬季雪期交通安全，加拿大政府总结出一套高效、完备的除雪流程。每当雪期来临，加拿大各级政府会马上清理道路积雪，确保道路交通通畅。其中，加拿大联邦政府负责国家公园内高速公路的积雪清理，省级政府负责辖区内其余高速公路的积雪清理，市政府负责市内道路的积雪清理，居民负责自家门口的积雪清理。

加拿大各级政府设有清理积雪的专项资金和机构，配备有铲雪车、撒盐机、吹雪机、除冰车和融雪剂等设备和物资，基本实现了机械化清理积雪，每年用于清理积雪的费用约为 10 亿加元（约 72 亿元人民币）。每年 12 月份至次年 3 月份，加拿大除雪相关机构的专业人员会追踪天气预报，及时反馈气象信息，除雪相关部门的工作人员进行24h巡逻和监控，一旦出现紧急情况会立即启动应急预案，力求将暴雪对交通的影响降到最低。

每当暴风雪来临时，不但加拿大航空部门会取消大量航班进出港，而且交通部门会关闭部分高速公路，市政部门也立即开设24h临时避难所，提供一日三餐和御寒衣服供无家可归的人们取用。气象部门全天24h分时段向民众推送国内各地区天气预报，及时发布极端天气预报预警，并在公共平台及时发布清雪工作流程。

每次大雪后，魁北克市政府会按照除扫优先等级，分级对高速公路和城市道路进行积雪清除。一般首先清除高速公路和城市主干道的积雪，其次再清除城市辅路、公交路线和坡道的积雪，最后清除其他街道的积雪。市政府要求在雪停后2～4h完成高速公路和城市主干道的积雪清除，在4～6h内完成辅路、公交线路和坡道的积雪清除，最迟不超过雪停后24h内完成其他街道的积雪清除。

在道路除雪时，魁北克市的除雪工作人员会在积雪路面抛洒融雪剂，出动铲雪车和吹雪车将道路中间的积雪推到道路边缘堆积成墙，待天气情况转好，大型车辆及时清运堆积的积雪。清理积雪的大型车辆出动时，魁北克市政府会对非法停放的车辆贴上标签，然后将车辆拖至特定的停车场，民众可以与所属辖区的管理部门联系寻找自己的车辆。例如，多伦多市政府规定在暴风雪来临时，在市政府明确标志的除雪路线上，72h内一律禁止停放车辆。在市政府指定的除雪路线上，所有非法停放的车辆会被拖离该路段，并将被处以最高200加元的罚款，并自行承担拖车费用。

当高速公路、主干道和当地道路地面雪量分别达到2cm、5cm和12cm时，除雪部门会及时派出铲雪车和撒盐车清理积雪。魁北克市政府规定，当积雪厚度达到2～3cm时，就应该及时清理，若雪堆积太高而未能铲雪清理也将会面临处罚。

铲雪车和融雪剂能实现道路积雪的高效清除，但很难把人行道和路边的积雪清理干净。因此，魁北克市政府规定，市民应在雪停后12h内，及时清除家门口的积雪，否则将会受到最高570加元的罚款。市民清理积雪的范围主要包括家门口、出租房产的人行道、台阶、停车位等地方。市民不得将清理的积雪堆在大街上，如果将清理的积雪堆到大街上，则会被处以360加元的罚款，对于屡犯市民的罚款金额可高达1000加元。市民除了及时清扫家门口积雪外，还需要自行完成在家门口的台阶和道路投撒（洒）融雪剂的工作。开车出行时，车主若未能清理干净车辆上的积雪，也会面临相应的处罚。

每年冬季，加拿大很多居民都会由于积雪路滑而受伤，相关房主需要负担受伤者的医疗费用。市民清理积雪的方式主要有两种：一是请专业除雪公司清理；二是房主自行清扫积雪。人工除雪是加拿大人必备的技术活，除雪者首先要挑选合适的除雪铲，其质量以不超过3kg及铲头中等为宜。其次，除雪者在铲雪前，要先进行适当的运动热身。贸然外出铲雪，身体容易发生肌肉剧烈收缩，导致肌肉和关节拉伤。除雪时，应以从高处向低处除雪，可以最大程度上减少体力消耗。大雪过后，适当撒布融雪剂，能有效防止积雪黏牢在地面上，可使意外伤害事故降低约八成，市民一般都会使用融雪剂来提高积雪的清理效率。

### （2）环境友好型融雪剂新产品研制与正确使用融雪剂

加拿大使用的融雪剂主要有氯盐型和有机型融雪剂两类。氯盐型融雪剂主要包括氯化钠、氯化镁、氯化钙和氯化钾等。该类融雪剂的价格低，应用广，但对城市公共设施腐蚀性大。不同氯化物盐的融雪效果不同，如融雪剂氯化钙较之氯化钠，其冰点更低，化雪除冰能力更强。当气温在-10℃或更低时，可以优先选用氯化钙融雪剂，或者根据当时的气温条件，单独使用氯化钙或将其与氯化钠混合使用，达到最佳的除雪效果。调查表明，长期使用氯盐类融雪剂，导致路域土壤中钠离子和氯离子浓度显著上升、土壤板结及植被焦黄或枯死。高浓度的氯盐融雪剂成分进入饮用水后，会引发高血压和心血管疾病，危害人体健康。1995年，融雪剂被列入加拿大环境保护相关标准的有毒有害物质名单。

有机型融雪剂以醋酸钾为主要成分。该类融雪剂融雪效果好、腐蚀性低，但价格高，市场售价约10000元人民币/t，主要用于机场或桥梁等特定区域的融雪化冰。在魁北克市当地的超市，还可以买到对宠物友好的融雪剂，即使宠物不小心误食了这种融雪剂也不会对其身体产生损害。

在加拿大安大略省尼亚加拉地区，甜菜根汁作为一种绿色天然、经济环保的融雪剂，通过与融雪剂混合使用，可以有效延长融雪时间。虽然甜菜汁的价格一般为化学融雪盐的4倍左右，但由于其具有良好融雪效果和环境友好的优点，现在加拿大正越来越多地使用于极端天气的融雪化冰。

2018年，在我国西安市举行的第三届丝绸之路国际博览会上，加拿大展示了3款新型融雪剂产品。其中，白色EOS-Ⅰ型融雪剂能在-15℃天气有效融雪，较传统融雪剂效能提高20%，腐蚀性减少40%，适用于城市道路融雪化冰；蓝色EOS-Ⅱ型融雪剂在-20℃天气能有效融雪，较传统融雪剂效能提高35%，腐蚀性减少75%，适用于机场融雪化冰；褐色EOS-Ⅲ型融雪剂在-30℃天气能有效融雪，较传统融雪剂效能提高50%，腐蚀性减少90%，适用于飞机机身融雪化冰。这些新型的融雪剂均采用绿色防腐蚀配方研制而成，能有效降低对金属、混凝土的腐蚀，提高城市公共设施的使用寿命，降低对植物生长的危害，价格比传统的氯盐型融雪剂高40%～50%。

加拿大使用融雪剂的四个原则如表9-8所列。

表9-8 加拿大使用融雪剂的四个原则

| 原则 | 要求 |
| --- | --- |
| 材料 | 根据不同条件选择合适的材料；温度超低的人行道化冰，要使用低温下可发挥的融雪剂或沙盐混合物 |
| 数量 | 根据路滑状况、道路表面残留化学物质数量、道路温度及通行的紧急程度，计算和确定融雪剂的使用量 |
| 地点 | 将融雪剂用于正确的位置，避免融雪剂浪费，注重保护环境；有融雪剂使用经验或受过相关培训的人员操作 |
| 时间 | 确定合适的融雪剂撒布时间，实现融雪剂最小浪费，发挥融雪剂最大效用；道路温度高于冰点时，尽量不使用融雪剂 |

加拿大要求融雪剂使用要遵循正确的材料、数量、地点、时间4个原则。对使用融雪剂的相关人员，要求开展专业培训，严格控制融雪剂用量、不得随意抛撒融雪剂，也不允许随意堆放含有融雪剂的残雪。

魁北克市政府规定，清理后的积雪要及时统一处理，避免远距离异地运输，暂时存放的积雪必须远离生态脆弱区域，存放点必须建有收集雪融水设施，避免含有融雪剂成分的化学物质未经处理排放而破坏环境。加拿大颁布《道路工作条例》后，各城市相关部门认真推行有效的融雪剂管理和使用方法，为世界各国治理道路积雪提供了较好的经验借鉴。

## 9.7.5　瑞典斯卡拉堡省

瑞典位于北欧斯堪的纳维亚半岛的东部，东北与芬兰接壤，西南临北海，东临波的尼亚湾和波罗的海，与俄罗斯隔海相望，西部与挪威为邻。瑞典受大西洋暖流影响，气候以温带大陆性气候为主，大部分地区属亚寒带针叶林气候，最南部属温带落叶阔叶林气候。1月份北部地区平均气温−16℃，南部平均气温−0.7℃。7月北部地区平均气温14.2℃，南部地区平均气温17.2℃。斯卡拉堡省位于瑞典西海岸的维纳恩（Vanern）湖和韦特恩（Vatter）湖之间，地形复杂多样。1998年1月1日，斯卡拉堡省与哥德堡及布胡斯（Bohuslän）省、埃尔夫斯堡（Elfsborg）省合并为西约塔兰（Västra Götalands län）省。

瑞典国家道路管理局（Swedish National Road Administration，SNRA）负责全国约$9.8×10^4$km国道的冬季道路除雪、除冰和维护，道路养护约占政府财政拨款的25%。1994年初夏，在瑞典南部和中部地区发现路域植被广泛遭到破坏，尤其是斯卡拉堡（Skaraborgs län）省E20和48高速公路沿线的植被破坏迹象极为明显。

### （1）融雪剂对路域植物与环境的影响

20世纪70年代后期，瑞典国家道路和运输研究所在斯卡拉堡省的7个区域采集土壤、地下水和植被样本，开展融雪剂对路域环境影响观测。从1978年春季到1979年秋季，又对采样地区进行了跟踪调查。结果表明，斯卡拉堡省由于使用融雪剂盐进行道路除冰雪，已导致一些地区的盐浓度明显增加。

在瑞典南部和中部的大部分地区，发现行道树和灌木受到较为广泛的破坏现象，早期曾怀疑是由于使用融雪剂的原因。为此，瑞典国家道路管理局展开了一项涉及林业、植物生态学、植物生理学、园艺和水文学的多学科调查计划。瑞典国家道路和运输研究所在斯卡拉堡省进行了道路植被损害、针叶树针、地下水和土壤采样化学分析。

调查表明，斯卡拉堡省E20和48道路沿线的大部分乔木和灌木出现明显的损害迹象，多数乔木和灌木表现出枯死的树枝和树叶，或者嫩枝在春天没有新芽萌发或树叶稀疏。植物损害的程度与其离道路的距离密切相关。越靠近道路的乔木和灌木损害越严重，随着离道路距离的增加，植被损害迅速降低。道路隔声屏为道路植被提供了良好的保护，暴露在隔声屏上方的树木损坏迹象明显，而被隔声屏遮蔽的树木则相对完好。

调查还发现，在斯卡拉堡省E20沿线地区道路旁的地下水和土壤中，钠和氯化物浓度明显增加。与1978年、1979年和1988年调查结果相比较，发现距离道路越远，地下水和土壤中钠和氯化物浓度下降迅速，离子浓度变化与道路使用融雪剂量密切相关。由此可见，撒布在道路路面的大部分融雪剂，通过空气运输和飞溅会沉积在路边的地面和土壤中。大部分融雪剂会蓄积在距离公路几十米的范围内。风向对距离道路约10m远的融雪剂沉积具有重要作用，风速影响融雪剂在空中的传播距离。

### （2）融雪剂使用管理

1971年颁布的《瑞典公路法》第二十三条规定，应采取维护和其他措施使道路保持在令人满意的状态。冬季，为了使道路安全和公路网的可达性保持在令公众可接受的水平，瑞典常采用机械除雪和使用融雪剂进行道路除雪化冰。根据瑞典道路养护条例的规定，虽然氯化钠是被允许使用的融雪剂，然而令人遗憾的是，由于常年使用融雪剂，路域生态环境受到了明显不良影响。在实现环境目标的同时，也同时实现交通便利、运输质量和安全目标，是一个需要多方协调平衡的微妙问题。

NaCl是瑞典最常用的一种除冰材料，几乎所有的欧洲国家在冬季都使用NaCl进行道路除雪化冰。在高速公路，一般均仅撒布氯化钠融雪剂，而在桥梁和人行道上，则将$CaCl_2$、$MgCl_2$与NaCl一起混合使用，偶尔还会使用尿素、乙二醇和酒精。此外，除雪也使用沙子或砂砾的研磨材料，偶尔还会使用各种炉渣或煤渣。

在欧洲，有关研磨材料与化学融雪剂的优缺点一直是讨论的焦点问题。砂砾材料常多用于交通密度较小、地形较高的二级公路网或公共道路。研磨材料应不含有毒或其他有害物质和黏土，推荐的分级曲线范围为0.5 ~ 8mm。对于可能导致车辆挡风玻璃的损坏问题，建议研磨材料的最大粒径尺寸不要超过4mm。在冬季道路管理中，使用砂砾材料会引发环境粉尘增多，需要频繁重复铺展，从而可能引发污水管道堵塞，大幅度提高冬季道路维护成本等一系列问题。

关于道路除雪是否必须使用融雪剂的问题，欧洲人们普遍认为，冬季道路除雪不使用融雪剂是一种不现实的做法。成本和环境效益比较分析表明，冬季不能仅使用研磨材料替代除雪剂进行道路除雪，使用融雪剂对于最大限度地提高交通安全至关重要。

20世纪90年代初期，瑞典全境和斯卡拉堡省的融雪剂消耗量呈现逐年增加的趋势（表9-9）。

表9-9　瑞典道路融雪剂消耗量　　　　　　　　　　　　　　单位：t

| 年份 | 斯卡拉堡省 | 瑞典 |
| --- | --- | --- |
| 1991年冬季 | <24000 | 210000 |
| 1992年冬季 | 26000 | 330000 |
| 1993年冬季 | 31000 | 420000 |

1993 ~ 1994年冬季期间，斯卡拉堡省的道路融雪剂消耗量为31000t，全瑞典的道路融雪剂消耗量约为42万吨。

1996年，瑞典国家道路管理局将2000年融雪剂使用量目标限定为20万吨。2000年，瑞典实际使用融雪剂量为19.67万吨，达到当初设定的目标值。1998年6月，瑞典议会根据政府促进可持续发展的交通政策制定法案，通过了一项新的交通政策，主要包括交通便捷、交通质量高、交通安全、环境良好、区域积极发展五个目标，提出了要建立一个环境、经济、文化和社会可持续发展的交通系统总目标。

在瑞典冬季道路作业实践中，相关规定一般建议使用尽可能少的盐，尽可能一词是基于人类健康和自然的长期容忍限度，是政府运输政策法案中的一个基本概念。然而，只要"尽可能"这三个字与相关规定内的特定路面摩擦值或雪深容忍限度要求相联系，实际上就可能在操作中很少考虑环境问题，使关于融雪剂的使用策略反而变成了使用尽可能多的融雪剂，这成了实际除雪操作中的一件憾事，需要进一步通过完善相关法案和制度来解决。

深入阐明融雪剂在生态环境中的迁移过程，揭示水陆生态系统中动植物对融雪剂的生物响应机制，涉及生态过程建模和预测，以及长期跟踪监测与影响的定量评估。承包商在开展冬季维护道路行动时，根据整个冬季的天气情况，将实际融雪盐用量与所需盐用量进行比较，制定减少融雪剂用量的行动策略。

### 9.7.6 芬兰

芬兰位于欧洲北部，西南濒波罗的海和芬兰湾，西濒波的尼亚湾，地势北高南低。芬兰北面与挪威接壤，西北与瑞典为邻，东面毗邻俄罗斯，全境1/3的土地在北极圈内，属温带海洋性气候，冬季平均气温-14～3℃，年均降雨600mm。

#### 9.7.6.1 融雪剂对地下水的影响

在北半球高纬度地区的寒冷冬季，融雪剂广泛应用于冬季道路维护。20世纪50年代，芬兰开始在冬季将氯化钠应用于道路融雪除冰，1983年开始大面积将融雪剂应用于道路融雪除冰。此后，随着芬兰全国道路建设里程的增加，越来越多的地区使用化学融雪剂，氯化钠融雪剂的年施用量逐渐增加，1990年全国融雪剂使用量达到高峰值（图9-6）。

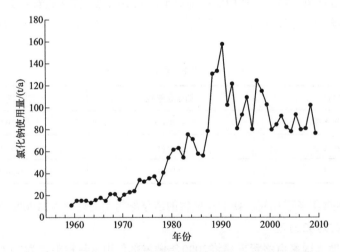

图9-6 1950～2009年芬兰道路除雪氯化钠盐使用量

芬兰大约70%的人口的饮用水来自地下水源。全国地下水含水层根据其目前或未来用于市政供水的价值，主要分为Ⅰ、Ⅱ和Ⅲ 3个类型。道路网络根据冬季维护标准，主要划分为Ⅰs、Ⅰ、Ⅰb、Ⅱ和Ⅲ 5个等级。其中，Ⅰs、Ⅰ、Ⅰb类道路可以采用化学融雪剂除冰融雪。大多数具有饮用水供应价值的地下水分布在沙石层，道路常建在具有供水价值的含水层上面。据统计，芬兰建设在含水层上的道路总长度约为2100km，包括含水层约950条，其中Ⅰ类含水层约600条。

从20世纪80年代末至90年代初期开始，随着芬兰全国每年道路融雪剂施用量的急剧增加，融雪剂对地下水资源的影响成为社会广泛关注的问题。20世纪90年代初，芬兰政府和公众认识到融雪剂使用对环境，尤其是对地下水质量恶化的影响问题。鉴于交通安全保障与地下水保护极高具有巨大的社会经济价值，芬兰政府于20世纪90年代初启动道路融雪剂有关的研发项目，寻找降低融雪剂对地下水不良影响的技术解决方案。

### 9.7.6.2　融雪剂污染防控措施

#### （1）减少融雪剂用量

在一次全国性的冬季道路交通大型项目中，芬兰曾确定减少融雪剂对生态环境不良影响的3种方法，主要包括减少使用融雪剂除冰融雪、防止融雪剂和含盐物质渗入地下水、应用危害较小的融雪剂。此外，在道路除雪中，尽可能地采用盐水代替固体融雪剂，加强融雪剂的预润湿，以及引入机械装置精准撒布融雪剂均是减少融雪剂使用量的有效措施。

冬季融雪除冰操作实践表明，防治道路冰层形成较使用融雪剂除冰在交通安全方面更为有效。由此可见，及时预防道路形成冰层，将会有助于减少融雪剂的消耗量。为承担除雪工作的承包商及时提供在线气象数据服务，可以帮助企业高效地实现上述目标。此外，负责除雪的承包商因为准确、有效和及时精准地使用融雪剂而获得政府奖励，也是有效的激励措施。通过采用以上政策和技术，自1990年以来，芬兰冬季道路融雪剂的使用量明显下降。此外，区域无盐化或少盐化等政策也取得了良好的效果。例如，在芬兰东部地区，大约75%的人在连续2个冬季均支持政府的这项政策，融雪剂使用量大幅度减少了约85%。

#### （2）使用土工膜防渗

自20世纪60年代开始，芬兰通过在地下含水层上应用黏土、塑料、膨润土或土工合成黏土构建防渗层，阻止融雪剂中氯化物下渗效果明显，在20世纪90年代中期后该措施得以广泛推广应用。虽然在芬兰的一些地区，土工膜对防止氯化物下渗发挥了预期的作用，但在另一些地区却未能实现预期目的，在防渗层下的地下含水层中监测到高浓度的氯化物，这与地下水复杂的水文过程有关，有关使用土工膜防止氯化物下渗污染地下水的长期效应，有待今后在不同空间尺度上继续开展长期定位监测与研究。

#### （3）替代氯盐类融雪剂

① 甲酸钾。20世纪90年代中期，Yli-Kuivila在芬兰用醋酸钙、醋酸镁固体的混合物来替代氯化钠，进行了替代氯盐类融雪剂研究。CMA降解速度较慢，但在具有高透水率的地层上应用CMA，醋酸盐仍可能会渗透。比较醋酸钾、CMA、甲酸钾、氯化镁、氯化钙和氯化钠对地下水的潜在影响，发现甲酸钾与氯化钠或醋酸盐相比，其能最终降解为$CO_2$，并且浸出液中微量金属的含量明显减少。

2002年，在芬兰的一条高速公路上，比较使用甲酸钾和氯化钠融雪剂对地下水的影响，Hellstén等发现，在单独使用甲酸钾融雪剂的高速公路上，经过2个除冰季节后，未曾在地下含水层中检测到甲酸盐成分。相反，在单独使用氯化钠融雪剂的高速公路上，发现与当地的地下水氯化钠自然背景值相比较，使用融雪剂的地下水中氯化钠浓度高出了约200倍。2009年10月，采样监测再次表明，尽管存在有浅层的地下水非饱和区，但单独使用甲酸钾融雪剂的地下含水层中仍未发现甲酸盐。Hellstén等研究还发现，即使在2.5℃的低温环境条件下，土壤中的微生物仍可以快速生物降解甲酸盐，结合甲酸钾良好的除冰性能，其成了地下水敏感区道路融雪剂的最佳选择。自甲酸盐和醋酸盐在芬兰首次应用于道路除雪后，现已逐渐取代了尿素。目前，甲酸钾融雪剂已经被应用于芬兰许多公路的融雪除冰，对其应用后的环境影响仍在跟踪评估之中。

② 磨料。在积雪堆积的公路上或冬季下雨时，道路常会变得更加光滑。当气温很低时，在Ⅰ级公路上仅使用融雪剂，防滑效果差，这时需要使用砂子增加车轮与路面的摩擦力。在一些关键路段，如十字路口、弯道和公交车站使用砂子或粗碎石材料，增加车轮和路面的摩擦力是效果不错的防滑措施。虽然在路面铺设砂石后就会立即具有防滑性能，但其在堆积的积雪中，砂石会不断冻结，并且当道路干燥时，砂石又容易飞溅，这时可以通过加盐改善砂子的黏性和防止冻结。将融雪剂添加到砂子中，要特别注意优化融雪剂的使用量，防止积雪软化而降低驾驶的舒适性，甚至堵塞融雪剂撒布设备。

### （4）改进除冰机械装置

芬兰的除雪机械装置十分发达，除雪车辆可安装单向前犁、V形犁、可翻转犁、液压伸缩犁、双刀片犁、车底犁以及专门为清除泥泞而设计的犁。芬兰所有使用的除雪犁一般都采用液压控制，通过快速更换缓冲器系统，往往只需几分钟就可以实现安装和卸载，使用起来十分便捷。

### （5）制定融雪剂使用技术指南

芬兰20余年来的融雪剂使用经验表明，改进除冰设备和融雪剂使用技术，利用气象在线数据服务，以及对除雪承包商进行教育和奖励，使得2000年氯化钠融雪剂的使用量较1992年减少约35%。目前，芬兰道路管理局、民航管理局、环境管理局等政府管理部门，以及融雪剂化学品制造商等公司和科学界正密切合作，寻求减少融雪剂对环境影响的方法，不断开展融雪使用技术方法和管理方面的实践创新。

1998年，芬兰对1129个地下水区开展氯化物的环境风险评估，结果表明，29%的地下水氯浓度为10～25mg/L，17%的地下水氯浓度为25～50mg/L，4%的地下水氯浓度为50～100mg/L，1%的地下水氯浓度大于100mg/L，约1/2地区地下水氯离子浓度低于10mg/L。在进行融雪剂风险评估的地区中，认为26%的地区应改善地下水质量，加强融雪剂成分监测及采取必要的风险管控措施，减少道路融雪剂的使用量。

芬兰通过对有价值的地下水含水层进行环境风险评估并列出清单，该措施已被证明有利于管控融雪剂对地下水资源造成的风险。芬兰道路使用融雪剂对地下水含水层影响的风险评估指南如图9-7所示。

根据道路融雪剂相关的地下水质量影响风险评估指南，通过对富有供水价值的地下

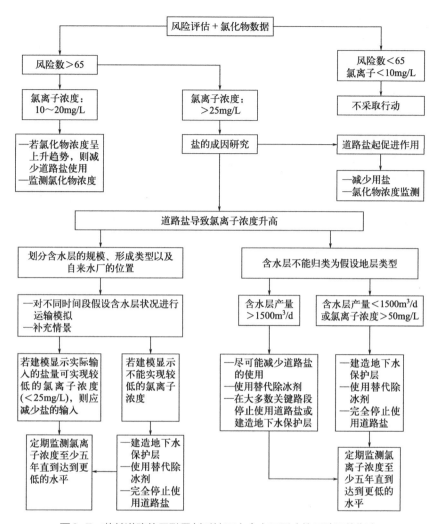

图9-7　芬兰道路使用融雪剂对地下水含水层影响的风险评估指南

水含水层氯离子浓度监测和变化模拟，定量评估可能引发的风险，并采取相应的地下水保护措施，将为寻求降低融雪剂对地下水影响提供可供参考的技术支撑。

综上所述，高密度人类聚集和高强度人类活动干扰是城市生态系统的重要特征，道路路网是城市生态系统中物质、能量和信息快捷良性流动的重要保障。面向城市生态系统健康的建设目标，城市可持续更新是实现高质量发展的重要途径。在一个由人类活动和各种生态过程所驱动的城市生态系统中，开展城市路域生态系统定位监测网络，不但可为路域生态系统结构与功能定量评估提供数据支撑，也是构建健康、宜居、可持续及有韧性的城市生态系统的重要需求。

对于我国北方寒冷地区的城市来说，持续关注因为融雪剂长期使用引发的不良生态环境效应、有效降低融雪剂对市政交通设施的腐蚀和损坏、构建融雪剂相关标准与技术规程是处理好道路交通安全与生态环境保护关系的重要技术支撑。建立融雪剂市场准入和合理使用制度，是促进科学使用融雪剂的重要制度保障。

道路绿化植物是路域生态系统中的重要生产者，城市绿地是动物赖以生存的重要栖息地。针对城市绿色低碳建设要求，以及道路植物配置和景观布局需要，建立耐寒、抗盐碱、高抗性绿化植物种质资源圃，构建种质资源特性和分子信息库，推进耐寒、耐盐碱绿化植物优质种源筛选、创制与应用，是解决融雪剂盐碱对城市道路绿化植物生长危害，降低绿化养护成本的重要途径。

针对不同城市环境敏感区域对融雪剂产品的性能要求，从融雪剂的物理和化学性质、交通设施安全和生态环境影响等方面，不断完善技术标准指标，创新研发环境友好型融雪剂，进行环境友好型融雪剂产品分类细化，并制定行业准入标准，在降低融雪剂对路域生态系统影响方面具有广阔的发展空间。

未来面向城市生态文明建设，以整体系统观为指导，重视城市生态系统中路域生态区域内植物和野生动物栖息地评价和保护、道路地表系统-水生态-大气环境间的相互作用机理，资源节约型和环境友好型路域生态工程技术研发、路域生态系统服务功能的综合集成技术体系、大数据环境风险定量评估、生态环境物联网建设和智慧管理等方面，开展城市路域生态方面的理论创新与应用实践，无疑将在系统解决城市生态环境问题方面发挥出越来越重要的作用。

# 参考文献

[1] Akbar K F, Headley A D, Hale W H G, et al. A comparative study of de-icing salts (sodium chloride and calcium magnesium acetate) on the growth of some roadside plants of England [J]. Journal of Applied Sciences and Environmental Management, 2006, 10(1): 67-71.

[2] Alshammary S F, Qian Y L, Wallner S J. Growth response of four turfgrass species to salinity [J]. Agricultural Water Management, 2004, 66: 97-111.

[3] Amrhein C, Mosher P A, Strong J E, et al. Trace metal solubility in soils and waters receiving deicing salts [J]. Journal of Environmental Quality, 1994，23: 219-227.

[4] Amrhein C, Mosher P A, Strong J E. Colloid-assisted transport of trace metals in roadside soils receiving deicing salts [J]. Soil Science Society of America Journal, 1993, 1212-1217.

[5] Amrhein C, Strong J E, Mosher P A. Effect of de-icing salts on metal and organic matter mobilization in roadside soils [J]. Environmental Science and Technology, 1992, 26: 703-709.

[6] Amrhein C, Strong J E. The effect of deicing salts on trace metal mobility in roadside soils [J]. Journal of Environmental Quality, 1990,19: 722-765.

[7] Alppivuori K, Leppänen A, Anila, M, et al. Road traffic in winter-summary of publications in the research programme [R]. FinnRA Reports 57/1995, TIEL 3200332E, Finnish National Road Administration, Helsinki, Finland.

[8] Åsteböl S O, Pedersen P A, Röhr P K, et al. Effects of de-icing salts on soil, water and vegetation [R]. Norwegian National Road Administration, Report MITRA, 1996, 05/96, Oslo (in Norwegian with English summary): 63.

[9] Azam F, Muller C. Effect of sodium chloride on denitrification in glucose amended soil treated with ammonium and nitrate nitrogen [J]. Journal of Plant Nutrition and Soil Science, 2003, 166: 594-600.

[10] Bäckström M, Karlsson S, Bäckman L, et al. Mobilisation of heavy metals by deicing salts in a roadside environment [J]. Water Research, 2004, 38: 720-732.

[11] Balnokin, Yu & Popova L. Further evidence for an ATP-driven sodium pump in the marine alga Traselm is (Platim onas) viridis[J]. J Plant Physiol, 1997, 150: 264-270.

[12] Banks M K, Schwab A P, Henderson C. Leaching and reduction of chromium in soil as affected by soil organic content and plants [J]. Chemosphere, 2006, 62: 255-264.

[13] Banni M, Chouchene L, Said K, et al. Mechanisms underlying the protective effect of zinc and selenium against cadmium-induced oxidative stress in zebrafish Danio rerio[J]. Biometals, 2011, 24(6): 981-992.

[14] Bao G, He F, Chen W, et al. Physiological effects of different concentrations of chloride deicing salt and freeze-thaw stress on Secale cereale L. seedlings[J]. Journal of Plant Growth Regulation, 2020, 39(20):15-25.

[15] Batra L, Manna M C. Dehydrogenase activity and microbial biomass carbon in salt‐affected soils of semiarid and arid regions [J]. Arid Soil Research and Rehabilitation, 1997, 11(3): 295-303.

[16] Bauske B, Goetz D. Effects of deicing salts on heavy metal mobility [J]. Acta Hydrochim Hydrobiol, 1993,21: 38-42.

[17] Berry J. A, Downtonw J. S. Environmental regulation of photosynthesis. Govind J, eds. Photosynthesis(Vol Ⅱ)[J]. New York: Academic Press, 1982: 263-345.

[18] Blasius B. J, Merritt R. W. Field and laboratory investigations of the effects of roadsalt(NaCl) on stream macroinvertebrate communities[J]. Environ Pollut, 2002, Vol. 120: 219-231.

[19] Blomqvist G, Johansson E L. Air-borne spreading and deposition of deicing salt—a case study [J]. The Science of the Total Environment, 1999. 235(1-3): 161-168.

[20] Blumwald E. Sodium transport and salt tolerance in plants [J]. Current Opinion in Cell Biology, 2000,12: 431-434.

[21] Boekhold A E, Temminghoff E J M, van der Zee S E. Influence of electrolyte composition and pH on the cadmium adsorption by an acidic soil[J]. Journal of Soil Science, 1993, 44: 85-96.

[22] Borsami O, Valpuesta V, Botella M A. Evidence for a role of salicylic acid in the oxidative damage generated by NaCl and

osmotic stress in Arabidopsis seedlings [J]. Plant Physiology, 2001, 126 (3): 1024-1030.

[23] Brauer J, Geber M A. Population differentiation in the range expansion of a native maritime plant, *Solidago sempervirens* L[J]. International Journal of Plant Sciences, 2002, 163(1): 141-150.

[24] Brenner M V, Horner R R. Effects of calcium magnesium acetate (CMA) on DO innatural waters. Resources [J]. Conservation and Recycling, 1992, 7: 239-265.

[25] Bridgeman T B, Wallace C D, Carter G S,et al.A limnological survey of Third Sister Lake, Michigan with historical comparisons[J]. Lake and Reservoir Management, 2000, 16(4): 253-267.

[26] Bryson G M, Barker A V. Sodium accumulation in soils and plants along Massachusetts roadsides [J]. Communications in Soil Science and Plant Analysis, 2002,33(1-2): 67-78.

[27] Butler B J, Addison J. 2000: Biological effects of road salts on soils. Environment Canada CEPA Priority Substances List Environmental Resource Group on Road Salts[R]. Commercial Chemicals Evaluation Branch, Environment Canada, Hull.

[28] Byung Yun Yang, Rex Montgomery, De-icers derived from corn steep water [J]. Bioresource technology, 2003, 90: 265-273.

[29] Cancilla D A, Baird J C, Rosa R. Detection of aircraft deicing additives in groundwater and soil samples from Fairchild Air Force Base, a small to moderate user of deicing fluids [J]. Environmental Contamination Toxicology, 2003, 70: 868-875.

[30] Cekstere G, Nikodemus O, Osvalde A. Toxic impact of the de-icing material to street greenery in Riga [J]. Latvia. Urban Forestry and Urban Greening, 2008, 7: 207-217.

[31] Černohlávková J, Hofman J, Bartoš T, et al. Effects of road deicing salts on soil microorganisms [J]. Plant Soil Environment, 2008, 54 (11): 479-485.

[32] Chen S L, Li J K, Wang S S, et al. Effects of NaCl on shoot growth, transpiration, ion compartmentation and transport in regenerated plants of Populus euphratica and Populus tomentosa[J]. Canadian Journal of Forest Research, 2003, 33(6): 967-975.

[33] Chen W, Meng J, Han X, et al. Past, present, and future of biochar[J]. Biochar, 2019, 1(1): 75-87.

[34] Cunningham A M, Snyder E, Yonkin D, et al.Accumulation of deicing salts in soils in an urban environment [J]. Urban Ecosyst, 2008, 11:17-31.

[35] Czerniawska-Kusza I, Kusza G, Dużyński M. 2004. Effect of Deicing Salts on Urban Soils and Health Status of Roadside Trees in the Opole Region [J]. Environmental Toxicology, 19: 296-301.

[36] DB21/T 1558—2007融雪剂质量与使用技术规程[S]. 2007.

[37] Defourny C. Environmental risk assessment of deicing salts [C]. World salt Symposium, 8th The Hague, Netherlands, 2000,2: 767-770.

[38] Denby B R, Sundvor I, Johansson C, et al. A coupled road dust and surface moisture model to predict non-exhaust road traffic induced particle emissions (NORTRIP). Part I: road dust loading and suspension modelling [J]. Atmospheric Environment, 2013, 77: 283-300.

[39] Doner H E. Chloride as a factor in mobilities of Ni, Cu and Cd in soils [J]. Soil Science Society of America Journal, 1978,42: 882-885.

[40] Duckworth C M S, Cresser MS. Factors influencing nitrogen retention in forest soils [J]. Environmental Pollution,1991, 72: 1-21.

[41] Elliot H A, Linn J H. Effect of calcium magnesium acetate on heavy metal mobility in soils [J]. Journal of Environmental Quality, 1987,16(3): 222-226.

[42] Environmental Protection Agency Water Ouality Research. Environmental Impact of Highway Deicing[R]. Water Pollution Control Research Series, 1971, 11040 GKK 06/71.

[43] Erdei L, Kuiper P J C. Substrate-dependent modulation of ATPase activity by $Na^+$ and $K^+$ in roots of Plantago species [J]. Physiologia Plantarum, 1980,49(1): 71-77.

[44] Eric V. Novotny, Dan Murphy, Heinz G. Stefan. Increase of urban lake salinity by road deicing salt[J]. Science of The Total Environment, 2008;406:131-144.

[45] Fayun Li, Zhiping Fan, Pengfei Xiao, et al.Contamination, chemical speciation and vertical distribution of heavy metals in soils of an old and large industrial zone in Northeast China[J]. Environmental Geology, 2009, 57:1815-1823.

[46] Findlay S E G, Kelly V R. Emerging indirect and long-term road salt effects on ecosystems [J]. Annals of the New York Academy of Sciences, 2011, 1223: 58-68.

[47] Fischel M. Evaluation of selected deicers based on a review of the literature [R]. The Seacrest Group. Colorado Department of Transportation Research Branch. 2001.

[48] Forczek S T, Benada O, Kofroňová O, et al. Influence of road salting on the adjacent Norway spruce (Picea abies) forest [J].

Plant Soil and Environment, 2011, 57(7): 344-350.

[49] Fostad O, Pedersen P A. Container-grown tree seedling responses to sodium chloride applications in different substrates [J]. Environmental Pollution, 2000, 109: 203-210.

[50] Frankenberger W T, Bingham F T. Influence of salinity on soil enzyme activities [J]. Soil Science Society of America Journal, 1982, 46(6): 1173-1177.

[51] Gałuszka A, Migaszewski Z M, Podlaski R, et al. The influence of chloride deicers on mineral nutrition and the health status of roadside trees in the city of Kielce, Poland [J]. Environmental Monitoring and Assessment, 2001, 176: 451-464.

[52] GB/T 13267—91. 水质 - 物质对淡水鱼（斑马鱼）急性毒性测定方法 [S].

[53] Gijs D. B, Rogerroseth, Magnussparrevik et al. Persistence of the deicing additive benzotrizole at an abandoned airport[J]. Water Air and Soil Pollution, 2003, Vol. 3: 91-101.

[54] Godwin K S, Hafner S D, Buff M F. Long-term trends in sodium and chloride in the Mohawk River, New York: The effect of fifty years of road-salt application [J]. Environmental Pollution, 2003, 124: 273-281.

[55] Green S M, Cresser M S. Nitrogen cycle disruption through the application of de-icing salts on upland highways [J]. Water Air and Soil Pollution, 2008, 188:139-153.

[56] Green S M, Machin R, Cresser M S. Effect of long-term changes in soil chemistry induced by road salt applications on N-transformations in roadside soils [J]. Environmental Pollution, 2008, 152: 20-31.

[57] Grolimund D, Borkovec M. Colloid-facilitated transport of strongly sorbing contaminants in natural porous media: mathematical modeling and laboratory column experiments [J]. Environmental Science and Technology, 2005, 39: 6378-6386.

[58] Guntner M, Wilke B M. Effects of de-icing salt on soil enzyme activity [J]. Water Air and Soil Pollution, 1982, 20: 211-220.

[59] Hanslin H M. Short-term effects of alternative de-icing chemicals on tree sapling performance [J]. Urban Forestry and Urban Greening, 2011, 10: 53-59.

[60] Harless M L, Huckins C J, Grant J B, et al. Effects of six chemical deicers on larval wood frogs (Rana Sylvatica) [J]. Environmental Toxicology and Chemistry, 2011, 30(7): 1637-1641.

[61] Harrison R M, Laxen D P H, Wilson S J. Chemical association of lead, cadmium, copper and zinc in street dust and roadside soil [J]. Environmental Science and Technology, 1981, 15: 1378-1383.

[62] Hartleya W, Edwards R, Leppb N W. Arsenic and heavy metal mobility in iron oxide-amended contaminated soils as evaluated by short-and long-term leaching tests [J]. Environment Pollution, 2004, 131: 495-504.

[63] Hellstén P, Nystén T. Migration and chemical reactions of alternative de-icers in sand filters. The Finnish environment [M]. Edita: Helsinki, 2001, 515: 67.

[64] Hellstén P, Nystén T. Migration on alternative de-icers in unsaturated zone of aquifers - in vitro study [J]. Water Science and Technology, 2003, 48 (9): 45-55.

[65] His A, Gustafson K. Test and evaluation of calcium magnesium acetate—sodium chloride mixtures in Sweden[J]. Snow Removal and Ice Control Technology,1997: 53-59.

[66] Hoffman R W, Goldman C R, Paulson S, et al.Aquatic impacts of deicing salts in the central Sierra Nevada Mountains, California [J]. Water Resource Bullutine, 1981, 17(1): 280-285.

[67] Hong H. C, Zhou H. Y,Lan C. Y. Pentachlorophenol induced physiological-biochemical changes in Chlorella pyrenoidosa culture[J]. Chemosphere, 2010, 81:1184-1188.

[68] Horner R R. Environmental Monitoring and Evaluation of Calcium Magnesium Acetate (CMA) [M]. TRB, National Research Council, Washington, D. C. 1988.

[69] Horner R R. , Brenner M V. Environmental evaluation of calcium magnesium acetate for highway deicing applications [J]. Resources, Conservation and Recycling, 1992, 7(1-3): 213-237.

[70] Howard J L, Sova J. Sequential extraction analysis of lead in Michigan roadside soils: mobilization in the vadose zone by deicing salts? [J] Journal of Soil Contamination,1993, 2: 361-378.

[71] Howard K W F, Beck P J. Hydrogeochemical implications of groundwater contamination by road de-icing chemicals [J]. Journal of Contaminant Hydrology, 1993, 12 (3):245-268.

[72] Howard K W F, Livingstone S. Transport of urban contaminants into Lake Ontario via sub-surface flow [J]. Urban Water, 2000, 2 (3):183-195.

[73] Izabela C. K. , Grzegorz K. , Mariusz D. Effect of Deicing Salts on Urban Soils and Health Status of Roadside Trees in the Opole Region[J]. Environ Toxicol, 2004, 19: 296-301.

[74] Jackson R B, Jobbagy E G. From icy roads to salty streams [J]. Proceedings of the National Academy of Sciences, 2005, 102(41): 14487-14488.

[75] Kakuturu S, Clark S E. Impacts of deicing salts on soil structure and infiltration rate [C]. World Environmental and Water Resources Congress, 2012, 411-414.

[76] Kaushall S, Groffman P, Likens G, et al. Increased salinization of freshwater in the northeastern United States [J]. Proceedings of the National Academy of Sciences, 2005, 102(38): 13517-13520.

[77] Kayama M, Quoreshi A M, Kitaoka S, et al. Effects of deicing salt on the vitality and health of two spruce species, *Picea abies* Karst. , and *Picea glehnii* Masters planted along roadsides in northern Japan [J]. Environmental Pollution, 2003, 124: 127-137.

[78] Khodary S E A. Effects of salicylic acid on the growth, photosynthesis and carbohydrate Metabolism in salt stress Maize plant [J]. International Journal of Agriculture and Biology, 2004, 6 (1): 5-8.

[79] Kinniburgh D G, Jackson M L, Syers J K. Adsorption of alkaline earth, transition, and heavy metal cations by hydrous oxide gels of iron and aluminum [J]. Soil Science Society of America Journal, 1976, 40: 796-799.

[80] Klitzke S, Lang F, Kaupenjohann M. Increasing pH releases colloidal lead in a highly contaminated forest soil [J]. European Journal of Soil Science, 2008, 59: 265-273.

[81] Konemann H. ,Quantitative structure-activity relationships in fish toxicity studies. Part 1: relationships for 50 industrial pollutants[J]. Toxicology, 1981, 19: 209-225.

[82] Koryak M, Stafford L J, Reilly R J, et al. Highway deicing salt runoff events and major ion concentration along a small urban stream[J]. Journal of Freshwater Ecology, 2001,16(1):125-134.

[83] Kovácik J, Klejdus B, Hedbavny J, et al.Salicylic acid alleviates NaCl-induced changes in the metabolism of Matricaria chamomilla plants [J]. Ecotoxicology, 2009, 18: 544-554.

[84] Kusza I C, Kusza G, Dużyński M. Effect of deicing salts on urban soils and health status of roadside trees in the Opole region [J]. Environmental Toxicology, 2004, 19(4): 296-301.

[85] Lars Bäckman, Lennart Folkeson, The influence of de-icing salt on vegetation groundwater and soil along highways E 20 and 48 in Skaraborg County during 1994 [R]. VTI Meddelande 775A, 1995.

[86] Laura R D. Effects of neutral salts on carbon and nitrogen mineralization of organic matter in soil [J]. Plant and Soil, 1974, 41: 113-127.

[87] Laura R D. Salinity and nitrogen mineralization in soil [J]. Soil Biology and Biochemistry, 1977,9: 333-336.

[88] Lavola A, Karjalainen R, Tiitto R J. Bioactive polyphenols in leaves, stems, and berries of Saskatoon (*Amelanchier alnifolia* Nutt. ) cultivars [J]. Journal of agricultural food chemistry, 2012, 60(4): 1020-1027.

[89] Li Fayun, Zhang Ying, Xiong Zaiping, et al.Effect of deicing salt on ion conentrations in urban roadside snow and surface water [C]. 5th International Conference on Bioinformatics and Biomedical Engineering, iCBBE 2011.

[90] Linde M, Öborn I, Gustafsson J P. Effects of Changed Soil Conditions on the Mobility of Trace Metals in Moderately Contaminated Urban Soils [J]. Water Air and Soil Pollution, 2007, 183: 69-83.

[91] Löfgren S. The chemical effects of deicing salt on soil and stream water of five catchments in Southeast Sweden [J]. Water Air and Soil Pollution, 2001, 130: 863-868.

[92] Lumsdon D G, Evans L J, Bolton K A. The influence of pH and chloride on the retention of cadmium, lead, mercury and zinc by soils [J]. Journal of Soil Contamination, 1995, 4: 137-150.

[93] Lundmark A, Olofsson B. Chloride deposition and distribution in soils along a deiced highway-assessment using different methods of measurement [J]. Water Air and Soil Pollution, 2007, 182: 173-185.

[94] Luo Xuemei, Chen Xinzhi, Wang Kan, et al.Pollution status and evaluation of heavy metal in vegetable production base in Shenyang [J]. Environmental Protection Science, 2003, 29(118): 43-45.

[95] Marking LL, Method for assessing additive toxicity of chemical mixtures. Aquatic toxicicology and hazard evaluation[J]. ASTM STP Publication, 1977,Vol. 634: 99-108.

[96] Mäser P, Gierth M, Schroeder J I. Molecular mechanisms of potassium and sodium uptake in plants [J]. Plant and Soil, 2002, 247(1): 43-54.

[97] Mathews S T, Kim T, Zhang A J, et al. Anti-diabetic properties of serviceberry (Amelanchier alnifolia) [J]. Planta Medica, 2008, 74: 70.

[98] Maxe L, Sources of major chemical constituents in surface water and ground water[J]. Nordic Hydrology, 2001(32):115-134.

[99] Mayer T, Rochfort Q, Borgmann U, et al.Geochemistry and toxicity of sediment porewater in a salt-impacted urban stormwater detention pond [J]. Environmental Pollution, 2008, 156(1): 143-151.

[100] McCormick R W, Wolf D C. Effect of sodium chloride on $CO_2$ evolution, ammonification and nitrification in a Sassafras sandy loam [J]. Soil Biology and Biochemistry: 1980, 12: 153-157.

[101] Meijer J R, Huijbregts M A J, Schotten K C G J et al. Global patterns of current and future road infrastructure[J]. Environmental Research Letters, 2018(13): 1-10.

[102] Miklovic S, Galatowitsch S M. Effect of NaCl and *Typha angustifolia* L. on marsh community establishment: A greenhouse study [J]. Wetlands, 2005, 25(2), 420-429.

[103] Munns R. Comparative physiology of salt and water stress[J]. Plant Cell Environ. , 2002, 25: 239-250.

[104] Naidu R, Bolan N S, Kookana R S, Ionic strength and pH effects on the sorption of cadmium and the surface charge of the soil [J]. European Journal of Soil Science, 1994, 45: 419-429.

[105] Nazar R, Iqbal N, Syeed S, et al. Salicylic acid alleviates decreases in photosynthesis under salt stress by enhancing nitrogen and sulfur assimilation and antioxidant metabolism differentially in two mungbean cultivars [J]. Journal of Plant Physiology, 2011, 168: 807-815.

[106] Nelson S S, Yonge D R, Barber M E. Effects of Road Salts on Heavy Metal Mobility in Two Eastern Washington Soils [J]. Journal of Environmental Engineering, 2009, 135(7): 505-510.

[107] Ngo H H, Guo W, Zhang J, et al. Typical low cost biosorbents for adsorptive removal of specific organic pollutants from water[J]. Bioresource Technology, 2015, 182: 353-363.

[108] Noreen S, Ashraf M. Alleviation of adverse effects of salt stress on sunflower (Helianthus annuus L. ) by exogenous application of salicylic acid: growth and photosynthesis [J]. Pakistan Journal of Botany, 2008, 40(4): 1657-1663.

[109] Norrström A C, Bergstedt E. The impact of road de-icing salts (NaCl) on colloid dispersion and base cation pools in roadside soils [J]. Water Air and Soil Pollution, 2001, 127: 281-299.

[110] Norrström A C, Jacks G, Concentration and fractionation of heavy metals in roadside soils receiving de-icing salts [J]. The Science of the Total Environment, 1998, 218(2-3):161-174.

[111] Norrström A C. Metal mobility by de-icing salt from an infiltration trench for highway runoff [J]. Applied Geochemistry, 2005, 20: 1907-1919.

[112] Novotny E V, Murphy D, Stefan H G. Increase of urban lake salinity by road deicing salt [J]. Science of the Total Environment, 2008, 406 (1-2): 131-144.

[113] Novotny V. Urban and highway snowmelt: Minimizing the impact on receiving water [R]. Water Environment Research Foundation (WERF), Project 94-IRM-2, 1999.

[114] Ostendorf D W, DeGroot D J, Pollock S J, et al.Aerobic Degradation Potential Assessment from Oxygen and Carbon Dioxide Soil Gas Concentrations in Roadside Soil [J]. Journal of Environmental Quality, 1997, 26(2):445-453.

[115] Parida A K, Das A B. Salt tolerance and salinity effects on plants: A review [J]. Ecotoxicology and Environmental Safety, 2005, 60: 324-349.

[116] Pedersen L B, Randrup T B, Ingerslev B. Effects of road distance and protective measures on deicing salt [J]. Journal of Arboriculture, 2000, 26 (5): 238-245.

[117] Pierzynski G M, Sims J T, Vance G F. Soils and Environmental Quality, 2nd edition[M]. CRC Press, Boca Raton, Florida. 2000.

[118] Plackett RL., Hewlett PS.,Quantal responses to mixtures of poisons[J]. JR Statist Soc B, 1952, Vol. 14: 141-154.

[119] Ramakrishna D M, Viraraghavan T. Environmental impact of chemical deicers—a review [J]. Water Air and Soil Pollution, 2005, 166: 49-63.

[120] Rasa K, Peltovuori T, Hartikainen H. Effects of de-icing chemicals sodium chloride and potassium formate on cadmium solubility in a coarse mineral soil [J]. Science of the Total Environment, 2006, 366(2-3): 819-825.

[121] Reinosdotter K, Viklander M. A comparison of the contamination of snow in two Swedish municipalities -Luleå and Sundsvall [J]. Water Air and Soil Pollution, 2005, 167: 3-16.

[122] Renault S, Croser C, Franklin J A, et al. Effect of NaCl and $Na_2SO_4$ on red-osier dogwood (*Comus stolonifera* Michx) seedlings [J]. Plant and Soil, 2001, 233: 261-268.

[123] Richburg J A, Patterson W A. , Lowenstein F. Effects of road salt and *Phragmites australis* invasion on the vegetation of a western Massachusetts calcareous lake-basin fen [J]. Wetlands, 2001, 21(2): 247-255.

[124] Robidoux P Y, Delisle C E. Ecotoxicological Evaluation of three deicers (NaCl, NaFo, CMA) - effect on terrestrial organisms [J]. Ecotoxicology and Environmental Safety, 2001, 48, 128-139.

[125] Sæbø A, Ben edikz T, Randrup T B. Selection of trees for urban forestry in the Nordic countries [J]. Urban Forestry and Urban Greening, 2003, 2: 101-114.

[126] Salminen J M, Nystén T H, Tuominen S M. Review of approaches to reducing adverse impacts of road deicing on groundwater in Finland [J]. Water Quality Research Journal of Canada, 2011, 46: 166-173.

[127] Sansalone J J, Glenn D W. Accretion of pollutants in snow exposed to urban traffic and winter storm maintenance activities [J]. Journal of Environmental Engineering, 2002, 128(2): 151-166.

[128] Sanzo D, Hecnar S J. Effects of road de-icing salt (NaCl) on larval wood frogs (Rana sylvatica) [J]. Environmental Pollution, 2006, 140: 247-256.

[129] Schenk R U. Ice melting characteristics of calcium magnesium acetate [R]. FHWA-RD-86-005. U. S. Federal Highway Admin. , Office of Res. And Dev. , Washington, D. C. 1986.

[130] Schwab A P, Zhu D S, Banks M K. Influence of organic acids on the transport of heavy metals in soil [J]. Chemosphere, 2008, 72 (6):986-994.

[131] Scott Stranko, Revecca Bourquin, Jenny Zimmerman, Michael Kashiwagi, Margaret McGinty, Ron Klauda. Do road salts caouse environmental impact[R]. Maryland Department of Natural Resources, Annapolis, MD, Publication TBA, April 2013.

[132] Silver P, Rupprecht S M, Stauffer M F. Temperature-dependent effects of road deicing salt on Chironomid Larvae [J]. Wetlands, 2009, 29(3): 942-951.

[133] Soveri J. The effect of de-icing salts on groundwater quality in Finland. In Salt Groundwater in Nordic Countries [R]. Proceeding Workshop, Saltsjöbaden, Sweden, September 30-October 1. Nordic Hydrological Programme, NHP Report no. 35, Helsinki, Finland, 119-126.

[134] Sprsgue J B, Ramsay B A. Lethal levels of mixed copper-zinc solutions for juvenile salmon[J]. Fish Res Bd Can, 1965, Vol. 22: 425-432.

[135] Stephanie L N, David D B. Alleviation of salt-induced stress on seed emergence using soil additives in a greenhouse [J]. Plant and Soil, 2005, 268: 303-307.

[136] Sultana N, Hossain M A. Mass. scale mono-culture of marine unicellular algae Chlorella minutissima under different salinities[J]. Indian J Fish, 1989, 36: 307-313.

[137] Szepesi Á, Csiszár J, Gémes K, Horváth E, Horváth F, Simon M L, Tari I. Salicylic acid improves acclimation to salt stress by stimulating abscisic aldehyde oxidase activity and abscisic acid accumulation, and increases $Na^+$ content in leaves without toxicity symptoms in Solanum lycopersicum L [J]. Journal of Plant Physiology, 2009, 166: 914-925.

[138] Tack F M G. , Singh S P, Verloo M G. Leaching behaviour of Cd, Cu, Pb and Zn in surface soils derived from dredged sediments [J]. Environmental Pollution, 1999, 106: 107-114.

[139] Tang Xiangyu, Weisbrod N. Colloid-facilitated transport of lead in natural discrete fractures [J]. Environmental Pollution, 2009, 157: 2266-2274.

[140] Thunqvist E L. Regional increase of mean chloride concentration in water due to the application of deicing salt [J]. Science of the Total Environment, 2004, 325: 29-37.

[141] Tommaso A D. Germination behavior of common ragweed (Ambrosia artemisiifolia) populations across a range of salinities [J]. Weed Science, 2004, 52:1002-1009.

[142] Um W, Papelis C. Geochemical effects on colloid-facilitated metal transport through zeolitized tuffs from the Nevada Test Site [J]. Environmental Geology, 2002, 43: 209-218.

[143] Venäläinen Ari. Estimation of road salt use based on winter air temperature [J]. Meteorological Applications, 2001, 8: 333-338.

[144] Viskari E L, Kärenlampi L. Road Scots pine as an indicator of deicing salt use-a comparative study form two consecutive winters [J]. Water Air and Soil Pollution, 2000, 122: 405-409.

[145] Wahlström M. Nordic recommendation for leaching tests for granular waste material [J]. Science of Total Environmet, 1996, 178: 95-102.

[146] Wang PK, Chang L. Effects of copper, chromium and nickel on growth, photosynthesis and chlorophyll a synthesis of Chlorella pyrenoidosa[J]. Environ Poll, 1991, Vol. 72(2): 127-139.

[147] Wen Li, Zhengyao Shen,Tian Tian,et al. Temporal variation of heavy metal pollution in uban stormwater runoff[J]. Front. Environ. Sci. Eng. 2012;6:670-692.

[148] Winters G, Gidley J, Hunt H. Environmental Evaluation of CMA. Report [R]. FHWA-RD-84-095. FHWA, U. S. Department of Transportation. 1985.

[149] Yand S H, Ji J , Wang G. Effects of salt stress on plants and the mechanism of salt tolerance [J]. World Science Technology Rearch and Development, 2006, 28(4): 70-76.

[150] Ying Zhang, Tingting Sun, Fayun Li, et al.Effect of deicing salts on ion concentrations in urban stormwater runoff. 2013 International Symposium on Environmental Science and Technology (2013 ISEST)[J]. Procedia Environmental Sciences, 2013, 18:567-571.

[151] Yuan Bingcheng, Li Zizhen, Liu Hua. Microbial biomass and activity in alkalized magnesic soils under arid conditions [J]. Soil Biology and Biochemistry, 2007, 39: 3004-3013.

[152] Zhang Ying, Li Fayun, Yan Xia, et al.Alleviation effect and mechanism of exogenous potassium nitrate and salicylic acid on the growth inhibition of Pinus tabulaeformis seedlings induced by deicing salts [J]. Acta Ecologica Sinica, 2012, 32(14): 4300-4308.

[153] Zhu Jiankang. Regulation of ion homeostasis under salt stress [J]. Current Opinion in Plant Biology, 2003, 6: 441-445.

[154] 白文波, 李品芳. 盐胁迫对马蔺生长及$K^+$、$Na^+$吸收与运输的影响[J]. 土壤, 2005, 37(4): 415-420.

[155] 鲍士旦. 土壤农化分析[M]. 北京: 中国农业出版社, 2000.

[156] 毕永红, 邓中洋, 胡征宇. 发状念珠藻对盐胁迫的响应[J]. 水生生物学报, 2005, 29(2): 125-129.

[157] 曾幼玲, 蔡忠贞, 马纪, 等. 盐分和水分胁迫对两种盐生植物盐爪爪和盐穗木种子萌发的影响[J]. 生态学杂志, 2006, 25(9): 1014-1018.

[158] 陈建宇, 周广柱, 张姣美. 草地早熟禾对氯盐类融雪剂胁迫的生理响应[J]. 中国园艺文摘, 2015, 31(3): 4.

[159] 陈静波, 阎君, 张婷婷, 等. 四种暖季型草坪草对长期盐胁迫的生长反应[J]. 草业学报, 2008, 17(5): 30-36.

[160] 陈晓冬, 张羽, 单丽岩. 氯盐类融雪剂对公路交通基础设施及环境影响的综合评价方法[J]. 公路, 2016, 6(6): 260-262.

[161] 陈艳鑫, 吴红梅, 王明明, 等. 高效复合型氯盐融雪剂的制备研究[J]. 辽宁化工, 2014, (8): 965-967.

[162] 丛日晨, 李芳, 古润泽. 融雪剂对城市园林植物伤害机理的研究[J]. 中国园林, 2005, 21(12): 60-64.

[163] 崔浩然, 樊守彬, 韩力慧, 等. 北京市密云区道路扬尘排放特征及融雪剂使用的影响[J]. 环境污染与防治, 2021, 43(8): 2016-2021.

[164] 崔虎亮, 乔聪, 李霞, 等. 融雪剂胁迫对翠菊生理特性的影响[J]. 湖北农业科学, 2011, 50(10): 2043-2051.

[165] 代琳琳, 赵晓明. 融雪剂的环境污染与控制对策[J]. 安全与环境工程, 2004, 11(4): 29-31.

[166] 戴树桂, 刘广良, 钱芸, 等. 土壤多介质环境污染研究进展[J]. 土壤与环境, 2001, 10(1): 1-5.

[167] 杜保国, 杨途熙, 魏安智, 等. 桤叶唐棣组织培养研究[J]. 西北植物学报, 2005, 25(2): 400-404.

[168] 杜继琼. 三种冷季型草坪草抗旱性研究[D]. 陕西: 西北农林科技大学, 2007.

[169] 杜青平, 黄彩娜, 贾晓珊. 1, 2, 4-三氯苯对斜生栅藻的毒性效应及其机制研究[J]. 农业环境科学学报, 2007, 26(4): 1375-1379.

[170] 房玉林, 惠竹梅, 高邦牢, 等. 盐胁迫下葡萄光合特性的研究[J]. 土壤通报, 2006, 37(5): 882-884.

[171] 高群. 融雪剂对草鱼和斑马鱼抗氧化系统酶活性及微核率的影响[D]. 沈阳: 辽宁大学, 2012.

[172] 高子亭, 李占超, 蒋谦, 等. 一种木醋液制备环保型融雪剂的方法[J]. 应用化学, 2021, 38(8): 1022-1024.

[173] 韩爱霞, 吕海棠, 王兆谦, 等. 乳清两步发酵法制取环保型融雪剂醋酸钙镁盐[J]. 无机盐工业, 2012, 44 (2): 48-50.

[174] 韩春兰, 常红林, 刘宇娜. 融雪剂. CN 1417283[P]. 2003-05-14.

[175] 韩永萍, 龚平, 刘红梅. 环保型生化黄腐酸复合融雪剂的研究[J]. 现代化工, 2016 (9): 80-83.

[176] 何访淋, 包国章, 陈薇薇, 等. 醋酸钙镁盐环保融雪剂及冻融胁迫对高羊茅幼苗的生理影响[J]. 江苏农业科学, 2019, 47(5): 4.

[177] Richard T. T, Forman. 城市生态学. 邬建国等译[M]. 北京: 高等教育出版社, 2017.

[178] 蒋雯婷, 王全喜, 吴双秀. 盐胁迫状态下莱茵衣藻849光合特性的初步研究[J]. 植物研究, 2007, 27(3): 284-288.

[179] 蒋新元, 李阁男, 赵梦婕. 竹醋基有机酸钙对建兰生长及土壤性质的影响[J]. 中南林业科技大学学报, 2012, 32 (1): 207-210.

[180] 金伟. 盐和铬对单细胞藻生理生化的影响[J]. 河北大学学报, 2002, 22(1): 44-50.

[181] 寇伟锋, 刘兆普, 陈铭达, 等. 不同浓度海水对油葵幼苗光合作用和叶绿素荧光特性的影响[J]. 西北植物学报, 2006, 26(1): 73-77.

[182] 况琪军, 夏宜琤, 惠阳. Toxic effects of heavy metals on algae[J]. 水生生物学报, 1996. 20(3): 277-283.

[183] 李法云, 王玮, 徐斌, 等. 路域生态学及其生态工程技术研究进展[J]. 应用技术学报, 2020, 20(1): 7-15.

[184] 李合生. 植物生理生化实验原理和技术[M]. 北京: 高等教育出版社, 164-167, 2000.

[185] 李建兵, 黄冠华. 盐分对粉壤土氮转化的影响[J]. 环境科学研究, 2008, 21(5): 98-103.

[186] 李立学. 融雪剂对城市绿化危害的养护管理措施[J]. 现代园艺, 2018, (8): 1.

[187] 李明, 王根轩. 干旱胁迫对甘草幼苗保护酶活性及脂质过氧化作用的影响[J]. 生态学报, 2002. 22(4): 503-507.

[188] 李万桥, 陆庆轩, 李辉, 等. 2003年春季城市中部分绿化植物死亡原因初析[J]. 辽宁林业科技, 2003, 6: 35-36.

[189] 李小刚,曹靖,李凤民.盐化及钠质化对土壤物理性质的影响[J].土壤通报,2004,35(1):64-72.

[190] 李雪.氯盐类融雪剂对城区排污口水质及农作物种子发芽的影响[D].吉林:吉林大学公共卫生学院,2011.

[191] 李义强,杨凤至,曹玉海,等.我国道路融雪剂的研发与应用[J].北方交通,2020,(7):26-29.

[192] 李振高,骆永明,滕应.土壤与环境微生物研究法[M].北京:科学出版社,2008.

[193] 李周园,周骏辉,梁英梅.氯盐融雪剂与大叶黄杨致死的剂量-效应关系[J].北京林业大学学报,2012,34(1):64-69.

[194] 梁燕娇,乔聪,白雪,等.融雪剂胁迫下氮素对蕾期万寿菊生理指标的影响[J].东北林业大学学报,2013,41(005):102-104.

[195] 梁英,冯力霞,田传远,等.盐胁迫对塔胞藻生长及叶绿素荧光动力学的影响[J].中国海洋大学学报,2006,36(5):726-732.

[196] 楼允东,吴萍.亚硝基胍对泥鳅红细胞微核及核异常的诱发[J].中国环境科学,1996,16(4):275-278.

[197] 卢静君,多立安,刘祥君.盐胁迫下两草种SOD和POD及脯氨酸动态研究[J].植物研究,2004,24(1):115-119.

[198] 陆海玲.土壤盐分对棉田土壤微生物活性和土壤肥力的影响[D].南京:南京农业大学,2011.

[199] 栾国颜,刘艳杰,王鹏,等.环保型融雪剂的制备及其性能评定实验研究[J].化工新型材料,2011,39(10):143-146.

[200] 罗义,纪靓靓,苏燕,等.2,4-二氯苯酚诱导鲫鱼活性氧(ROS)的产生及其分子致毒机制[J].环境科学学报,2007,27(1):129-134.

[201] 骆虹,罗立斌,张晶.融雪剂对环境的影响及对策[J].中国环境监测,2004,20(1):55-56.

[202] 马铮铮.氯盐类融雪剂对城市绿化带植物影响[J].北方交通,2016,(4):5.

[203] 毛桂莲,许兴,徐兆桢.植物耐盐生理生化研究进展[J].中国生态农业学报,2004,12(1):43-46.

[204] 牛世全,杨婷婷,李君锋,等.盐碱土微生物功能群季节动态与土壤理化因子的关系[J].干旱区研究,2011,28(2):328-334.

[205] 彭海平.天安门广场油松2010年春季死亡原因及技术措施[J].农学学报,2011,1:44-49.

[206] 邱昌恩,刘国祥,况琪军,等.$Cu^{2+}$对一种绿球藻生长及生理特性的影响[J].应用与环境生物学报,2005,11(6):690-693.

[207] 曲元刚,赵可夫.NaCl和$Na_2CO_3$对玉米生长和生理胁迫效应的比较研究[J].作物学报,2004,30(4):334-341.

[208] 任飞荣.融雪剂对城市绿化带植物影响与控制[R].沈阳市科学技术局,2014.

[209] 任天志.持续农业中的土壤生物指标研究[J].中国农业科学,2000,33(1):68-75.

[210] 佘小平,贺军民,张键,等.水杨酸对盐胁迫下黄瓜幼苗生长抑制的缓解效应[J].西北植物学报,2002,22(2):401-405.

[211] 沈盎绿,沈新强.柴油对斑马鱼超氧化物歧化酶和过氧化氢酶的影响[J].海洋渔业,2005,27(4):314-318.

[212] 石德成,殷立娟.盐(NaCl)与碱($Na_2CO_3$)对星星草胁迫作用的差异[J].植物学报,1993,35(2):144-149.

[213] 时唯伟,支月娥,王景,等.土壤次生盐渍化与微生物数量及土壤理化性质研究[J].水土保持学报,2009,23(6):166-170.

[214] 苏志俊,崔耀星,徐俊,等.复合氯盐型融雪剂的制备及性能[J].盐科学与化工,2022,51(1):10-13.

[215] 孙方行,孙明高,魏海霞,等.NaCl胁迫对紫荆幼苗膜脂过氧化及保护酶活性的影响[J].河北农业大学学报,2006,29(1):16-19.

[216] 孙铁珩,李培军,周启星.土壤污染形成机理与修复技术[M].北京:科学出版社,2005.

[217] 谭小龙,张红宇,潘秀云,等.中国和韩国融雪剂标准及试验方法对比浅析[J].盐业与化工,2020,049(003):8-12.

[218] 涂常青,温欣荣,陈桐滨.土壤硝态氮两种测定方法的比较[J].安徽农业科学,2006,34(9):1925-1928.

[219] 王东明,贾媛,崔继哲.盐胁迫对植物的影响及植物盐适应性研究进展[J].中国农学通报,2009,25(4):124-128.

[220] 王国强,文奋武,王永祥.融雪剂:CN 1594486[P].2005-03-16.

[221] 王双印.耐融雪剂植物的筛选及融雪剂对微生物多样性的影响[D].北京:中国林业科学研究院,2012.

[222] 王素平,郭世荣,胡晓辉,等.NaCl胁迫对黄瓜幼苗体内$K^+$、$Na^+$和$Cl^-$分布的影响[J].生态学杂志,2007,26(3):348-354.

[223] 王魏.外源生长调节物质对NaCl胁迫下菠菜的缓解效应[D].陕西:西北农林科技大学,2008.

[224] 王翔,王建存.融雪剂及融雪剂撒布设备的合理使用[J].环境卫生工程,2006,14(4):24-26.

[225] 王小光.高效环保型融雪剂的研制[D].郑州:郑州大学,2007:35-45.

[226] 王艳春,白雪薇,李芳.氯盐融雪剂对城市道路绿化带土壤性状的影响[J].环境科学与技术,2011,34(11):59-63.

[227] 王银山,张燕,谢辉,等.艾比湖湿地不同盐碱环境土壤微生物群落特征分析[J].干旱区资源与环境,2009,23(5):133-137.

[228] 吴丰,关旸,万清林.融雪剂对植物的影响及对策[J].哈尔滨师范大学自然科学学报,2010,26(1):98-101.

[229] 吴易川.钙基废物与有机酸制备融雪剂技术[D].济南:齐鲁工业大学,2017.

[230] 武焕阳, Ortegon O, 许莉佳, 等. 硫丹对草鱼乙酰胆碱酯酶及抗氧化酶活性的影响 [J]. 生态环境学报, 2011, 20(10):1496-1502.

[231] 夏伟. 膜萃取稀醋酸废水生产醋酸钙镁盐的研究 [D]. 大连: 大连理工大学, 2008: 35-46.

[232] 徐佳佳, 张建军, 茹豪, 等. 融雪剂对大叶黄杨生长和生理特性的影响 [J]. 生态环境学报, 2011, 20(8-9): 1238-1242.

[233] 徐万里, 刘骅, 张云舒. 新疆盐渍化土壤氮素矿化和硝化作用特征 [J]. 西北农林科技大学学报 (自然科学版), 2007, 35(11): 141-145.

[234] 许祥明, 叶和春, 李国凤. 植物抗盐机理的研究进展 [J]. 应用与环境生物学报, 2000, 6(4): 379-387.

[235] 许英梅, 张秋民, 姜慧明, 等. 由木醋液制醋酸钙镁盐类环保型融雪剂研究 [J]. 大连理工大学学报, 2007, 47 (4): 494-496.

[236] 焉翠蔚, 卢元芳, 李延团. NaCl对杜氏盐藻生长的效应 [J]. 曲阜师范大学学报, 1995, 21(1): 65-68.

[237] 严霞, 李法云, 刘桐武, 等. 融雪剂对生态环境的影响 [J]. 生态学杂志, 2008, 27(12): 2209-2214.

[238] 严霞, 李法云, 刘桐武, 等. 融雪剂对小麦和玉米种子发芽的影响 [J]. 气象与环境学报, 2007, 23(4): 62-66.

[239] 晏斌, 戴秋杰. 外界 $K^+$ 水平对水稻幼苗耐盐性的影响 [J]. 中国水稻科学, 1994, 8(2): 119-122.

[240] 杨乐苏. 土壤有机质测定方法加热条件的改进 [J]. 生态科学, 2006, 25(5): 459-461.

[241] 杨利艳, 韩榕. $Ca^{2+}$ 对小麦萌发及幼苗抗盐性的效应 [J]. 植物学报, 2011, 46 (2): 155-161.

[242] 杨路华, 沈荣开, 覃奇志. 土壤氮素矿化研究进展 [J]. 土壤通报, 2003, 34(6): 569-571.

[243] 杨晓英, 杨劲松. 盐胁迫对黑麦草幼苗生长的影响及磷肥的缓解作用 [J]. 土壤通报, 2005, 36(6): 899-902.

[244] 殷宁, 顾龚平. 融雪剂种类及其对环境中动植物的影响 [J]. 农业科技与信息, 2008, 24: 51-52.

[245] 殷泽华. 融雪剂使用的综合择优研究 [D]. 北京: 北京化工大学, 2013.

[246] 迁君, 王桂燕, 周启星, 等. $Cd^{2+}$ 污染对草鱼不同组织中过氧化物酶活性的影响 [J]. 生态与农村环境学报, 2011, 27(4): 100-103.

[247] 于建国. 融雪剂对城市园林绿化植物的影响及对策 [J]. 山东林业科技, 2012, (1): 84-87.

[248] 余海英, 孔亚平, 张科利, 等. 融雪剂在路域土壤中的累积扩散及其对土壤性质的影响 [J]. 水土保持学报, 2009, 23(6): 182-214.

[249] 余海英, 张科利, 戴海伦. 融雪剂对区域环境的影响及累积扩散特点 [J]. 土壤通报, 2011, 42(5): 1276-1280.

[250] 元炳成, 黄伟, 李凤成. 镁碱化对土壤微生物活性和水解酶的影响 [J]. 生态环境学报, 2010, 19(9): 2344-2348.

[251] 元炳成, 刘权, 黄伟, 等. 镁碱化盐土壤微生物生物量和土壤基础呼吸 [J]. 土壤, 2011, 43(1): 67-71.

[252] 元炳成. 河西走廊干旱条件下微生物生态研究 [D]. 兰州: 兰州大学, 2007.

[253] 张春荣, 李红, 夏立江, 等. 镉、锌对紫花苜蓿种子萌发及幼苗的影响 [J]. 华北农学报, 2005, 20(1): 96-99.

[254] 张红, 吴雅琼, 黄勇, 等. 加拿大融雪剂管理及对我国的借鉴意义 [J]. 城市管理与科技, 2010, 76-78.

[255] 张红梅, 速宝玉. 土壤及地下水污染研究进展 [J]. 灌溉排水学报, 2004, 23(3): 70-74.

[256] 张进凤, 韩寒冰. 融雪剂对水稻幼苗生长及部分生理特性的影响 [J]. 茂名学院学报, 2009, 19(4): 14-16.

[257] 张景亚. 环境友好、作物营养型融雪剂开发研究 [D]. 郑州: 郑州大学, 2004: 56-60.

[258] 张巨功. 利用电石渣生产醋酸钙镁融雪剂工艺条件研究 [J]. 山西交通科技, 2014, (4): 6-8.

[259] 张良佺, 姜华昌, 李菊清, 等. 醋酸钙镁盐的制备新工艺及产品性能研究 [J]. 现代化工, 2007, 27 (S1): 212-215.

[260] 张平究. 不同生态条件下土壤微生物生物化学和分子生态变化及其土壤质量指示意义——以太湖地区水稻土和西南喀斯特土壤为例 [D]. 南京: 南京农业大学, 2006.

[261] 张士功, 高吉寅. 水杨酸和阿司匹林对小麦盐害的缓解作用 [J]. 植物生理学报, 1999, 25(2): 159-164.

[262] 张淑茹, 赵淑华, 沈宇翔. 氯盐类融雪剂对土壤环境影响的初步调查 [J]. 中国卫生工程学, 2009, 8(3): 150-154.

[263] 张卫兵. 融雪剂对土壤理化性质影响的分析研究——以贵阳至遵义高速路段为例 [J]. 贵州大学学报 (自然科学版), 2008, 25(6): 636-639.

[264] 张宪政. 作物生理研究法 [M]. 北京: 农业出版社, 1992: 195-200.

[265] 张营, 李法云, 范志平, 等. 融雪剂NaCl和KCOOH对城市街道绿化土壤中重金属 Pb 和 Cu 迁移行为的影响 [J]. 环境科学学报, 2015, 35(5): 1498-1505.

[266] 张营, 李法云, 孙婷婷, 等. 融雪剂对土壤微生物活性及氮转化的影响 [J]. 生态与农村环境学报, 2021, 37(2): 249-256.

[267] 张营, 李法云, 荣湘民, 等. 融雪剂对3种冷季型草坪草种子萌发和幼苗生长的影响 [J]. 湖南农业大学学报 (自然科学版), 2012, 38(5): 491-496.

[268] 张营, 李法云, 严霞, 等. 外源 $K^+$ 和水杨酸在缓解融雪剂对油松幼苗生长抑制中的效应与机理 [J]. 生态学报, 2012, 32(14): 4300-4308.

[269] 张营. 城市土壤-植物系统中融雪剂的污染行为及其生态学效应 [D]. 湖南: 湖南农业大学, 2013.

[270] 张永泉, 尹家胜. 四种药物对哲罗鱼的急性毒性试验 [J]. 水产学杂志, 2007, 20(2): 58-62.

[271] 张玉霞, 李志刚, 李美娟, 等. 四种草地早熟禾抗盐碱生理生化特性的研究 [J]. 中国农学通报, 2004, 20(5): 209-213.

[272] 章征忠, 张兆琪, 董双林, 等. 淡水白鲳幼鱼盐碱耐受性的初步研究 [J]. 青岛海洋大学学报, 1998, 28(3): 393-398.

[273] 赵菲. 醋酸钙镁融雪剂对土壤中重金属形态和地表水中溶解氧含量的影响 [D]. 吉林: 吉林大学环境与资源学院, 2012.

[274] 赵世杰, 许长成, 邹琦, 等. 植物组织中丙二醛测定方法的改进 [J]. 植物生理学通讯, 1994, 30(3): 207-210.

[275] 赵音延, 秦炜, 戴猷元. 利用醋酸稀溶液生产绿色化学品——醋酸钙镁盐的研究 [J]. 化学工程, 2003, 31 (1): 63-66.

[276] 赵莹莹. 融雪剂的环境影响探讨研究 [D]. 吉林: 东北师范大学, 中国优秀硕士学位论文全文数据库, 2006.

[277] 郑闽泉, 袁定清. 常用渔药对黑脊倒刺鲃的急性毒性试验 [J]. 水利渔业, 2004, 24(4): 38-40.

[278] 郑青松, 王仁雷, 刘友良. 钙对盐胁迫下棉苗离子吸收分配的影响 [J]. 植物生理学报, 2001, 27(4): 325-330.

[279] 郑伟刚, 张兆琪, 张美昭, 等. 盐碱水 NaCl 浓度和碱度对银鲫 (Carassiusauratus gibelio) 幼鱼毒性的初步研究 [J]. 青岛海洋大学学报, 2001, 31(41): 513-517.

[280] 中华人民共和国发展与改革委员会、国家住房和城乡建设部. "十三五" 全国城镇污水处理及再生利用设施建设规划. 发改环资〔2016〕2849 号 [Z]. 2016.

[281] 周峰, 李平华, 王宝山. K$^+$ 稳态与植物耐盐性的关系 [J]. 植物生理学通讯, 2003, 39(1): 67-70.

[282] 周礼恺, 张志明. 土壤酶及其研究法 [J]. 土壤通报, 1980, 11(5): 37-38.

[283] 朱晓军, 梁永超, 杨劲松, 等. 钙对盐胁迫下水稻幼苗抗氧化酶活性和膜脂过氧化作用的影响 [J]. 土壤学报, 2005, 42(3): 453-459.

[284] 朱征宇, 杨永. 一种求解多车型 CARP 问题的高效进化算法 [J]. 计算机工程与应用, 2008, 44(8): 212-213.

[285] 祝军, 戚大煜, 金松. 氯消毒剂对藻类群落毒理学研究——对小球藻、蓝藻、藻类群落的毒性研究 [J]. 现代预防科学, 2003, 30(2): 192-194.

[286] 浅野基樹. 雪氷路面対策の土木史的評価. 土木史研究論文集 [C], 2005, 24: 173-184.